Schriftenreihe des Wissenschaftlichen Instituts
für Kommunikationsdienste

Springer
Berlin
Heidelberg
New York
Barcelona
Budapest
Hong Kong
London
Mailand
Paris
Tokyo

Matthias-W. Stoetzer · Alwin Mahler (Hrsg.)

Die Diffusion von Innovationen in der Telekommunikation

Springer

Dr. Matthias-W. Stoetzer
Dipl.-Kfm. Alwin Mahler

Wissenschaftliches Institut
für Kommunikationsdienste GmbH
Rathausplatz 2–4
D-53604 Bad Honnef

Die Deutsche Bibliothek – CIP-Einheitsaufnahme
Die Diffusion von Innovationen in der Telekommunikation (Matthias-W. Stoetzer ; Alwin Mahler. – Berlin ; Heidelberg ; New York ; Barcelona ; Budapest ; Hong Kong ; London ; Mailand ; Paris ; Tokyo : Springer, 1995
(Schriftenreihe des Wissenschaftlichen Instituts für Kommunikationsdienste ; 17)
ISBN-13: 978-3-540-60002-2
NE: Stoetzer, Matthias-Wolfgang; Mahler, Alwin; Wissenschaftliches Institut für Kommunikationsdienste <Honnef>:
Schriftenreihe des Wissenschaftlichen ...

ISBN-13: 978-3-540-60002-2 e-ISBN-13: 978-3-642-79868-9
DOI: 10.1007/978-3-642-79868-9

42/2202-5 4 3 2 1 0 – Gedruckt auf säurefreiem Papier

Vorwort

Die Telekommunikation wird gegenwärtig als eine der zukunftsträchtigsten Wirtschaftsbranchen angesehen. Insbesondere Multimedia-Dienste sollen in absehbarer Zeit in Unternehmen und auch den privaten Haushalten Einzug halten. Die Verbreitung und Verbreitungsgeschichte von neuen Telekommunikationsdiensten, d.h. die Diffusion von Innovationen in der Telekommunikation ist vor diesem Hintergrund gegenwärtig von besonderem Interesse.

Der vorliegende Band enthält ausgewählte Vorträge, die auf dem vom Wissenschaftlichen Institut für Kommunikationsdienste im Dezember 1994 in Königswinter veranstalteten Workshop „Innovation und Diffusion von Telekommunikationsdiensten" gehalten wurden. Zum Teil sind für diese Publikation erhebliche Erweiterungen und Überarbeitungen der ursprünglichen Referate vorgenommen worden. Anliegen des Workshops war es, unterschiedliche Ansätze und Vorgehensweisen zur Erklärung von Diffusionsprozessen im Bereich der Telekommunikation zusammenzuführen. In diesem Sinne beschäftigen sich die Beiträge dieses Sammelbandes sowohl mit theoretischen als auch empirischen Analysen und verwenden sehr unterschiedliche methodische Ansätze, die aus der Betriebswirtschaft, der Volkswirtschaft und der Sozial- sowie der Geschichtswissenschaft entlehnt sind. Gemeinsamer Fokus sind dabei die besonderen Probleme im TK-Bereich, wie das Problem der kritischen Masse, Netzexternalitäten und die Standardisierung.

An der Organisation und Durchführung des Workshops haben Frau Ute Blömer und Frau Birgit Strüver entscheidenden Anteil gehabt. In ihren Händen lag auch die Umsetzung der Manuskripte in eine druckfähige Vorlage. Ohne ihre Mitarbeit - die sich auch auf das Korrekturlesen der Manuskripte erstreckte - hätten Workshop und vorliegende Publikation nicht so reibungslos und schnell realisiert werden können. Unser Dank gilt auch Frau Eva Kimmel und Frau Marion Kampler für die Durchsicht der Druckformatvorlagen.

Bad Honnef, im April 1995

Matthias-W. Stoetzer
Alwin Mahler

Inhaltsverzeichnis

1

Einführung: Die Diffusion von Innovationen in der Telekommunikation

Alwin Mahler und Matthias-W. Stoetzer

1 Einleitung

Die Entwicklung der Telekommunikation während der letzten 150 Jahre ist von der Einführung und Ausdifferenzierung immer neuer Produkte, Dienste und Anwendungen gekennzeichnet. Diese Tendenz hat sich in den letzten 15 Jahren mit der Durchsetzung von Telefax und Mobiltelefon sowie der Entwicklung von Videokonferenzen und Electronic-mail bis hin zu Multimedia - bspw. Video-on-demand - stark beschleunigt (siehe Abbildung 1). Vor diesem Hintergrund ist auch der Begriff der "Informationsgesellschaft" zur Kennzeichnung der Entwicklungsmerkmale moderner Industriegesellschaften zu verstehen.

Der Sektor der Telekommunikation gewinnt dabei sowohl unter Output- als auch unter Input-Gesichtspunkten enorm an Bedeutung. Hinsichtlich der Outputdimension steht zu erwarten, daß Umsatz und Wertschöpfung der Telekommunikation nicht nur absolut, sondern auch relativ zu anderen Wirtschaftszweigen stark wachsen werden. Wichtiger für Gesellschaft und Wirtschaft ist aber vermutlich die Inputdimension der Telekommunikation. Sprachtelefon, Fax, Bündelfunk, Datenkommunikation, in manchen Bereichen auch schon Electronic-mail und EDI, sind unverzichtbare Kommunikationsmittel für Haushalte und Unternehmen. Ohne sie würden die Strukturen vieler Wirtschaftssektoren völlig anders aussehen und ohne eine leistungsfähige Telekommunikation in Deutschland wäre die Wettbewerbsfähigkeit einer Vielzahl von Unternehmen gefährdet.

Abbildung 1: Die Entwicklung der Telekommunikation seit der Telegraphie

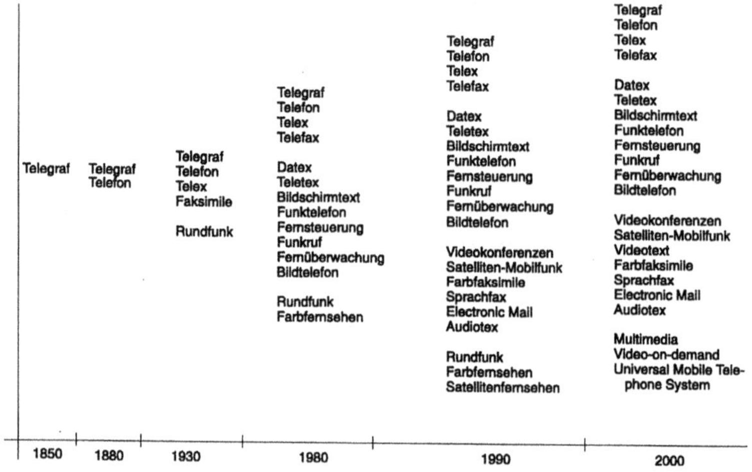

Diese Feststellungen sind aber höchstens zur Kennzeichung genereller und langfristiger Entwicklungstendenzen geeignet. Sie haben gegenwärtig vor allem im Zusammenhang mit den Schlagworten "Multimedia" und "Information Superhighways" Konjunktur. Eine genauere Betrachtung der Telekommunikation während der letzten zwanzig Jahre verdeutlicht, daß euphorische Äußerungen hinterfragt werden müssen und die Entwicklung dieses Wirtschaftssektors sehr differenziert verläuft. Dies läßt sich zuerst auf der begrifflichen Ebene festmachen. Ungefähr alle 6 bis 8 Jahre werden die glänzenden Zukunftsperspektiven der Telekommunikation in jeweils neue Schlagworte gefaßt. Anfang der 80er Jahre war dies der Begriff der "Telematik", der damals das Zusammenwachsen von EDV und Telekommunikation kennzeichnen sollte. Seit ca. 1988 wurde dieser Begriff zunehmend von der Vokabel der sogenannten "Mehrwertdienste" abgelöst. Der Ausdruck "Mehrwert" hatte die Aufgabe, das Aufkommen neuer

Telekommunikationsdienste neben dem Sprachtelefon, also bspw. E-mail und Videokonferenzen, zu verdeutlichen. Telematik und Mehrwertdienste sind in den letzten zwei Jahren vollständig vom Begriff "Multimedia" verdrängt worden. Multimedia steht dabei für die Integration von Sprach-, Bild- und Datenkommunikation in neuen EDV- und TK-basierten Diensten.

Daß immer neue Begriffsfindungen als Leitbilder für die Zukunft der Telekommunikationsbranche dienen müssen, hat auch damit zu tun, daß die Erwartungen, die mit den alten Schlagworten verbunden waren, sich oft nicht realisiert haben (vgl. Stoetzer 1991). Auf der Ebene einzelner Telekommunikationsdienste und -produkte läßt sich dies mit einer Vielzahl von Beispielen belegen. Das Bildtelefon wird seit über 20 Jahren als neues Kommunikationsmittel propagiert, aber bis jetzt haben auch neuere technische Verbesserungen und verstärkte Marketinganstrengungen dem Bildtelefon nicht zum Durchbruch verholfen. Videotex-Diensten - in Deutschland erst als Btx, dann als Datex-J und seit neuestem als Telekom Online vermarktet - sind bisher mit Ausnahme von Frankreich die Anfang der 80er Jahre prognostizierten großen Teilnehmerzahlen versagt geblieben und auch der französische Videotex-Dienst Télétel ist wohl nach wie vor defizitär. In Deutschland sind der Teletex-Dienst, ein Standard zur elektronischen Übermittlung von Texten, und Temex Telekommunikationsdienste, die unter dem Aspekt der Diffusion als Mißerfolge bezeichnet werden müssen.

Diesen Flops stehen aber andererseits erstaunliche Entwicklungen anderer Telekommunikationsdienste und -produkte gegenüber. In diesem Zusammenhang sind das Telefax, der zellulare Mobilfunk oder auch das Internet zu nennen. Telefax und zellularer Mobilfunk haben sich in Deutschland als Mittel der geschäftlichen Kommunikation bereits durchgesetzt und sind dabei, auch im Bereich privater Haushalte Eingang zu finden. Das Internet hat für den Nachrichtenaustausch per Electronic-mail insbesondere in den USA in den letzten 4 Jahren große Erfolge zu verzeichnen. Eine E-mail-Adresse ist dort inzwischen Bestandteil fast jeder geschäftlichen Visitenkarte.

Erfolge und Mißerfolge liegen in der Telekommunikation also eng beieinander. Die Klärung der relevanten Ursachen im Rahmen der Diffusionsforschung von Innovationen ist für den Sektor Telekommunikation daher eine besonders interessante und lohnenswerte Aufgabe.

2 Innovation und Diffusion als Bestandteile des Innovationspozesses

Der Innovationsprozeß im weiteren Sinne umfaßt die Aktivitäten und Ergebnisse von der Wahrnehmung eines Bedürfnisses oder Problems über die Forschung und Entwicklung bis hin zu den Konsequenzen der Diffusion einer Innovation. Dabei kann grundsätzlich zwischen den folgenden Aktivitäten und Ergebnissen unterschieden werden[1]: Der Ursprung des Innovationsprozesses liegt meist im Erkennen eines bestimmten Bedürfnisses oder Problems, was Forschungs- und Entwicklungsaktivitäten stimuliert, um Lösungen für dieses Problem zu finden. Der erfolgreiche Abschluß dieser F&E Aktivitäten kann zu einer Erfindung oder Invention führen, die u. U. patentiert werden kann. Liegt eine erfolgversprechende Erfindung vor, so müssen Investitionen in die Fertigungsvorbereitung und für die Erschließung des Marktes getätigt werden, die gewährleisten sollen, daß die Bedürfnisse der potentiellen Adoptoren befriedigt werden. Wird das Resultat dieses Prozesses als neuartig wahrgenommen und kann dessen Einführung auf dem Markt erreicht werden, so spricht man von einer Produkt - bzw. Prozeßinnovation.[2] Mit entsprechenden Maßnahmen zur Vermarktung der Innovation, wie bspw. dem Pricing und der Distribution oder der Gestaltung des Produktes soll die Marktdurchsetzung vorangetrieben werden. Die Entscheidung eines Nachfragers zur Übernahme einer Innovation wird als Adoption bezeichnet. Der Begriff der Diffusion beinhaltet das Resultat solcher mikroökonomischer Entscheidungen und bezieht sich auf die Verbreitung der Innovation innerhalb eines sozialen Systems. Die letzte Phase des Innovationsprozesses kann in den Auswirkungen gesehen werden, die sich aus der Annahme oder der Nichtannahme der Innovation ergeben.

---

1 Vgl. Brockhoff (1992, S. 28ff) und Rogers (1995, S. 131ff). Die Ausdehnung des Innovationsprozesses sowie die Bezeichung seiner Komponenten werden in der Literatur keineswegs einheitlich gesehen. Vgl. auch Gerybadze (1982), Stoneman (1983), Dosi (1988).

2 Der Begriff Innovation kann sich auch auf organisatorische Neuerungen, etwa den Einsatz von Joint-Ventures, beziehen (vgl. Venkatraman/Loh/Koh 1994 und Swanson 1994).

Abbildung 2: Der Innovationsprozeß i.w.S.

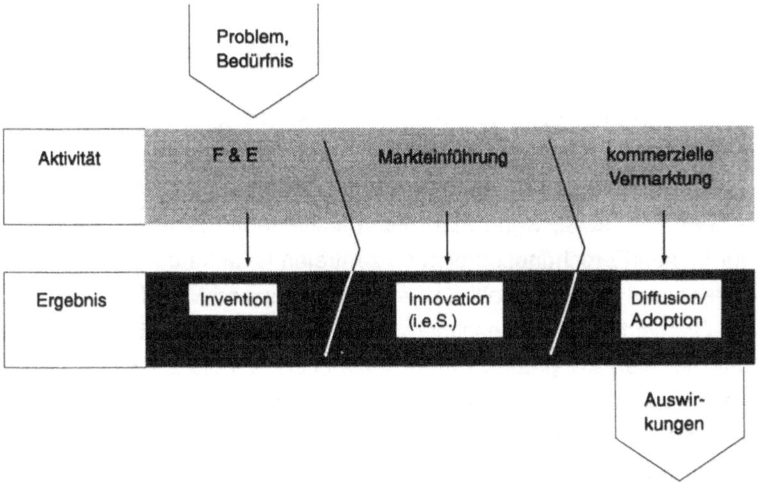

Gegenstand der Diffusionstheorie ist also die Verbreitung neuer Verfahren und Produkte, bspw. in einer Branche oder der Gesamtheit der privaten Haushalte. Im Vordergrund steht dabei die Beschreibung des zeitlichen Ablaufes der Verbreitung durch eine Analyse der zeitraumbezogenen aggregierten Adoptionsvorgänge. Die Übernahme von Neuerungen und die Faktoren, die den Verlauf des individuellen Adoptionsprozesses beeinflussen, sind Gegenstand der Adoptionstheorie (vgl. Weiber 1992, S. 3).

Entsprechend den in Abbildung 2 dargestellten Bestandteilen des Innovationsprozesses ist der Entstehungszusammenhang von Produkt oder Verfahren bis hin zu ihrer technisch-wirtschaftlichen Verwertung im Zuge der Markteinführung Gegenstand der Innovationstheorie (vgl. Bierfelder 1989, S. 7f). Das Innovationsmanagement beinhaltet danach sowohl Fragen des F&E Managements als auch Probleme im Zusammenhang mit der Produkt- und Markteinführung einer Neuerung, wobei der letztgenannte Bereich auch als Innovationsmanagement im engeren Sinne bezeichnet wird.[3] Wird der Erwerb und die Verwertung technologischen Wissens im Rahmen des F&E Management zusätzlich unter dem

3 Für nähere Ausführungen bezüglich der Abrenzung der Forschungsgebiete siehe Brockhoff (1992, S. 51ff). Ein neuerer theoretischer Ansatz zum Innovationsmanagement im weiteren Sinne findet sich bei Aghion und Tirole (1994).

Aspekt gesehen, ob die Beschaffung neuen technologischen Wissens von innerhalb oder außerhalb des Unternehmens erfolgt, handelt es sich um Fragen des Technologiemanagements (vgl. Brockhoff 1992, S. 50).

Diese überblicksartige Darstellung der Bestandteile des Innovationsprozesses und der damit verbundenen Begrifflichkeiten erlaubt es nicht, auf definitorische und taxonomische Feinheiten einzugehen. Allerdings dürfte dies auch angesichts der oftmals bemängelten Präzision und Übereinstimmung der Fachsprachen ein nicht triviales Vorhaben sein (vgl. Bierfelder 1989, S. 6). Diese Problematik zeigt sich etwa, wenn man die verschiedenen Auffassungen hinsichtlich des für diesen Forschungsbereich so zentralen Begriffs der Innovation betrachtet. Dieser wird bspw. sowohl für neue Produkte und Verfahren verwendet, die "in der Geschichte der Menschheit erstmalig gefunden, erfunden und zur wirtschaftlichen Nutzung geführt werden", als auch für solche Produkt- und Verfahrensneuerungen - nach der sog. individualistischen Fassung -, welche von einem beliebigen Individuum (unabhängig davon, ob andere Individuen diese Neuartigkeit schon erkannt haben) zum ersten Mal genutzt werden.[4]

3 Diffusion von TK-Diensten

Diffusion kann definiert werden als "the process by which an innovation is communicated through certain channels over time among the members of a social system" (Rogers 1995, S. 35).

Auf die in der Definition enthalten Bestandteile, nach der die Diffusion grundsätzlich als Prozeß charakterisiert werden kann, durch den (1) eine Innovation (2) kommuniziert wird und zwar mittels verschiedener Kanäle (3) im Zeitablauf sowie (4) zwischen den Mitgliedern eines sozialen Systems, soll nun im einzelnen näher eingegangen werden. Neben der allgemeinen Beschreibung der vier erwähnten Bestandteile, werden die Spezifika, die bei der Diffusion von TK-Diensten auftreten können, herausgearbeitet.

---

4 Nähere Ausführungen bzgl. der verschiedenen Fassungen des Innovationsbegriffs finden sich bei Hauschildt (1993, S. 13f).

3.1 Die Innovation

Im Gegensatz zu der volkswirtschaftlich orientierten Diffusionsforschung, in der die Eigenschaften der Innovation und ihre Wahrnehmung durch den Adoptor als gegeben angenommen werden, sind aus einer betriebswirtschaftlichen Sicht der Diffusionsforschung die produktspezifischen Eigenschaften relevant. Obwohl in vielen Studien zur Diffusion der Adoptor und seine Eigenschaften im Vordergrund stehen und die Charakteristika der Innovationen selbst, die produkt- bzw. verfahrensspezifischen Determinanten, eher vernachlässigt werden, kommt diesen eine besondere Bedeutung zu, da letztlich die Möglichkeiten und Schwierigkeiten, die mit der Nutzung einer Produkt- oder Prozeßinnovation verbunden sind - bzw. die subjektive Wahrnehmung dieser Vor- und Nachteile durch den Adoptor - fundamental für die Adoptionsentscheidung sind. Für den Adoptor sind die fünf folgenden Charkteristiken die wichtigsten bei der Wahrnehmung einer Innovation (vgl. Rogers 1995, S. 212ff):

- relativer Vorteil
  Der relative Vorteil einer Innovation bezieht sich auf die wahrgenommene Verbesserung gegenüber dem Bestehenden. Grundsätzlich kann davon ausgegangen werden, daß je größer der relative Vorteil einer Innovation ist, desto höher fällt die Adoptionsgeschwindigkeit aus.

- Kompatibilität
  Ausgangspunkt des Aspektes der Kompatibilität ist die Überlegung, daß, wenn eine Innovation nicht kompatibel ist mit bestehenden Werten, Normen und Erfahrungen, die Adoptionsgeschwindigkeit geringer sein dürfte als die einer "kompatiblen" Innovation.

- Komplexität
  Komplexität bezieht sich auf die Schwierigkeit die Innovation zu verstehen und zu nutzen. Innovationen, die einfach zu verstehen sind, werden im allgemeinen schneller angenommmen als solche die vom Adoptor erfordern, neue Fähigkeiten und Kenntnisse zu erwerben.

- Erprobbarkeit
  Die Erprobbarkeit spiegelt sich in dem Grad wider, mit dem sich die Innovation mit begrenztem Aufwand testen läßt. Mit einer Innovation, die leicht erprobbar ist, kann die allgemein mit Innovationen verbundene Ungewißheit für den Adoptor relativ einfach reduziert werden, wodurch eine Adoptionsentscheidung auch schneller fallen dürfte.

- Beobachtbarkeit
  Je einfacher es für potentielle Adoptoren ist, die Innovation und deren Ergebnisse zu beobachten, um so eher werden sie dazu auch Überlegungen anstellen und Informationen einholen und diese dadurch evtl. auch eher übernehmen.

Gerade im Bereich der produktspezifischen Determinanten der Diffusion weisen Telekommunikationsdienste einige Besonderheiten auf. Generell werden für Telekommunikationsdienste aufgrund ihrer Besonderheiten z.T. eigene "Güterkategorien" verwendet, um sie von "herkömmlichen" Gütern abzugrenzen. Die Güterbezeichnungen können dabei nach den jeweiligen Kriterien, die zur Abgrenzung herangezogen werden, unterschieden werden.

Eine Unterscheidung im Zusammenhang mit der Abgrenzung von TK-Diensten differenziert zwischen Singulärgütern, Netzeffektgütern und Systemgütern.[5] Zurückzuführen ist diese Abgrenzung darauf, daß einige Güter aus dem Bereich der Telekommuniktion z.T. in umfassendere Technologien integriert sind, wodurch sie untereinander in einer Wechselbeziehung stehen und dadurch die einzelne Nutzung bzw. Adoption nicht unabhängig ist von der anderer Personen: Telekommunikationsdienste wie bspw. das Telefon, Telefax und E-Mail zeichnen sich dadurch aus, daß der Anschluß eines weiteren Teilnehmers nicht ohne Auswirkungen auf den Nutzen des Gesamtsystems und aller bisherigen Teilnehmer bleibt. Dieser externe Effekt besteht in der Erhöhung der Funktionalität des Dienstes je mehr Teilnehmer angeschlossen und damit potentiell erreichbar sind. Die Summe der Adoptoren in einem Zeitpunkt wird als installierte Basis bezeichnet (vgl. Farrell/Saloner 1986). Die Zahl der möglichen Kommunikationsbeziehungen wächst mit zunehmender Teilnehmerzahl, was einen positiven Einfluß auf den Nutzen des Telekommunikationsdienstes hat. In der Terminologie der Allokationstheorie handelt es sich bei diesem Netzeffekt um einen positiven externen Effekt. Der Gesamtnutzen der genannten Telekommunikationsdienste steigt nicht linear sondern geometrisch oder exponentiell mit der Zahl der Adoptoren.[6]

---

5 Diese Unterscheidung geht insbesondere auf Weiber zurück (vgl. Weiber 1992, S. 15f.).

6 Für diese illustrative Schlußfolgerung ist es allerdings notwendig, von einem kardinalen und für alle Elemente der Adoptoren-Grundgesamtheit gleichen Nutzen auszugehen. Die Literatur zur Ökonomie von Netzexternalitäten hat sich seit dem frühen Beitrag von Rohlfs (1974) inzwischen zu einer kaum mehr überschaubaren Fülle von Veröffentlichungen entfaltet (vgl. Economides 1994, Katz/Shapiro 1994, Riggins/Kriebel/Mukhopadhyay 1994, Thum 1994).

Die Summe der Teilnehmer, die zu einem bestimmten Zeitpunkt an den Telekommunikationsdienst angeschlossen sind, sollte also durch den damit verbundenen Nutzen einen Einfluß auf die weiteren Adoptionsentscheidungen und damit den Diffusionsverlauf haben. Dies ist bei traditionellen Gütern, sog. Singulärgütern (Weiber 1992, S. 15), nicht der Fall. Bei letzteren, bspw. einem klassischen Konsumgut wie der Kaffeemaschine, ist der Nutzen aller Kaffeemaschinenbesitzer völlig unabhängig von der Gesamtzahl der vorhandenen Kaffeemaschinen.[7]

Die dargestellten Besonderheiten verdeutlichen, daß im Hinblick auf den "relativen Vorteil" der Innovation, dieser bei TK-Diensten differenzierter zu betrachten ist als bei "Singulärgütern" - insbesondere dadurch, daß die Nutzung bzw. Adoption nicht unabhängig von der Entscheidungen anderer ist.

Allerdings existieren eine Reihe von Telekommunikationsdiensten bei denen keine Netzeffekte auftreten, bspw. Online-Datenbanken und Audiotex. Nur Telekommunikationsdienste, die der Kommunikation zwischen den Teilnehmern dienen, beinhalten positive externe Effekte im obigen Sinne. Außerdem ist zu berücksichtigen, inwieweit auch im letzteren Fall positive externe Effekte auf Grund von Kompatibilitäten noch eine Rolle spielen. Ist eine Innovation voll kompatibel zu bereits vorhandenen Systemen, treten unter Umständen keine weiteren externen Effekte auf.[8] Bspw. ist im zellularen Mobilfunk die Nützlichkeit des Funktelefons auf Grund der vollen Kompatibilität mit dem Festnetz völlig unabhängig von der Zahl der Teilnehmer im Mobilfunk. Entsprechend modifizierte Überlegungen sind für den Funkruf (Paging) und das Telepoint relevant. Auch hier sind die Zahl der Teilnehmer kein positives Entscheidungskriterium für potentielle weitere Adoptoren.

Weitere Probleme, die bei Telekommunikationsdiensten eine besondere Rolle spielen sind die Kompatibilität und damit verbunden die Standardisierung. Güter, die nur im Zusammenwirken mit anderen Individuen konsumiert werden können, werden danach der Kategorie "Kommunikationsgüter" zugeordnet. Die Theorie der Standards bildet hierfür die Basis, denn "Kommunikationsgüter lassen sich nur verzehren, wenn zuvor unter den beteiligten Individuen ein ge-

---

7 Jedenfalls, wenn man von indirekten Netzeffekten wie dem möglicherweise aus der weiteren Verbreitung resultierenden dichteren Servicenetz für Kaffeemaschinen abstrahiert. Abgrenzungen und Terminologien werden in der Literatur nicht einheitlich gesehen. Eine Typologie verschiedener Formen von Netzexternalitäten liefert Capello (1994, S. 25 ff).

8 Zu den Zusammenhängen zwischen verschiedenen Formen von Kompatibilitäten, externen Effekten und installierter Basis siehe Wiese (1990).

meinsamer Standard vereinbart worden ist" (Blankart/Knieps 1994, S. 10). Von Öffentlichen Gütern einerseits sind sie dadurch abzugrenzen, daß sie wie private Güter dem Ausschlußprinzip und der Rivalität unterliegen; von privaten Gütern anderseits eben durch die Standards, wodurch sie Eigenschaften besitzen, die alle Individuen, die sie nutzen, gemeinsam haben. Wichtige Probleme im Zusammenhang mit Standards sind, wie diese zustandekommen und warum welche zustandekommen. Dabei spielt wiederum das Phänomen der Netzexternalität ein entscheidende Rolle: Je größer die Anzahl der Individuen ist, die den für den ensprechenden TK-Dienst notwendigen Standard verwenden - und dadurch die Kommunikation ermöglichen - desto größer ist der Nutzen eines Standards. Allerdings stellt ein gemeinsamer Standard lediglich eine notwendige Bedingung für die Nutzung dar.

Diese Besonderheit gilt es bei der Beurteilung der Charakteristiken einer Innovation zu beachten. Es bietet sich dabei an, das allgemeine Kriterium "Kompatibilität" bei Telekommunikationsdiensten auch aus dem Blickwinkel der Technik zu betrachten. Netzexternalitäten können auch hier dazu führen, daß Individuen eine Innovation nicht übernehmen, obwohl sie dem "Bestehenden" überlegen ist, wodurch dieses Problem auch Einfluß auf die Beurteilung des "relativen Vorteils" hat. Im Zusammenhang mit dem Phänomen, daß gerade auch unter Wettbewerbsbedingungen bestimmte technische Lösungen dazu tendieren, sich im Markt festzusetzen und nur auf ihnen aufsetzende Lösungen zulassen, entstanden die Begriffe des "lock in" und der "Pfadabhängigkeit" (vgl. Arthur 1989). Das zentrale Problem beim Auftreten derartiger Netzexternalitäten ist dabei die individuell rationale Handlungsweise des Adoptors, der nur seinen relativen Vorteil sieht, während die Gesamtnutzenmaximierung innerhalb des Systems ein anderes Verhalten erfordert.

3.2 Kommunikationskanäle

Bei der Diffusion handelt es sich um eine besondere Art der Kommunikation, insofern sich der Informationsaustausch auf eine Innovation bezieht (vgl. Rogers 1995, S. 17f). Ein Individuum teilt im Diffusionsprozeß, einem oder mehreren anderen, Informationen bezüglich einer Innovation mit. Grundsätzlich bedarf es dazu zweier Individuen, von denen das eine bereits Kenntnisse oder eigene Erfahrungen über die Innovation hat, wohingegen das andere noch keine Kenntnisse besitzt, und eines "Übertragungskanals", über den die Information ausgetauscht wird. Als Kanäle für die Kommunikation kommen dabei die verschiedensten Übertragungsformen wie bspw. Massenmedien oder auch die persönliche Kommunikation in Frage, die je nach Zielsetzung mehr oder weniger geeignet sind. Hierbei handelt es sich insbesondere um Probleme die im Rahmen der Kommunikationspolitik des Marketings diskutiert werden (vgl. Nieschlag/Dichtl/Hörschgen 1985, S. 435ff). Es zeigt sich, daß für die Überzeugung eines Individuums die persönliche Kommunikation, insbesondere die zwischen Menschen innerhalb einer Peer-Gruppe am effektivsten ist. Die Tatsache, daß der Informationsaustausch zwischen "homophilen" Individuen am effektivsten ist, stellt aus der Perspektive des Diffusionsprozesses ein Problem dar, da für die Verbreitung der Informationen zumindest ein gewisser Grad an Kommunikation zwischen den heterogenen Gruppen vorhanden sein sollte.

Im Hinblick auf die Besonderheit von Telekommunikationsdiensten gibt es beim Aspekt der "Kommunikation durch verschiedene Kanäle" keine spezifischen, besonders hervorzuhebenden Probleme, wie sie nicht auch bei anderen Produkten auftreten. Die Probleme, die beim Informationsaustausch über telekommunikationsbasierte Innovationen existieren, wie bspw. die Kommunizierbarkeit einiger komplexer Dienste, treten auch außerhalb der Telekommunikation auf.

3.3 Die Zeitkomponente

Wie bereits erwähnt, beschreibt die Diffusionsforschung primär den zeitlichen Verlauf der Verbreiterung von Neuerungen. Gegenstand der Analyse sind demnach die zeitraumbezogenen aggregierten Adoptionsvorgänge. Diffusionsüberlegungen lassen sich im wesentlichen auf die Erkenntnis zurückführen, daß nicht alle Individuen eines sozialen Systems eine Innovation zur selben Zeit übernehmen, sondern zu unterschiedlichen Zeitpunkten adoptieren (vgl. Weiber 1992, S. 10).

Die Betrachtung der Zeitkomponente spielt bei der Diffusion von Innovationen eine Rolle bei erstens dem Entscheidungsprozeß, zweitens der Beurteilung der Innovativität des Adoptors, die abhängig ist vom Adoptionszeitpunkt innerhalb des Diffusionsprozesses und drittens der Übernahmegeschwindigkeit der Innovation, gemessen an der Anzahl der Mitglied innerhalb des Systems, die die Innovation innerhalb eines bestimmten Zeitraumes übernommen haben (vgl. Rogers 1995, S. 20).

3.3.1 Der Entscheidungsprozeß

Der Entscheidungsprozeß ist der Prozeß von der ersten Wahrnehmung einer Innovation durch den Entscheidungsträger bis zur Adoption bzw. Nicht-Adoption der Innovation. Prinzipell kann der Prozeß in die folgenden Schritte aufgeteilt werden:[9] (1) erste Wahrnehmung der Innovation, (2) Meinungsbildung, (3) Entscheidung, die zur Adoption oder Nicht-Adoption führt, (4) Verwirklichung bzw. Nutzung der Innovation, (5) Überprüfung der Entscheidung, die entweder zur Bekräftigung oder u.U. auch zur Rückgängigmachung führt. Je nach Stadium im Entscheidungsprozeß sucht der Entscheidungsträger nach verschiedenen Arten von Informationen über verschiedene Kanäle. Zu Beginn dürfte die Suche nach näheren Informationen über die Funktionsweise der Innovation im Vordergrund stehen, wofür sich bspw. der Einsatz von Massenmedien relativ gut eignet. Je näher sich jedoch der Entscheidungsträger am Entscheidungspunkt befindet, umso eher wird er nach wertenden Informationen suchen, für deren Übertragung die persönliche Kommunikation geeigneter sein dürfte. Hierbei handelt es sich wiederum hauptsächlich um Fragen, die im Rahmen der Kommunikationspolitik des Marketings diskutiert werden.

Es ist darauf hinzuweisen, daß aus Gründen der Vereinfachung lediglich der Entscheidungspozeß für Individuen skizziert wurde. Sowohl die Art des Entscheidungsprozesses als auch die einzelnen Bestandteile weisen jedoch erhebliche Unterschiede im Zusammenhang mit Organisationen als Adoptoreinheit auf und sind meist einiges komplexer. Der Entscheidungsprozeß als solcher weist im Zusammenhang mit der Diffusion von Innovationen aus dem TK-Dienstebereich keine Besonderheiten auf.

3.3.2 Die Innovativität der Adoptoren

Die Innovativität spiegelt den Grad wider, mit dem ein Individuum oder eine "Organisation" relativ früh die Entscheidung zur Adoption trifft im Vergleich zu den anderen Mitgliedern des Systems. Zur Klassifizierung verschiedener Mitglieder des sozialen Systems im Hinblick auf deren Innovativität werden Kategorien gebildet. Obwohl die Zahl der Benennungen unterschiedlicher Adoptor-

---

9 Hierbei handelt es sich um eine Anlehung an das von Rogers verwandte Wirkungsmodell (vgl. Rogers 1995, S. 162f). Andere Wirkungsmodelle werden im Rahmen der werbepsychologischen Ansätze in der Marketingforschung diskutiert.

Kategorien in der Literatur sehr vielfälig ist, nimmt die von Rogers vorgenommene Einteilung eine dominante Stellung ein (vgl. Rogers 1995, S. 257).

Studien zum Diffusionsverlauf zahlreicher Produkte haben gezeigt, daß die Häufigkeitsverteilung der Adoption über die Zeit hinweg durch eine glockenförmige Normalverteilung angenähert werden kann. Zurückgeführt wird dieser Effekt im wesentlichen auf die Rolle des Informationsaustauschs und die Reduktion der Unsicherheit im Verlauf der Diffusion der Innovation. Idealtypisch nimmt die Häufigkeitsverteilung also den in Abbildung 3 wiedergegebenen Verlauf an, der in vielen Fällen empirisch auch bestätigt werden konnte[10]. Rogers bedient sich zur Kategorisierung der zwei eine Normalverteilung charakterisierenden Momente Mittelwert und Standardabweichung. Danach wird zwischen fünf verschiedenen Kategorien unterschieden.

(1) denjenigen Adoptoren, die zu einem Zeitpunkt bis zwei Standardabweichungen vor dem Mittelwert die Innovation übernehmen. Die Mitglieder dieser Gruppe zeichnen sich meist dadurch aus, daß sie gerade nicht zum Kreise der bestehenden Netzwerke innerhalb des sozialen Systems gehören; zudem eine hohe Risikobereitschaft besitzen und über die notwendigen finanziellen Ressourcen verfügen. Rogers bezeichnet diese Gruppe als die "*Innovatoren*".

(2) denjenigen Adoptoren, die zwischen dem Zeitpunkt zwei Standardabweichungen und eine Standardabweichung vor dem Mittelwert die Innovation übernehmen. Diese Gruppe von Adoptoren, die überwiegend Mitglied in den bestehenden Netzen innerhalb des Systems sind und einen hohen Anteil von Meinungsführern hat, wird von Rogers als "*Early Adoptors*" bezeichnet.

(3) denjenigen Adoptoren, die zwischen dem Zeitpunkt eine Standardabweichung vor dem Mittelwert und dem Mittelwert die Innovation übernehmen. Sie werden "*Early Majority*" genannt und zeichnen sich vor allem dadurch aus, daß sie weder die "Ersten noch die Letzten" sein wollen.

(4) denjenigen Adoptoren, die zwischen dem Mittelwert und dem Zeitpunkt eine Standardabweichung nach dem Mittelwert die Innovation übernehmen. Sie sind eher skeptisch und abwartend und übernehmen die Adoption

---

10 Siehe bspw. Rogers (1995, S. 253f) und Parker (1994).

größtenteils aufgrund ökonomischer Notwendigkeit oder sozialem Druck. Diese Gruppe wird als "*Late Majority*" bezeichnet.

(5) denjenigen Adoptoren, die nach dem Zeitpunkt zwei Standardabweichungen nach dem Mittelwert die Innovation übernehmen. Dabei handelt es sich überwiegend um Traditionelle, Vorsichtige und eher "rückwärts" Orientierte, die unter der Bezeichnung "*Laggards*" zusammengefaßt werden.

Abbildung 3: Die Adoptionskurve

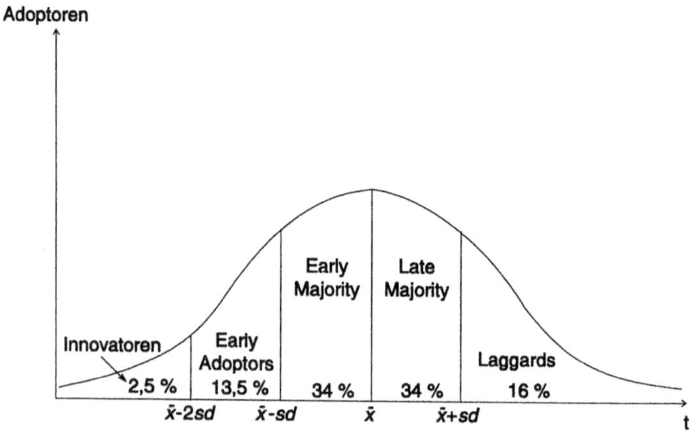

3.3.3 Die Übernahmegeschwindigkeit der Innovation

Die Übernahmegeschwindigkeit einer Innovation richtet sich nach der Länge des Zeitraumes, den es bedarf, bis ein bestimmter Anteil an Mitgliedern eines sozialen Systems die Innovation übernommen hat. Wird die Anzahl der Adoptoren kumuliert und über die Zeit hinweg betrachtet, entsteht - unter der Annahme einer Normalverteilung - die vielfach im Zusammenhang mit der Diffusion von Innovationen diskutierte S-förmige Kurve (Abbildung 4).

Abbildung 4: Die Diffusionskurve

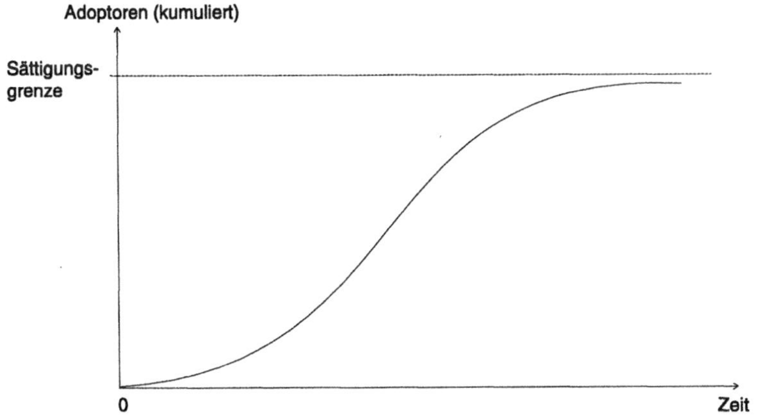

Die Diffusionskurve basiert also auf der zeitraumbezogenen Aggregation der Adoptionsvorgänge und zeigt deren Kumulation im Zeitablauf. Im Gegensatz dazu spiegelt die im Rahmen der Innovativität des Adoptors dargestellte Adoptionskurve die absoluten oder relativen Häufigkeiten der Adoptionsereignisse wider (vgl. Weiber 1992, S. 13).

Diese und ähnliche empirische Adoptions- und Diffusionsmuster können mit verschiedenen theoretischen Modellen und Überlegungen erklärt werden, die zum Teil miteinander konkurrieren, sich zum Teil aber auch ergänzen (vgl. Antonelli/Petit/Tahar 1992, S. 23ff).

Der älteste und gleichzeitig einer der einfachsten Ansätze ist das epidemische Modell. Es postuliert eine starke Übereinstimmung zwischen dem Verbreitungsverlauf von Krankheiten und Diffusionsprozessen bei Neuerungen. Die theoretische Fundierung für diesen Verlauf liefert die Verbreitung von Informationen in einer Population. Die Information über die Existenz einer Innovation und ihrer Eigenschaften ist zunächst nur bei einigen wenigen Unternehmen oder Haushalten vorhanden. Andere Unternehmen lernen über diese die Innovation kennen und übernehmen sie.[11]

Diese Charakterisierung des Verbreitungsverlaufs ist zwar für Diffusionen innerhalb eines Wirtschaftssektors plausibel, scheint aber weniger geeignet, die Diffusion zwischen Sektoren und innerhalb eines Unternehmens zu erklären. Der wichtigste Einwand gegen das epidemische Modell ist seine Beschränkung auf einen einzigen Einflußfaktor - die Zeit. Das epidemische Modell geht davon aus, daß die Unternehmen (bzw. Adoptoren) sich nicht unterscheiden. Die Verbreitung von Informationen über eine Innovation erfolgt allein durch die "Infektion" mittels bereits existierender Adoptoren und braucht deshalb Zeit.

Was den Verlauf der Diffusionskurve angeht, gibt es in zeitlicher Hinsicht große Unterschiede zwischen den Innovationen. So diffundieren bspw. einige Innovationen relativ schnell und die Kurve nimmt dadurch einen relativ steilen Verlauf an. Somit stellt sich die Frage, warum die Übernahmegeschwindigkeit der Innovation bei einigen Innovationen höher ist als bei anderen. Dabei dürfte die Wahrnehmung der Innovation hinsichtlich eines großen relativen Vorteils gegenüber dem Bestehenden, einer hohen Kompatibilität und einer niedrigen Komplexität sowie einer leichten Beobacht- und Erprobbarkeit einen positiven Einfluß auf die Übernahmegeschwindigkeit haben.

Der im Kontext des Abschnittes zur Innovation beschriebene zentrale Gesichtspunkt der wechselseitigen Abhängigkeit des Nutzens der Adoptoren, sowohl im Hinblick darauf, daß die Adoptoren die Entscheidung zukünftiger Adoptoren beeinflussen, als auch darauf, daß deren Entscheidung für die Innovation widerum den Nutzen der bisherigen Adoptoren beeinflußt, führt zu Besonderheiten bei der Diffusion von TK-Diensten.

Für die Diffusionskurve von Innovationen aus dem TK-Bereich, die einen hohen Grad an solchen positiven Netzexternalitäten aufweisen, hat dies typischerweise zur Folge, daß zu Beginn nur sehr Wenige die Innovation übernehmen, aufgrund des relativ geringen Nutzen durch die geringe Zahl weiterer Teilnehmer im System. Wenn jedoch die Adoptionsgeschwindigkeit einmal zunimmt, steigt diese meist - in Verbindung mit dem durch die Anzahl der Adoptoren steigen-

---

11 Konkurrierende epidemische Erklärungen basieren auf dem Wettbewerbsdruck oder Nachahmungseffekten (Bandwagon-Effekt) sowie auf der Verringerung von Unsicherheit durch die Vergrößerung der Nutzerzahl (vgl. Karshenas/Stoneman 1993, S. 509). Einen Überblick des Standes der Diffusionsforschung vermittelt Parker (1994). Neuere Veröffentlichungen sind Chen/Takada (1994), Church/Gandal (1993), Jovanovic/MacDonald (1994), Mansfield (1993), Petrakis (1994), Stenbacka/Tombak (1994).

den Nutzen - sehr stark an und die Diffusionskurve nimmt einen relativ steilen Verlauf an. Ab einer gewissen Anzahl von Anwendern wird es folglich zu einem in der Innovation selbst begründeten, sich aufrechterhaltenden, wachsenden Verbreitung der Innovation kommen. Dieser kritische Punkt für die Verbreitung von Innovationen, insbesondere für solche mit großen externen Effekten wie sie mitunter im Bereich der Telekommunikation zu finden sind, wird als "kritischer Masse Punkt" bezeichnet.

Zur Erklärung der Diffusionskurven bei Innovationen mit kritischen Massen bedient man sich ähnlicher Überlegungen wie in den zuvor vorgestellten Modellen. Jeder potentielle Adoptor hat seine eigene Vorstellung darüber, welche Mindestanzahl von Mitgliedern des Systems sich dazu entschließen müßte, die Innovation zu nutzen, damit auch er sich dazu entschließen würde. Jeder potentielle Adoptor hat auch seine eigene Vorstellung, was die kritische Masse ausmacht. Da hierbei die subjektiven Erwartungen im Hinblick auf die Anzahl der Adoptoren eine große Rolle spielen und da jeder der potentiellen Adoptoren eine subjektive Einschätzung über die ausreichende Teilnehmerzahl hat, kommt es auch schon vor Erreichen des kritischen Masse Punktes zum Diffusionsprozeß.

Unter Umständen kann es jedoch gerade bei derartigen Innovationen auch gar nicht zu diesem Punkt kommen oder es vergeht eine längere Zeit bis dieser erreicht wird. Das Problem der "kritischen Masse" rührt aus dem Verhältnis zwischen den Individuen und deren Verhalten und dem des Systems, welches sie ausmachen.

3.4 Das soziale System

Die Diffusion einer Innovation findet innerhalb der Mitglieder eines sozialen Systems statt. Das soziale System steckt also die Grenzen ab und stellt die Rahmenbedingungen dar, innerhalb derer die Diffusion stattfindet (vgl. Weiber 1992, S. 10). Gekennzeichnet ist das soziale System durch die wechselseitigen Verbindungen, in der die einzelnen Mitglieder miteinander stehen (vgl. Rogers 1995, S. 23). Dabei spielen umweltspezifische Determinanten, wie die politisch/rechtliche, die wirtschaftliche, die soziale oder die technische Umwelt eine entscheidende Rolle. Innerhalb des sozialen Systems mit seinen Rahmenbedingungen und Normen befindet sich die Grundgesamtheit potentieller Adoptoren. Die Grundgesamtheit kann bspw. aus sämtlichen Konsumenten eines bestimmten Landes oder auch nur aus den Unternehmen einer bestimmten Branche bestehen.[12]

Ein zentraler Aspekt bei der Betrachtung des Systems, in dem die Diffusion der Innovation stattfindet, ist weiterhin, welche Auswirkungen die Verbreitung der Innovation - neben denen auf den einzelnen Adoptor - auf das System und seine Strukturen hat. Oftmals sind diese zu Beginn der Diffusion noch gar nicht abzusehen oder wirken erst als indirekte Folgen: Zum Beispiel bringt die Möglichkeit der Tätigung von Geschäften vom heimischen PC aus, die aufgrund der Innovationen im Bereich der IuK-Technologie geschaffen wurden, auch Probleme im Bereich des Datenschutzes mit sich.[13]

Spezifika bei der Betrachtung der Diffusion von Innovationen aus dem Bereich der Telekommunikation im Hinblick auf das soziale System haben ihren Ursprung widerum in bereits früher behandelten Besonderheiten. Bei einigen TK-Diensten, wie bspw. beim Btx/Datex-J, wird von Systemgütern oder auch großtechnischen Systemen gesprochen, aufgrund der zahlreichen Komponenten und Akteure, deren Zusammenwirken für die Nutzung dieses Dienstes erforderlich ist. Die Komplexität einiger TK-Dienste, sowohl was die Problematik der notwendigen Infrastruktur zur Erbringung des Dienstes und die damit in Verbindung stehenden Anforderungen an die Standardisierung als auch die oft branchenübergreifende Realisierung der Anwendungen angeht, bringt einen erheblichen Abstimmungsbedarf mit sich.

Können die Spezifikationen der Standards aus technischer Sicht beschlossen werden, eröffnen sich zur Realisierung der Anwendungen immer noch meist mehrere Gestaltungsmöglichkeiten. Aufgrund der beschriebenen Externalitäten, die häufig mit der Nutzung der TK-Dienste verbunden sind, bietet sich auch auf dieser Ebene ein koordiniertes Verhalten an. Da jedoch hier meist kein Zwang zur Einigung zwischen allen Beteiligten für die Realisierung des Dienstes besteht und zudem die verschiedenen Akteure nicht immer gleichgerichtete Interessen haben - insbesondere wenn es sich um wettbewerbsrelevante Anwendungen handelt - ist dies meist ein langwieriger und schwieriger Prozeß und oftmals kommen dabei lediglich sog. Insellösungen zustande.

---

12 Adoptionsprobleme von IuK-Technologien in Unternehmen behandelt aus industriesoziologischer Perspektive Heidenreich (1995). Siehe auch Winzer (1994). Unterschiedliche Adoptionsraten neuer Technologien auf Grund divergierender sozialer Systeme verschiedener Länder analysieren Parente und Prescott (1994).

13 Für weitere Formen von Konsequenzen (vgl. Rogers 1995, S. 412ff).

Die Entwicklung derartiger Systeme wird dadurch auch als sozio-technischer Entwicklungsprozeß beschrieben, bei dem das soziale System (u.a. mit seinen kulturellen Werten und regulatorischen Bestimmungen) den Rahmen für die Akteure mit ihren Ressourcen und Strategien bildet, die letztendlich die Ausgestaltung des aus diesem Prozeß resultierenden Systems determinieren.[14] Dabei spielen technische Aspekte meist nur zu Beginn eine größere Rolle. Die Art und Weise der Realisierung des Dienstes kann einen entscheidenden Einfluß auf die Diffusion des Systems haben. Gelingt bspw. eine Abstimmung auf kompatible Lösungen nicht, wird dadurch der mögliche Nutzen für den einzelnen Adoptor, den er aus diesem Dienst ziehen könnte, eingeschränkt, was eine diffusionshemmende Wirkung hat.

Ein entscheidender Faktor bei den branchenübergreifenden Anwendungsmöglichkeiten, die einige Innovationen aus dem TK-Bereich bieten, und dem damit verbundenen Abstimmungsbedarf für die Gewährleistung der entsprechenden Nutzungsmöglichkeiten - und somit auch der Diffusion - ist, daß es eventuell an den notwendigen Gremien und Organisationen fehlt, um diesen Koordinationsaufwand zu bewältigen, bzw. die Transaktionskosten der Abstimmung zu hoch sind.

Entsprechend den in diesem Abschnitt gemachten Ausführungen lassen sich die geschilderten Erklärungszusammenhänge der Diffusion von Innovationen - ohne eine Berücksichtigung der Spezifika bei TK-Diensten - wie in der folgenden Abbildung dargestellt zusammenfassen: [15]

---

14 Ein Beispiel liefert die Entwicklung von electronic cash (vgl. Klein 1993, S. 63ff).

15 In Anlehnung an Weiber 1992, S. 8 und Rogers 1995, S. 163. Aus Gründen der Übersicht der dargestellten Faktoren wurde auf eine differenziertere Darstellung der Entscheidung, die zur Adoption bzw. Nicht-Adoption einer Innovation führt und den damit verbundenen Aspekten der fortgesetzten Ablehnung bzw. der fortgesetzten Adoption, verzichtet.

Abbildung 5: Einflußfaktoren der Diffusion von Innovationen

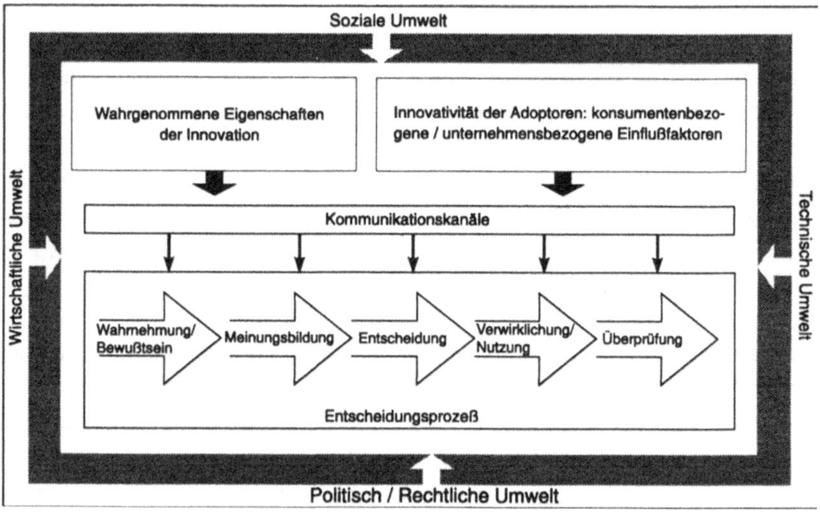

4 Zum Inhalt des Buches

In den folgenden Beiträgen werden die angesprochenen Spezifika bei der Diffusion von Innovationen in der Telekommunikation unter verschiedenen Perspektiven vertieft und anhand von Fallbeispielen dargestellt. Im anschließenden Beitrag erläutert *Rogers* grundlegende Probleme von Innovationen im Telekommunikationsbereich aus dem Blickwinkel der allgemeinen Diffusionstheorie. Ein Schwerpunkt liegt dabei auf der Schilderung von Maßnahmen, den spezifischen Hindernissen der Adoption zu begegnen.

Der zweite Teil des Buches beschäftigt sich mit theoretischen Fragen, insbesondere mit der Abgrenzung von TK-Diensten gegenüber anderen Gütern aufgrund ihrer spezifischen Eigenschaften und den damit in Verbindung stehenden Terminologien wie der des „Systemgutes" oder des „Netzeffektgutes". Der erste Beitrag von *Weiber* erläutert zudem die sich daraus ergebenden Konsequenzen für die Diffusionsforschung und skizziert Ansatzpunkte einer Diffusionstheorie für sog. „kritische Masse Systeme". Seine theoretischen Überlegungen resultieren in den Hypothesen, daß der Diffusionsverlauf linksschief und evtl. mehrgipflig ist sowie nicht unbedingt monoton steigend verlaufen muß. Der Schwerpunkt des Beitrages von *Schoder* liegt neben der Abgrenzung verschiedener Netz- und Rückkoppelungseffekte auf der Darstellung des Mastergleichungsansatzes als eines mathematischen Modells zur Abbildung des Diffusionsmusters derartiger Güter.

Die bei der Diffusion von Innovationen im Telekommunikationssektor auftretenden und dort besonders virulenten Aspekte der Externalitäten und der Standardisierung bedingen, daß die Problematik der Handlungskoordination zwischen den involvierten Akteuren besonders relevant wird. Daher wird im dritten Teil des Buches die Interaktion zwischen Akteuren mit evtl. unterschiedlichen Interessenlagen aus unterschiedlichen Perspektiven analysiert. *Kubicek* und *Reimers* argumentieren in ihrem Beitrag, daß das Phänomen der kritischen Masse wenig hilfreich ist zur Erklärung der Diffusion von TK-Diensten; vielmehr gilt es die für derartige Dienste notwendigen weitreichenden Abstimmungsprozesse zur Realisierung der Anwendungen als zentralen Gesichtpunkt der Diffusion zu untersuchen. Entsprechend werden die Konsequenzen, die sich daraus für die Forschung und die Politik in diesem Bereich ergeben, aufgezeigt. Einen wesentlichen Aspekt beim Auftreten von Externalitäten stellt die Sichtweise des Individuums und dessen relativem Vorteil gegenüber dem der Gesamtnutzenmaximierung innerhalb des Systems dar. Der Beitrag von *Werle* stellt dieses Problem unter Anwendung der Spieltheorie dar. Auf die verschiedenen Möglichkeiten Standards zu setzen und den resultierenden Koordinationsbedarf zu bewältigen, geht der Beitrag von *Schmidt* aus der Sicht des akteursbezogenen Institutionalismus ein.

Im Mittelpunkt des vierten Teils stehen mit Btx/Datex-J und Teletex zwei Fallbeispiele zur Diffusion konkreter Anwendungen. *Albers* und *Peters* testen verschiedene Diffusionsmodelle daraufhin, ob - unter Zuhilfenahme vermutlicher Determinanten des Adoptionsprozesses wie bspw. dem Preis oder dem Werbeaufwand - diese Modelle in der Lage sind, die Verbreitung von Btx/Datex-J zu beschreiben und den zukünftigen Verlauf zu prognostizieren. Die Tatsache, daß es sich dabei um ein schwieriges Unterfangen handelt, welches oft nur zum Teil befriedigende Ergebnisse liefert, unterstreicht auch der anschließende Beitrag von *Hellige*. Er wirft die Frage auf, ob es angesichts zahlreicher Fehleinschätzungen überhaupt sinnvoll ist, statistische Modelle zur Erkärung des Diffusionsverlaufes für TK-Dienste heranzuziehen und nicht vielmehr Leitbildanalysen wie sie in der Technikgeneseforschung angewandt werden für die Erklärung fruchtbarer sind.

Der fünfte und letzte Teil des Buches beschäftigt sich mit den Perspektiven und Auswirkungen der Diffusion von TK-Diensten. Der Beitrag von *Schmid* zeigt, wie sich aufgrund der Entwicklung und Verbreitung innovativer IuK-Technologien sog. elektronische Märkte darstellen lassen, welche die Infrastruktur für die Wirtschaft von morgen bilden könnten. Der Einsatz multimedialer Telematik erlaubt die Schaffung eines virtuellen Marktplatzes, in dem Angebot und Nachfrage als ortslose, interaktive Informationsobjekte global verfügbar sind. Durch diese Änderung von Geschäftsprozessen werden weitgehende Konsequenzen prognostiziert. Demnach wird es grundlegende Veränderungen der derzeitigen Organisationsstruktur sowohl innerhalb der Firma als auch der arbeitsteiligen Wirtschaft geben und die ökonomischen Aktivitäten werden einer globalen Neuverteilung unterworfen.

Literaturverzeichnis

Aghion, Ph., Tirole, J., The Management of Innovation, The Quarterly Journal of Economics, 1994, S. 1185-1209

Antonelli, C., Petit, P., Tahar, G., The Economics of Industrial Modernization, London, San Diego usw. 1992

Arthur, W. B., Competing Technologies, Increasing Returns, And Lock-in by Historical Events, in: The Economic Journal, Vol. 99, 1989, S. 116-131

Bierfelder, W. H., Innovationsmanagement, 2. Aufl., München, Wien, 1989

Blankart, C. B., Knieps, G., Kommunikationsgüter ökonomisch betrachtet, Freiburg 1994

Brockhoff, K., Forschung und Entwicklung: Planung und Kontrolle, 3 Aufl., München, Wien, 1992

Capello, R., Spatial Economic Analysis of Telecommunications Network Externalities, Aldershot, Brookfield USA usw. 1994

Chen, Y.-M., Takada, H., Estimating the Geographic Diffusion of the Videocassette Recorder Market, Empirical Economics, 1994, S. 451-472

Church, J., Gandal, N., Complementary network externalities and technological adoption, in: International Journal of Industrial Organization 11, Amsterdam 1993, S. 239-260

Dosi, G., Sources, Procedures, and Microeconomic Effects of Innovation, in: Journal of Economic Literature, Vol. XXVI, 1988, S. 1120-1171

Economides, N., The Economics of Networks, Working Paper EC-94-24, New York University, 1994

Farrell, J., Saloner, G., Installed Base and Compatibility: Innovation, Product Preannouncements, and Predation, in: The American Economic Review, No. 5, 76, 1986, S. 940-955

Gerybadze, A., Innovation, Wettbewerb und Evolution, Tübingen 1982

Hauschildt, J., Innovationsmanagement, München 1993

Heidenreich, Informatisierung und Kultur - Die Einführung und Nutzung von Informationssystemen in Unternehmen, Studien zur Sozialwissenschaft, Band 152, Opladen 1995

Jovanovic, B., MacDonald, G., Competitive Diffusion, Journal of Political Economy, Vol. 102, No. 1, 1994, S. 24-52

Karshenas, M., Stoneman, P. L., Rank, stock, order, and epidemic effects in the diffusion of new process technologies: an empirical model, in: RAND Journal of Economics, Vol. 24, No. 4, 1993, S. 503-528

Katz, M, Shapiro, C., Systems Competion and Network Effects, in: Journal of Economic Perspectives, Vol. 8, No. 2, 1994, S. 93-115

Klein, St., Hürdenlauf electronic cash. Die Entstehung eines elektronischen kartengestützten Zahlungssystems als sozialer Prozeß, Hamburg 1993

Mansfield, E., The Diffusion of Flexible Manufacturing Systems in Japan, Europe and the United States, in: Management Science, Vol. 39, No. 2, 1993, S. 149-159

Nieschlag, R., Dichtl, E., Hörschgen, H., Einführung in die Lehre der Absatzwirtschaft, Berlin 1985

Parente, St. L., Prescott, E. C., Barriers to Technology Adoption and Development, Journal of Political Economy, Vol. 102, No. 1, 1994, S. 298-321

Parker, Ph. M., Aggregate diffusion forecasting models in marketing: A critial review, in: International Journal of Forecasting 10, 1994, S. 353-380

Petrakis, E., Technology Diffusion in a Differentiated Industry, Working Paper 94-33, Economics Series 15, Universidad Carlos III de Madrid, 1994

Riggings, F. J., Kriebel, Ch. H., Mukhopadhyay, T., The Growth of Interorganizational Systems in the Presence of Network Externalities, Management Science, Vol. 40, No. 8, 1994, S. 984-998

Rohlfs, J., A theory of interdependent demand for accommunications service, in: Bell Journal, 1974, S. 16-37

Rogers, E. M., Diffusion of Innovations, Fourth Edition, New York, 1995

Stenbacka, R., Tombak, M. M, Strategic timing of adoption of new technologies under uncertainty, in: International Journal of Industrial Organization 12, Amsterdam 1994, S. 387-411

Stoetzer, M.-W., Der Markt für Mehrwertdienste: Ein kritischer Überblick, WIK Diskussionsbeiträge, Nr. 69, Bad Honnef 1991

Stoneman, P., Technological Change and Market Structure: The Diffusion Dimension, in: Del Monte, A., (Editor), Recent Developments in the Theory of Industrial Organization, London usw. 1992, S. 267-277

Stoneman, P., The Economic Analysis of Technological Change, Oxford, 1983

Swanson, E. B., Information Systems Innovation Among Organizations, Management Science, Vol. 40, No. 9, 1994, S. 1069-1092

Thum, M., Network externalities, technological progress, and the competition of market contracts, in: International Journal of Industrial Organization 12, Amsterdam 1994, S. 269-289

Venkatraman, N., Loh, L., Koh, J., The Adoption of Corporate Governance Mechanisms: A Test of Competing Diffusion Models, Management Science, Vol 40, No. 4, 1994, S. 496-507

Weiber, R., Diffusion von Telekommunikation: Problem der kritischen Masse, Wiesbaden 1992

Wiese, H., Netzeffekte und Kompatibilität, Stuttgart 1990

Winzer, H., Die innerorganisatorische Diffusion neuer Bürokommunikationstechnologien - Eine evolutionäre Betrachtungsweise, Europäische Hochschulschriften, Band V/1488, 1994

2

Diffusion of Innovations: Modifications of a Model for Telecommunications

Everett M. Rogers

1 Introduction

The purpose of this essay is to explain the main elements in the diffusion of innovations model, and to apply them to the special case of the diffusion of new telecommunications technologies like fax, E-mail, mobile telephones, INTERNET, and others.

2 Green Thumb, Bildschirmtext, and Minitel

My first involvement in research in new telecommunication services in Europe was in 1981 as I was in Bonn for discussions with officials in the R&D unit of the German PTT, who were then launching the pilot trials in Berlin and Düsseldorf of the Bildschirmtext videotext service. I had just completed an investigation of the Green Thumb Project, a videotext service for Kentucky farmers that provided market and weather news. Most farmers found the Green Thumb system to be useful, and its propects for wider diffusion looked bright.

I had traveled to Bonn in 1981 from Paris, where I was then teaching as a Fulbright exchange professor at the University of Paris. While in France that fall, I had visited a pilot project in Vélizy, a Paris suburb, for what was to become Minitel, the French PTT's videotext service. Minitel was originally intended to provide telephone subscribers in France with an electronic telephone directory. The Minitel unit included a full keyboard so that an end-user could request a variety of information services, and could originate message to others.

What has been the rate of diffusion of these three videotext services, each an important telecommunication innovation back in 1981? The Green Thumb system never spread much beyond the original 200 farmers in the pilot project, as the U.S. Department of Agriculture and the U.S. Weather Service, who funded the pilot project, decided against further diffusion. Private companies provided a videotext service something like the Green Thumb system, but only a few thousand U.S. farmers purchased this rather expensive service. Several other videotext services for general consumers in the United States, tested in large-scale pilot projects costing millions of dollars, have failed.

Bildschirmtext spread to several hundred thousand users, far fewer than the 20 million market potential that had been estimated for this videotext service. It was renamed "Datex-J", and with additional features now available (that were not provided by the original videotext service), and is now diffusing to a wider audience of users.

Minitel has diffused to 6 million households and businesses, about 25 percent of all telephone subscribers in France. So by any measure, Minitel has been a huge success, and is, by far, the most widely used videotext service in the world.

How can we explain the widely different rates of diffusion of the Green Thumb system, Bildschirmtext, and Minitel? Certain understandings can be provided by the theory of the diffusion of innovations, as we seek to show in this essay.

3 Elements of the Diffusion of Innovations

The four main elements in the diffusion of innovations model are:

1. The *innovation*, defined as an idea perceived as new by an individual or organization. The newness of the idea means that individuals initially approach the innovation with a good deal of uncertainty. This uncertainty

factor is one reason why the diffusion of innovations is often a rather slow process, perhaps requiring a number of years for the new idea to be adopted by most of the individuals in a system. On the other hand, some telecommunications innovations diffuse very rapidly. For example, the number of users of INTERNET is presently estimated at about 20 million worldwide, with one million new users added each month (Rogers, 1995). Meanwhile, other telecommunications innovations fail. Why?

Individual's perceptions of innovations determine their rate of adoption. Take the example of an electronic telephone debit card, which may not be completely new in an objective sense, but which may be new to a particular individual. The person may perceive of the telephone card as something like the coins that it replaces. Or the telephone debit card may be perceived as similar to a credit card, which the plastic telephone card looks like. Or a telephone calling card, which the debit card looks like. The individual can see that the telephone card has a semiconductor memory chip embedded in it. Will this feature make the individual think of this innovation as related to computers, and thus as a highly complex new technology, perhaps something like a bank ATM (automated teller machine) card, with which the individual may have previously had an unpleasant experience? Has the individual discussed the telephone debit card with a friend or relative who is already a satisfied user? Perhaps the individual has tried to use a public telephone, and become frustrated to learn that it will only accept a telephone card (and not coins).

In such various ways are perceptions of a new idea shaped. It is perceptions that count. As an early American sociologist, W.I. Thomas, pointed out: "If men perceive a situation is real, it is real to them in all of its consequences" (Rogers, 1994).

2. Communication *channels* through which the innovation spreads among the members of a system over time. While mass media communication can create awareness-knowledge of a new idea rapidly, interpersonal communication with a near-peer about the innovation is usually necessary for most individuals to be persuaded to adopt. Thus, the diffusion of innovations is essentially a social process, consisting of people talking to other people about the new idea. Most individuals are not much influenced by scientific evaluations of an innovation, even if they know about such research results. Instead, an innovation is typically evaluated subjectively through the experiences of others similar to the decision-maker.

Because an innovation is perceived as new by the individual, it is characterized as uncertain (as we stated previously). Such uncertainty is usually resolved by comparing the innovation to existing ideas with which the individual is already familiar, as in the example of the telephone debit card (discussed above). And the uncertainty of a new idea is ordinarily dealt with by an individual by discussing it with peers who already have personal experience with using the new idea. Thus the diffusion of innovations is essentially a social process of people talking to people. This fundamental fact is sometimes forgotten, usually leading to failure of diffusion efforts.

3. Diffusion occurs over *time*. In fact, the number of adopters of an innovation, plotted on the basis of the time at which individuals adopt, usually forms an S-shaped curve. A few individuals adopt per time unit in the early years of adoption, followed by a rapid increase in the rate of adoption, until the rate of adoption starts to increase at a decreasing rate, as the S-curve gradually levels off. Eventually almost everyone has adopted (Figure 1).

   Time is also involved in the diffusion process in *adopter categories*, the classifying of individuals on the basis of their relative time of adoption. For example, the very first individuals to adopt an innovation in a system are called "innovators". These innovators move in cosmopolite circles, are relatively well-off, and have a strong desire to use new ideas. Individuals in the second adopter category, early adopters, begin using the innovation next (after the innovators), and are highly respected by their peers. Once the early adopters start using the innovation, many others in the system soon follow suit. Thus the early adopters are a key target audience for promotional efforts to diffuse the innovation. Once they adopt, the S-shaped rate of adoption curve begins to take-off. After that point, further diffusion usually cannot be stopped. Getting to this point of critical mass, where the diffusion curve becomes self-sustaining, is crucial for those who are promoting the spread of an innovation.

   Why do certain innovations diffuse relatively rapidly, while others have a relatively slow rate of adoption? New ideas (1) that are perceived as having a high rate of *relative advantage* over the ideas that they replace, (2) that are *compatible* with the potential adopters' values, beliefs, and previous experience, (3) that are viewed as simple rather than *complex* to adopt, (4) that are *observable*, and (5) that are *divisible* for trial use, are generally characterized by a more rapid rate of adoption. Again, it is perceptions that count.

4. Diffusion happens among the *members* of a social system. The system may have norms that encourage or discourage an individual to adopt or to reject an innovation. Perhaps many of the system's members have previously had an unsuccessful experience with the innovation, and have discontinued its use. Maybe the various manufacturers of the innovation have not agreed on an industry standard for the new product, and a variety of incompatible products are in the marketplace, causing greater uncertainty among potential consumers. Perhaps the needed infrastructure to support the innovation is not yet in place. Thus, the system in which the innovation is diffusing can have a strong influence on the rate of adoption of the new idea.

4 Special Aspects of Telecommunications Innovations

These four core diffusion elements, just described, can be applied to the special case of the diffusion of telecommunications innovations. These new ideas are technological means for one individual to talk to another individual (fox example, via a new interactive technology like E-mail). Thus, the critical mass is usually involved in the diffusion of interactive innovations. One adopter typically tells at least two other people about the innovation, and when they adopt, each of the two persons tells two others. After several such generations of one adopter telling other potential adopters, the result is an S-shaped diffusion curve. This distribution has a long tail to the left (as the number of adopters of the innovation increases slowly at first), followed by a take-off in the rate of adoption as the number of adopters per time period begins to increase sharply, which then becomes a slower and slower rate of adoption, and eventually a tail to the right, as fewer and fewer individuals remain to adopt the new idea. As one telecommunications scholar stated: "It is equivalent to each individual in a system watching every other individual, who in turn, are being watched" (Allen, 1983).

A critical mass point may occur when 10 percent or so of the individuals in a system have adopted. The exact point at which the critical mass occurs is not the same for all innovations, nor for all systems (for the same innovation). After the critical mass point, a take-off in the rate of adoption occurs, as the number of adopters rapidly increases per unit of time. This take-off in the S-shaped diffusion curve happens because each additional adopter increases the utility of the innovation for each potential adopter and for each past adopter. For example, the telephone, an interactive telecommunications innovation of about 100 years ago, had little advantage to the first adopter. But when a second adoption occurred, the telephone began to have utility for the two adopters and for all future adopters. With each additional adoption, the telephone became exponentially more valuable to everyone.

The critical mass occurred for INTERNET a few years ago, perhaps around 1993, and presently the rate of adoption is very steep, with the total number of adopters doubling every year. Eventually, however, at some point in the future, it is inevitable that the rate of adoption for INTERNET will begin to level off.

In addition to the critical mass leading to self-sustaining growth in the diffusion of interactive communication technologies, there are at least two other distinctive aspects to the diffusion of telecommunications technologies: (1) *standardization* of telecommunication innovations, which generally speeds the rate of diffusion (as, for example, occurred for CD-ROM technology after its major manufacturers met in a conference, hammered out their differences, and agreed on an industry standard), but which also leads to lessened diversity of the telecommunications products in the marketplace, and which may thus disadvantage consumers, and (2) *infrastructure* to support use of the telecommunications innovation. For instance, about 40 percent of public telephones in Germany in 1994 accepted only electronic telephone cards, thus providing a powerful infrastructural impetus for adoption of this innovation. In other cases, the infrastructure may impede the rate of diffusion of a telecommunications innovation.

For example, for many years the telephone system in the United States would not allow the transmission of fax messages, and so fax could not be adopted. In fact, the idea of fax was invented by Alexander Bain, a Scottish scockmaker, in 1843. But the fax boom did not begin in the United States until 1983, and even then the rate of adoption was rather slow until 1987, when the critical mass occurred. Americans then began to assume that "everybody else" had access to a fax machine, and the rate of adoption took off. So it took 150 years for fax to become an overnight success (Rogers, 1995).

The present essay mainly deals with the critical mass, even though its influence on the rate of diffusion is often interrelated (1) with standardization, and (2) with infrastructural factors.

5 The Critical Mass

The *critical mass* occurs at the point at which enough individuals have adopted an innovation so that the innovation's rate of adoption becomes self-sustaining (Rogers, 1995). The interactive nature of new telecommunications technologies creates a kind of interdependence among the adoption decisions of the members of a system. Thus, as more and more individuals in a system adopt an interactive technology, its utility for everyone increases. Eventually, enough individuals have adopted so that the interactive innovation has sufficient utility for the average member of the sytem. After this critical mass point occurs, the rate of adoption proceeds rapidly (see Figure 1).

Figure 1: The Rate of Adoption for a Noninteractive Innovation (solid line) and for an Interactive Innovation (dotted line).

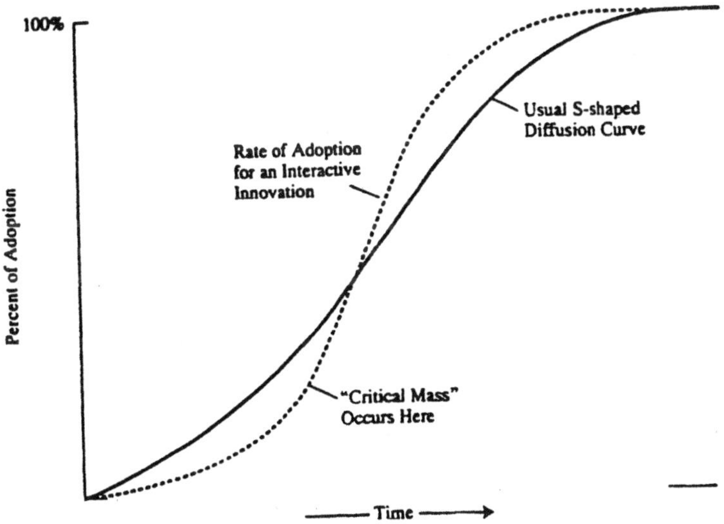

Source: Rogers (1995).

In the case of noninteractive innovations, the earlier adopters have a *sequential* interdependence effect on later adopters. As more and more individuals adopt the new idea, the noninteractive innovation is perceived increasingly as beneficial to future adopters. The result is the normal, S-shaped curve of adoption that occurs for most innovations. We stated earlier that diffusion is a social process, and so as more and more satisfied adopters exist in a system, the volume of positive interpersonal messages about the new idea communicated per time period increases sharply, and the rate of adoption increases accordingly.

However, in the case of interactive innovations (like telecommunications technologies), the earlier adopters influence not only future adopters but also past adopters in a process of *reciprocal* interdependence (Markus, 1990). The benefits from each additional adoption of an interactive innovation increase not only for all future adopters, but also for everyone who has previously adopted.

In the case of INTERNET, the critical mass point was reached around 1993 when about 20,000 existing computer networks were interconnected, forming a network of computer networks. The origins of INTERNET go back to ARPANET, which was created in 1969 to allow U.S. Department of Defense contractors to share computer resources. To the surprise of ARPANET's original designers, the most popular service on the network was an E-mail function. ARPANET was designed in the Cold War era to survive a nuclear attack, so there was no single control point or headquarters for the network. When INTERNET was formed out of ARPANET, and the thousands of other, previously-existing networks, this many-to-many, decentralized network structure of ARPANET was continued. Millions of computers are linked by telephone lines through many millions of different network paths. Any particular message courses its way toward its intended destination, passed along from computer to computer. Nobody really runs INTERNET.

Once INTERNET reached critical mass, it changed from being an interesting curiosity for many individuals to become a necessity. What do people use INTERNET for? Some users fall in love, and plan their wedding on this network. Authors collaborate in writing books and articles. A computer company offers free trial of its newest computer to individuals who wish to use their own software and database. Many INTERNET users are university professors and R&D workers who exchange technical information with peers in their invisible college. In recent years, INTERNET has become used for business purposes to an increasing degree, particularly once INTERNET reached critical mass.

The original notion of the critical mass came from physics, where it was defined as the amount of radioactive material necessary to produce a nuclear reaction. An atomic pile goes critical when the radioactive chain reaction becomes self-sustaining. Various examples of the critical mass occur in everyday life. For example, a single log in a fireplace will not continue to burn by itself. A second log must be present so that each log reflects its heat onto the other. When the ignition point is reached, the fire takes off and the two logs burn to ashes.

As stated previously, there is no standard percent of adoption of an innovation at which the critical mass occurs. This point usually ranges somewhere between 10 percent adoption (as a minimum), and 25 percent (as a maximum), but the exact point at which the critical mass happens depends upon such factors as:

1. Individuals' *perceptions* of the innovation, expecially its relative advantage (compared to the practice that it replaces) and its compatibility with existing beliefs and values. The more favorable the perceptions of the innovation, the relatively earlier the critical mass will occur.

2. The availability of the necessary *infrastructure* to support the new telecommunications technology (as discussed previously).

3. Individual *thresholds* of resistance to adoption of the innovation.

6 Individual Thresholds for Adoption

A *threshold* is the number of other individuals who must be engaged in an activity before a given individual will join that activity (Granovetter, 1978). An individual decides to adopt an innovation when some minimum number of other individuals in the adopting individual's personal communication network have adopted. Notice that a threshold is an *individual* quality, while the critical mass is a *system* characteristic. Individuals have thresholds for adoption of an innovation (for example, innovators have a very low threshold that must be overcome before they adopt). Communities, organizations, and other systems have a critical mass point after which the rate of adoption becomes self-sustaining. The system's critical mass consists of an aggregation of the individual's thresholds. Thus are the critical mass and the threshold interrelated.

An illustration of this interrelationship is provided by Granovetter (1978) in the case of a riot: "Imagine 100 people milling around in a square - a potential riot situation. Suppose that the riot thresholds are distributed as follows: There is one individual with threshold 0, one with threshold 1, one with threshold 2, and so on up to the last individual with threshold 99. This is a distribution of thresholds. The outcome is clear and could be described as a "bandwagon" or "domino" effect: The person with threshold 0, the "instigator", engages in riot behavior - breaks a window, say. This activates the person with threshold 1. The activity of these two people then activates the person with threshold 2, and so on, until all 100 people have joined."

If we somehow removed the individual with threshold 1 and replaced that individual with someone with threshold 2, the riot would end with just one rioter. The critical mass would not be reached.

The concept of threshold assumes that a focal individual's decision to adopt an innovation depends on the number of other individuals networked to the focal individual who have adopted the innovation. Micro-level investigations of threshold behaviour are now being conducted, but our understanding of this behavior is yet limited by a lack of research-based knowledge.

An interesting question is why some individuals adopt an interactive innovation prior to the critical mass point. Such adoption would seem to be an irrational act. One explanation is that these innovators have extremely low thresholds of resistance to the innovation, and hence do not require interpersonal communication with peers who have already adopted. Another explanation is that the innovator's personal communication networks are cosmopolite, consisting mainly of individuals in other systems (where perhaps the rate of adoption of the innovation is already past the critical mass point). Yet another explanation is that innovators decide to adopt not in terms of the *immediate* benefits from the innovation, but in terms of how they may *eventually* benefit (after a critical mass point has been reached in their system).

In any event, it seems clear that individuals adopt a new idea on the basis of their expectations regarding others' future adoption. As Allen (1983) stated: "It seems likely that individuals base their choice on what they expect others to decide. Thus, the individual's effort to decide hinges upon "watching the group"- the other members in the community of actual/potential subscribers - to discern what the group choice may be.... The outcome for the group then turns literally upon everybody watching while being watched" (emphasis by the present author).

7 Strategies for Getting to Critical Mass

We argued in this essay that the successful diffusion of telecommunications technologies rests on getting to critical mass. What strategies can be used by those promoting diffusion in order to reach critical mass?

1. Provide *incentives* for early adoption of the interactive innovation, until the critical mass is reached.

   An example of this strategy comes from the diffusion of Minitel in France. France Télécom gave free Minitel units to hundreds of thousands of heavy telephone subscribers during the 1980s. Such subsidization was extremely expensive, costing $ 800 million annually. Nine years after the launch of Minitel, when six million French households had adopted this videotext service, Minitel broke even, and since then has earned a return on investment of 8 to 12 percent per year.

2. Introduce the innovation to *intact groups* whose members are likely to adopt at once.

   An illustration of this strategy occurred in the promotion of PEN (Public Electronic Network), one of the first municipal electronic communication systems in the United States, which was introduced in Santa Monica, an upper-middle class suburb of Los Angeles. PEN has provided cost-free (to the user) computer bulletin boards to Santa Monica citizens since its introduction in 1989. The rate of adoption spurted when PEN was targeted to local groups like neighborhood police protection associations (Neighborhood Watch), parent-teacher associations, and others. Many individuals in these local groups adopted at the same time, thus helping to achieve a critical mass (Rogers and others, 1994; Schmitz and others, 1995).

3. Target *top officials* in a system for initial adoption of the interactive innovation.

   An example of this strategy happened in 1982 at Stanford University when the university president, Donald Kennedy, was pictured on the front page of the faculty newspaper using a new electronic mail system then being pioneered at Stanford. This photograph was a clear signal to professors that they should adopt the E-mail system that their president was championing. An organization has a hierarchy and a reward system which can be utilized to move an electronic mail system toward critical mass.

4. Shape individuals' *perceptions* of the innovation so as to imply that adoption of the new idea is inevitable, that the innovation is very advantageous, and that the critical mass has already occurred or will occur soon.

   Designing a telecommunications technology so that it is relatively more "friendly" can help it be adopted more easily as a result of individuals' perceptions. For example, Minitel was designed so as to be extremely easy to adopt. The Minitel unit is actually a minicomputer, but this quality of the innovation was downplayed by French Télécom, so as to avoid arousing consumers' fears. Of course, the ease of adopting Minitel meant that this innovation was also relatively easy to discontinue. About 20 percent of the six million adopters of Minitel do not use it at all, and another 30 percent use it very little.

   INTERNET was originally very difficult to access, and this unfriendliness retarded the rate of adoption. Then, in 1993 technological advances made this computer network more user-friendly, and the critical mass point soon followed.

5. Allow users of the telecommunications innovation a certain degree of *freedom* in evolving functions of the innovation that they adopt.

   A spectacular example of this point happened in the case of Minitel. In fact, the strategy that helped most in getting Minitel to critical mass was completely unplanned by the French engineers who designed the system (Rogers, 1995). In October, 1981, soon after Minitel was launched, computer hackers in the city of Strasbourg began to exchange live conversations via a *messagerie* service that the computer pirates called Gretel, identified by a logo of a heart with fluttering eyelids. The chatty messages were anonymous, and much of the message contents were sex-related. The engineers at French Télécom were scandalized, and sought to close Gretel down. But Minitel Rosé rapidly became too popular to kill. Soon the sex-related *messagerie* services on Minitel represented half of the videotext system's profits. And Minitel was well on its way to critical mass.

A telecommunications technology is a tool, and thus usually can be modified or re-invented in ways that the users wish. Often, users want to utilize a telecommunications technology so as to be able to send messages to others, rather than just to receive information. Users often want an active communication role. For example, my study of the Green Thumb system in Kentucky found that many farmers wanted a full keyboard (rather than just a hand-held keypad, used to call up the videotext screens of weather and market news information that they desired). With a more fully interactive communication capability, the farmers could request information about how to correctly use a new chemical weed spray, or announce that they had a used tractor for sale. However, the U.S. government agencies sponsoring the Green Thumb service resisted the farmers' desire for a full keyboard because they feared that farmers would then use the videotext technology for organizing politically.

Often, the actual range of uses to which a new telecommunications service will be put cannot be accurately anticipated. For instance, in the early years of ARPANET, the E-mail system linking U.S. Department of Defense contractors, one of the most popular uses of the system was to exchange jokes and other frivolous message content.

One of my respondents in the Kentucky Green Thumb study told me in a personal interview that he wanted the videotext system to provide him with a weather map of the Ukraine. This respondent was a wheat farmer, who purchased and sold grain futures on the Chicago Board of Trade. He knew that wheat yields in the Ukraine directly influenced U.S. grain prices. I suggested that in the Cold War era of the early 1980s such weather information might be difficult for a U.S. government-sponsored videotext service to obtain. But the Kentucky farmer told me that he was sure the CIA (Central Intelligence Agency) had a weather satellite over the Ukraine. He probably was correct.

8 Conclusions

The present essay discussed the special nature of the diffusion of new telecommunications technologies. Diffusion is the process through which an innovation (an idea perceived as new) is communicated through channels over time among the members of a social system. Research on the diffusion of innovations shows that perceptions count. That is, the way in which individuals perceive a new idea (in terms of its relative advantage, compatibility, complexity, trialability, and observability) determines it rate of adoption.

The diffusion of new telecommunications technologies displays a particular nature because they are interactive (that is, they are means for one individual to communicate with another). This interactivity means that telecommunications innovations usually diffuse relatively slowly in their very early stages, but then a critical mass occurs and the rate of adoption takes off very rapidly. The *critical mass* occurs at the point at which enough individuals have adopted an innovation so that the innovation's rate of adoption becomes self-sustaining. The critical mass for telecommunications innovations happens because of their interactive nature.

So the crucial problem in achieving the successful diffusion of a new telecommunications technology is to get to critical mass.

References

Allen, David (1983), "New Telecommunication Services: Network Externalities and Critical Mass," Telecommunication Politicy, 12 (3): 257-271.

Granovetter, Mark S (1978), "Threshold Models of Collective Behavior", American Journal of Sociology, 83: 1420-1443.

Markus, Lynne M. (1990), "Toward a 'Critical Mass' Theory of Interactive Media," in Janet Fulk and Charles Steinfield (eds.), Organizations and Communication Technology, Newbury Park, CA, Sage, pp. 194-218.

Rogers, Everett M. (1994), A History of Communication Study: A Biographical Approach, New York, Free Press.

Rogers, Everett M. (1995), Diffusion of Innovations, Fourth edition, New York, Free Press.

Rogers, Everett M.; Collins-Jarvis, Lori; Schmitz, Joseph (1994), "The PEN Project in Santa Monica: Interactive Communication, Equality, and Political Action," Journal of the American Society for Information Science, 45 (6): 1-10.

Schmidt, Joseph; Rogers, Everett M.; Philips, Ken; Paschel, Donald (1995), "The Public Electronic Network (PEN) and the Homeless in Santa Monica", Journal of Applied Communication Research.

3

Systemgüter und klassische Diffusionstheorie - Elemente einer Diffusionstheorie für kritische Masse-Systeme

Rolf Weiber

1 Systemgüter als Erkenntnisobjekt einer Diffusionstheorie für kritische Masse-Systeme

Die Diffusionsforschung besitzt eine lange Tradition bei der Analyse sog. Singulärgüter, die insbesondere dadurch gekennzeichnet sind, daß sie klar abgegrenzte Produktkategorien darstellen, die frei von komplementären Beziehungen zu anderen Produkten sind und über einen klar definierten originären Produktnutzen verfügen. Aufgrund der enormen Fortschritte in der Mikroelektronik und der herausragenden Bedeutung der Informations- und Computertechnik werden jedoch zunehmend Innovationen hervorgebracht, die durch Integrationsmerkmale gekennzeichnet sind, die sich allgemein darin konkretisieren, daß die volle Funktionsfähigkeit solcher Innovationen erst durch das Zusammenwirken mit anderen Produkten in einem System erzielt werden kann. Vielfältige Beispiele hierfür finden sich etwa in der Computer-, Elektro- und Telekommunikationsindustrie.

Allgemein werden Güter, die zur Nutzenentfaltung komplementäre Produkte benötigen, in der Literatur als *Netzeffektgüter* bezeichnet. Von den Netzeffektgütern werden im folgenden solche Güter abgegrenzt, deren Nutzenentfaltung für den einzelnen Nachfrager einerseits den Einsatz in einer sog. Systemtechnologie und andererseits die gleichzeitige Nutzung dieses Systems durch andere Anwender voraussetzt. Wir bezeichnen solche Güter als *Systemgüter* und die entsprechenden Systemtechnologien als kritische Masse-Systeme. Nach einer Abgrenzung von Singulär-, Netzeffekt- und Systemgütern konzentrieren sich die Betrachtungen auf kritische Masse-Systeme. Dabei werden die zentralen Charakteristika herausgearbeitet, die einen eigenständigen diffusionstheoretischen Erklärungsansatz motivieren. Die Überlegungen münden im Ergebnis in einem spezifischen Verlauf der Diffusionskurve von kritische Masse-Systemen. Abschließend werden ausgewählte Konsequenzen für zukünftige Forschungsbemühungen aufgezeigt.

1.1 Ausgangspunkte der klassischen Diffusionstheorie

Die Diffusionstheorie verfolgt allgemein das Ziel, den zeitlichen Ausbreitungsverlauf von Innovationen unter den Mitgliedern eines sozialen Systems zu erklären. Diffusionstheoretische Analysen setzen dabei auf dem Ereignis der Adoption, d. h. der Übernahme einer Innovation durch ein Mitglied des sozialen Systems auf, während der individuelle Übernahmeprozeß den zentralen Betrachtungsfokus der Adoptionstheorie darstellt. Bezogen auf die Verbreitung von *Produktinnovationen* lassen sich als zentrale Ausgangspunkte diffusionstheoretischer Überlegungen klassischer Prägung folgende Aspekte herausstellen:

- Betrachtungsfokus bilden einzelne Produktkategorien sogenannter *Singulärgüter.*
- Die Übernahme einer Innovation durch ein Individuum entspricht dem Erstkauf, wobei der *Kaufakt* als finales Element des Adoptionsprozesses betrachtet wird.
- Die Diffusionskurve nimmt immer einen monoton steigenden Verlauf, da der Erstkauf als *irreversibel* anzusehen ist.
- *Nutzungsaspekte* besitzen für die Diffusionsentwicklung von Singulärgütern keine Bedeutung.

- Die Zahl der Erstkäufer, die bis zu einem bestimmten Zeitpunkt adoptiert hat (sog. installierte Basis), bildet einen zentralen Erklärungsfaktor für die Entwicklung von *Imitationsprozessen.*

Erkenntnisobjekt der klassischen Diffusionstheorie bilden somit Singulärgüter, die dadurch gekennzeichnet sind, daß sie „nur" einen singulären oder originären Nutzen für den Käufer bzw. Nutzer eines Produktes besitzen, der sich wesentlich aus der Beschaffenheit des Produktes bzw. seinem Verwendungszweck bestimmt. Der originäre Nutzen eines Singulärgutes ist für einen Nachfrager weitgehend unabhängig von dem Verbreitungsgrad, den ein solches Gut am Markt erreicht hat.[1] Darüber hinaus wird bei der Analyse von Singulärgütern auch von Verbundbeziehungen zwischen komplementären Produkten abstrahiert.

Bereits das einfache Beispiel der Textverarbeitung aber zeigt, daß im Vergleich zum Singulärgut „Schreibmaschine" eine Textverarbeitung eine komplette Rechner-Infrastruktur, bestehend aus Systemeinheit, Bildschirm, Tastatur, Drucker usw., benötigt, um einen Nutzen für den Anwender entfalten zu können. Innovationen, für die der integrative Einsatz in einem System charakteristisch ist, stellen aber keine Singulärgüter mehr dar, da ihr Nutzen für den Nachfrager von den Komplementärelementen des Gesamtsystems abhängt, d. h. die (Einzel-)produkte stehen über ein fiktives oder physisch vorhandenes Netzwerk miteinander in Verbindung. Daraus folgt aber unmittelbar, daß Veränderungen bei Einzelkomponenten den Nutzen des Gesamtsystems beeinflussen. Zur genaueren Analyse ist die Unterscheidung von zwei Gütertypen angezeigt: Netzeffektgüter und Systemgüter.

1.2 Netzeffektgüter und Systemgüter

Generalisierend stellen Güter dann Netzeffektgüter dar, wenn sie durch eine, wie auch immer geartete, Kombination mit anderen Gütern für den Nachfrager einen Zusatznutzen erzeugen. Der Effekt, daß Nachfrager ein Produkt dann höher bewerten, wenn es mit Produkten anderer Nachfrager kompatibel ist, wird

---

1 Wir abstrahieren dabei von impliziten Nutzensteigerungen für den einzelnen Käufer, die z. B. aus Qualitätsverbesserungen bzw. Preissenkungen aufgrund einer breiten Diffusion bzw. Massenproduktion entstehen können. Ebenso vernachlässigen wir implizite Nutzensteigerungen, wie sie durch den Bandwagon-Effekt (Mitläufereffekt) aufgrund einer hohen Verbreitung eines Gutes relevant werden können. Vgl. zum Bandwagon-Effekt Leibenstein (1959), S. 189.

allgemein als *Netzeffekt* bezeichnet.[2] Dabei lassen sich direkte und indirekte Netzeffekte unterscheiden, wobei sich aber kategoriale Unterschiede in den marktlichen Konsequenzen bei beiden Arten von Netzeffekten feststellen lassen. Im folgenden wird deshalb der Begriff der Netzeffektgüter für solche Güter reserviert, die eine Dominanz an *indirekten* Netzeffekten aufweisen, während Güter mit einer Dominanz an *direkten* Netzeffekten (sog. *network externalities*)[3] als Systemgüter bezeichnet werden.

Netzeffektgüter liegen immer dann vor, wenn mehrere Güter aufgrund ihrer Kompatibilität und ihres komplementären Charakters in einer Vermarktungs- und Nutzenbeziehung stehen, wodurch solche Güter ein fiktives "Netzwerk" zwischen den Nachfragern bilden. Die bei Netzeffektgütern dominierenden indirekten oder marktvermittelnden Netzeffekte liegen dann vor, "... when a complementary good (spare parts, servicing, software...) becomes cheaper and more readily available the greater the extent of the (compatible) market."[4] Obwohl der Nutzen, den Nachfrager aus Netzeffektgütern ziehen können, wesentlich durch die Verbreitung von Komplementärprodukten am Markt erhöht wird, so verfügen sie aber dennoch über einen Originärnutzen, der darin zu sehen ist, daß ein Käufer auch dann einen Nutzen aus dem Produktkauf ziehen kann, selbst wenn sonst kein weiteres Mitglied des sozialen Systems über ein gleichartiges Gut verfügt. Netzeffektgüter stellen somit solche Güter dar, die neben dem originären Produktnutzen zusätzlich auch über einen derivativen Produktnutzen verfügen, der sich aus dem „Nutzernetzwerk" komplementärer Güter rekrutiert. Gegenüber Singulärgütern zeichnen sich Netzeffektgüter somit durch die herausragende Bedeutung von Verbunderscheinungen[5] aus, die von *Katz* und *Shapiro* als „Hardware-Software-Paradigma" bezeichnet werden.[6] Als typische Beispiele für Netzeffektgüter seien hier exemplarisch folgende komplementären Produktbeziehungen genannt: Videorekorder und Videofilme; Computerhardware und Computersoftware, CD-Player und CDs, Fotokameras und Fotoausrüstungen sowie allgemein die durch z. B. Service-Anbieter zu bestimmten (Kern-)Produkten angebotenen komplementären Leistungen.

---

2 Vgl. Arthur (1990), S. 92ff.; Graumann (1993), S. 1331ff.; Katz/Shapiro (1994), S. 93ff.; Wiese (1990), passim; derselbe (1993), passim.

3 Vgl. Braunstein/White (1985), S. 337ff.; Katz/Shapiro (1985), S. 424; dieselben (1986), S. 146; dieselben (1992), S. 55ff.

4 Farrell/Saloner (1985), S. 70f.

5 Vgl. zur allgemeinen Bedeutung von Verbunderscheinungen auf der Nachfragerseite Engelhardt (1976), S. 77ff.; Müller-Hagedorn (1978), S. 190ff.; Weiber (1993a), S. 72ff.

6 Vgl. Katz/Shapiro (1985), S. 424; dieselben (1994), S. 94.

Systemgüter hingegen sind dadurch gekennzeichnet, daß sie keinen originären Produktnutzen, sondern nur einen Derivativnutzen besitzen, der sich aus dem interaktiven Einsatz von Systemgütern im Rahmen einer sog. Systemtechnologie bestimmt.[7] Damit ein Systemgut für einen einzelnen Nachfrager überhaupt einen Nutzen entfalten kann, muß es in mindestens einer Interaktionsbeziehung zu einem (gleichartigen) Systemgut bei einem anderen Nachfrager stehen. Die Interaktion zwischen beiden Systemgütern kommt dabei nicht über ein fiktives, sondern über ein physisches Netzwerk zustande. Der Interaktionsaspekt steht bei Systemgütern also im Vordergrund. Der Derivativnutzen eines Systemgutes ist um so größer, je mehr Nachfrager die gleiche Systemtechnologie nutzen. Bei Systemgütern ist damit immer ein direkter Netzeffekt relevant, da der Nutzen eines Systemgutes dadurch steigt, daß andere das gleiche (kompatible) Systemgut im Rahmen einer Systemtechnologie einsetzen.[8] Für den Nutzungsaspekt ist entscheidend, daß ein Systemgut zum Zwecke der Kommunikation aktiv eingesetzt wird, d. h. es wird zum Empfang und zur Übertragung von Informationen verwendet. Systemgüter verfolgen damit als originäres Ziel, einen multidirektionalen Kommunikationsfluß zwischen den Mitgliedern eines sozialen Systems herzustellen, weshalb Blankart und Knieps auch von Kommunikationsgütern sprechen.[9] Typische Beispiele für Systemgüter sind die Endgeräte von Telekommunikationssystemen. So entfalten z. B. Telefon-, Telex-, Mailbox-, Telefax- oder Bildschirmtext-Endgeräte erst dadurch einen Nutzen, daß sie von möglichst vielen Personen im Rahmen der gleichen Systemtechnologie interaktiv verwendet werden. Je größer die installierte Basis,[10] d. h. der bereits vorhandene Anwenderkreis einer solchen Systemtechnologie ist, desto größer ist tendenziell der für einen Nachfrager erzielbare Nutzen aus der Systemtechnologie, da sich mit steigender Teilnehmerzahl auch die Anzahl möglicher Kommunikationsbeziehungen erhöht. Außerdem fördert die Verbreitung eines solchen Systems die Qualität (z. B. durch verbesserte Funktionalität oder Serviceangebote), die geographische Ausdehnung und damit auch die

---

7 Unter Systemtechnologien ist allgemein eine auf der Informationstechnik basierende Kombination von serien- und einzelgefertigten Produkten zu verstehen, die über eine bestimmte Systemarchitektur miteinander verbunden sind. Vgl. Weiber (1992), S. 33. In diesem Sinne werden Systemtechnologien auch verstanden von Backhaus (1992), S. 345ff.; Backhaus/Weiber (1988), S. 70; Günter/ Kleinaltenkamp (1987), S. 325ff.; Weiss (1992), S. 3.

8 Zwei Systemgüter gleichen Typs, jedoch von unterschiedlichen Herstellern, werden dann als kompatibel bezeichnet, wenn beide innerhalb derselben Systemtechnologie eingesetzt werden können.

9 Vgl. Blankart/Knieps (1995).

10 Vgl. zum Begriff der installierten Basis Farrell/Saloner (1986), S. 940ff.; Katz/Shapiro (1992), S. 55ff.

Zugriffsmöglichkeiten des Systems, was letztlich für den einzelnen Teilnehmer zu einer Nutzensteigerung führt.

Die Darlegungen machen deutlich, daß Systemgüter wesentliche Unterschiede zu Netzeffektgütern aufweisen, die in Abbildung 1 nochmals zusammengefaßt sind.[11]

Abbildung 1: Zentrale Unterscheidungsmerkmale zwischen Netzeffekt- und Systemgütern

Netzeffektgüter	Systemgüter
• verfügen über originären *und* derivativen Produktnutzen	• verfügen *nur* über einen derivativen Produktnutzen
• Originärnutzen ist eine konstante Größe	• Derivativnutzen ist eine dynamische Größe
• Installierte Basis von Komplementärgütern entscheidend für Nutzensteigerung	• Installierte Basis des gleichen Gutes entscheidend für Nutzensteigerung
• Installierte Basis besitzt einen indirekt nutzensteigernden Effekt durch die Verbreitung von komplementären Gütern	• Installierte Basis besitzt einen direkt nutzensteigernden Effekt durch die Verbreitung des gleichen Gutes
• Netzeffektgüter sind über ein fiktives Netzwerk miteinander verbunden	• Systemgüter sind über ein physisches Netzwerk miteinander verbunden
• Dominanz indirekter Netzeffekte und Nutzensteigerung über indirekte Rückkopplungen	• Dominanz direkter Netzeffekte und Nutzensteigerung über direkte Rückkopplungen
• Indirekte Netzeffekte werden allein durch den Kaufakt verstärkt	• Verstärkung der direkten Netzeffekte erfordert den Nutzungsakt

11 Mit obigen Überlegungen werden Systemgüter auch von Netzeffektgütern mit einer Dominanz an direkten Netzeffekten abgegrenzt. Zu solchen Netzeffektgütern zählen z. B. Mode- oder imagestarke Produkte. Im Unterschied zu Systemgütern verfügen aber auch solche Güter über einen Originärnutzen, und das „Nutzernetzwerk" ist nur fiktiver Natur.

2 Zentrale Charakteristika und Ansatzpunkte einer Diffusionstheorie für kritische Masse-Systeme

2.1 Kritische Masse und kritische Masse-Systeme

Die vergleichenden Betrachtungen von Netzeffekt- und Systemgütern haben verdeutlicht, daß das herausragende Merkmal von Systemgütern im *Nutzungsaspekt* zu sehen ist. Der Nutzen bzw. Derivativnutzen von Systemgütern bestimmt sich dabei aufgrund der Interaktionsbeziehungen zwischen den Nutzern. Damit Interaktionsbeziehungen zwischen unterschiedlichen Nachfragern im Sinne eines multidirektionalen Kommunikationsflusses überhaupt möglich werden, bedarf es eines nachfragerübergreifenden (physischen) Netzwerkes, durch das die Systemgüter zusammengebunden werden. Systemtechnologien, die ein solches Netzwerk und das dazugehörige Netzwerk-Management bereitstellen, werden als nachfrager*übergreifende* Systemtechnologien bezeichnet.[12] Die Netz- bzw. Systemarchitektur muß dabei so ausgelegt sein, daß eine Verbindungsmöglichkeit zwischen den Mitgliedern eines sozialen Systems gewährleistet ist. Mit Hilfe von Systemgütern (Endgeräten) können sich die Mitglieder eines sozialen Systems an die Systemtechnologie anschließen und über das physische Netzwerk in eine Kommunikationsbeziehung treten.[13] Aufgrund dieses Spezifikums kann aber die Nutzung einer nachfragerübergreifenden Systemtechnologie zum Zwecke der Kommunikation erst dann erfolgen, wenn die Systemarchitektur zuvor eindeutig definiert und auch implementiert ist. Dabei können Telekommunikationssysteme als paradigmatisch für solche Systemtechnologien angesehen werden.

Je größer nun die installierte Basis einer solchen Systemtechnologie ist, desto größer ist auch der Derivativnutzen, den ein einzelner Nachfrager aus dem Systemgut ziehen kann. Ist der Anwenderkreis zu klein, so besteht die Gefahr, daß aufgrund der geringen Interaktionsbeziehungen zwischen den Teilnehmern der Nutzen für den einzelnen Anwender auf Dauer zu gering ist und er seine Nutzung einstellen wird. In diesem Fall muß davon ausgegangen werden, daß

---

12 Bei Netzeffektgütern hingegen ist das physische Netzwerk zwischen den Systemkomponenten immer Bestandteil einer nachfrager*spezifischen* Systemtechnologie, d. h. die Systemtechnologie ist in der Hand eines Nachfragers konzentriert. Vgl. zur Unterscheidung zwischen nachfragerspezifischen und nachfragerübergreifenden Systemtechnologien Weiber (1992), S. 36ff.

13 Auch im Fall der „Wireless-Communication" wird das existierende Netzwerk als physisch verstanden.

die Systemtechnologie keinen langfristigen Markterfolg besitzen wird. Ist hingegen eine bestimmte Mindestzahl von Anwendern überschritten, so ist aufgrund des erhöhten Derivativnutzens zu erwarten, daß die Anwender die Nutzung der Systemtechnologie beibehalten werden und durch den steigenden Derivativnutzen die Systemtechnologie langfristig am Markt Erfolg haben wird. Die Mindestzahl von Anwendern, die erforderlich ist, damit Systemgüter einen ausreichenden Nutzen für eine langfristige Verwendung bei einem Anwenderkreis entwikkeln können, wird als *kritische Masse* bezeichnet.[14] Entsprechend heißen die erforderlichen nachfragerübergreifenden Systemtechnologien *kritische Masse-Systeme*.

Die kritische Masse ist somit aus *Nachfragersicht* definiert und steht unmittelbar mit dem aus der installierten Basis resultierenden Derivativnutzen von Systemgütern in Verbindung.[15] Da sich die installierte Basis im Zeitablauf verändert, ist auch der Derivativnutzen eine *dynamische* Größe. Die kritische Masse beschreibt einen Wendepunkt in der Entwicklung der installierten Basis, bei dem die Diffusionsentwicklung von einer *Instabilitäts-* in eine *Stabilitätsphase* wechselt. Mit der kritischen Masse wird der durch die installierte Basis erzeugte Diffusionsimpuls erstmals so groß, daß das System einen nachhaltigen Nutzen zur Gewinnung weiterer Adoptoren aus sich selbst heraus entwickeln kann, was sich empirisch in einer stark ansteigenden Zahl der Adoptoren niederschlägt. Die kritische Masse bezieht sich somit immer nur auf den *Netznutzen* von Produkten. Damit wird aber auch deutlich, daß das Phänomen der kritischen Masse grundsätzlich bei allen Produktinnovationen existent ist. Allerdings besitzt die kritische Masse für Systemgüter die größte Bedeutung, da sie die „originäre" Nutzenkomponente dieser Güter beeinflußt. Bei Netzeffektgütern ist die kritische Masse bereits von vergleichsweise geringerer Bedeutung, da diese auch über einen originären Produktnutzen verfügen. Bei Singulärgütern schließlich zeichnet die kritische Masse für das Entstehen eines erhöhten Adoptionsdrucks und damit das verstärkte Auftreten von Imitationsprozessen verantwortlich.[16]

---

14 Vgl. zum Begriff der kritischen Masse bei Telekommunikationssystemen auch Allen (1988), S. 255ff.; Oliver/Marwell/Teixeira (1985), S. 552f.; Oren/Smith (1981), S. 472ff.; Rogers (1986), S. 116ff.; derselbe (1990), S. 79ff.

15 Vereinzelt wird die kritische Masse auch aus *Anbietersicht* im Sinne eines Break even-Punktes definiert und mit derjenigen Nutzerzahl gleichgesetzt, die den kostendeckenden Betrieb einer nachfragerübergreifenden Systemtechnologie gewährleistet. Vgl. Knieps (1994), S. 57. Dieser Abgrenzung wird hier allerdings nicht gefolgt, da das primäre Untersuchungsziel der Diffusionstheorie die Erklärung der Ausbreitung von Innovationen in einem sozialen System darstellt und nicht die Analyse der Vorteilhaftigkeit unternehmerischer Investitionsentscheidungen.

16 Das kritische Masse-Phänomen wird in der klassischen Diffusionstheorie im Zusammenhang mit dem sog. Diffusionseffekt bzw. dem Entstehen eines Diffusions-take off diskutiert:

Eine weitere Besonderheit der kritischen Masse bei Systemgütern resultiert auch daraus, daß nicht der Kaufakt eines Systemgutes das originäre Adoptionsereignis darstellt, sondern die *Nutzung* eines Systemgutes zum Zwecke der Kommunikation.[17]

Die bei kritische Masse-Systemen erforderliche nachfragerübergreifende Systemtechnologie wird i. d. R. nicht durch einen einzelnen Anbieter bereitgestellt, sondern ist das Ergebnis des Zusammenwirkens mehrerer Anbieterparteien. Die Anbieterparteien lassen sich verschiedenen Ebenen zuordnen, wobei allgemein zwischen der Lieferanten-, der Betreiber-, der Dienste- und der Endgeräteebene unterschieden werden kann (vgl. Abbildung 2). Allen Anbietergruppen ist dabei gemeinsam, daß sich ihr jeweiliger Markterfolg letztendlich aus der Anzahl und der Nutzungsintensität der auf der Nachfragerseite angeschlossenen Teilnehmerzahl bestimmt.[18]

Abbildung 2: Mehrdimensionalität der Anbieterebene bei kritische Masse-Systemen mit beispielhaften Beziehungsstrukturen

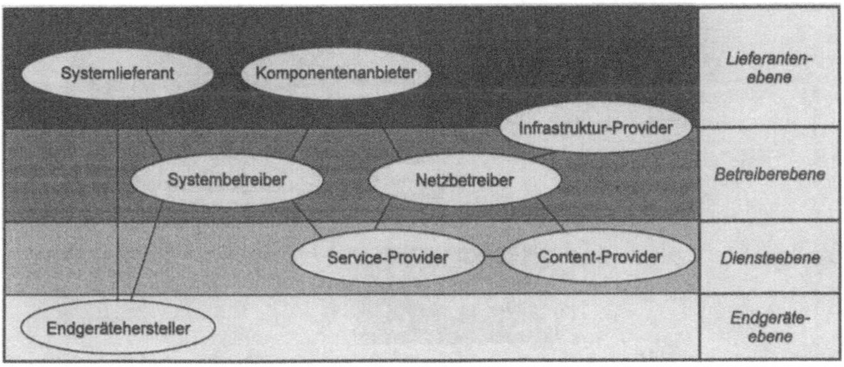

Für diffusionstheoretische Überlegungen ist dabei entscheidend, daß die Anbieterparteien z. T. unabhängig voneinander tätig werden können, ihre Aktionen auf der Nachfragerseite zumeist aber ganzheitlich wahrgenommen werden. Für die Nachfrager stellt nämlich das kritische Masse-System lediglich die Infra-

---

„The diffusion effect is the cumulatively increasing degree of influence upon an individual to adopt or reject an innovation, resulting from the activation of peer networks about an innovation in a social system." Rogers (1983), S. 234.

17 Vgl. hierzu auch die Ausführungen zu Nachfragesynergien und dem veränderten Adoptionsbegriff bei kritische Masse-Systemen im nächsten Abschnitt.

18 Nähere Ausführungen zu den verschiedenen Anbieterparteien sind hier nicht von Interesse. Vgl. dazu die Ausführungen bei Weiber (1992), S. 40ff.

struktur bereit, durch die eine Kommunikation erst ermöglicht wird. Die Existenz der verschiedenen Anbieterparteien kann dem Nachfrager allerdings dadurch bewußt werden, daß er sich einerseits zum Anschluß an ein System entscheiden und andererseits ein Endgerät oder eine Kommunikations-Software erwerben muß.

Durch die Darstellung in Abbildung 3 wird weiterhin deutlich, daß sich der Markterfolg auf der Betreiber- und Diensteebene unmittelbar aus der Nutzung eines kritische Masse-Systems durch die Teilnehmer bestimmt, da die Anbieterparteien auf diesen Marktebenen einen zeitkontinuierlichen und nutzungsabhängigen Einnahmenfluß entsprechend der erhobenen Netz- und Nutzungsentgelte realisieren.[19] Lediglich für die Ebene der Endgeräteherstellerbestimmt sich der Markterfolg primär aus der Anzahl der eingesetzten Endgeräte und ist nur indirekt von der Nutzungsintensität abhängig.[20]

Abbildung 3: Entgeltforderungen der Anbieterparteien bei kritische Masse-Systemen

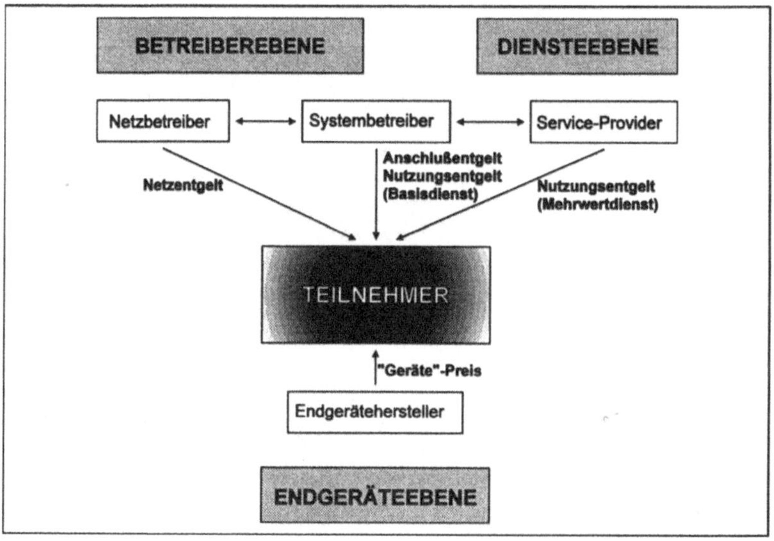

19 Darüber hinaus ergibt sich für den Systembetreiber ein zeitkontinuierlicher Einnahmenfluß auch entsprechend des erhobenen Anschlußentgelts, das aber in der Regel nutzungsunabhängig ist.

20 Auch hier ist natürlich zu beachten, daß eine Nichtnutzung entsprechende Wiederkäufe negativ beeinflußt. Dieser Effekt kann jedoch in unseren Betrachtungen vernachlässigt werden, da Endgeräte als langlebige Gebrauchsgüter anzusehen sind.

2.2 Diffusionsspezifische Besonderheiten von kritische Masse-Systemen

Auf Basis der bisherigen Charakterisierung werden im folgenden zentrale diffusionsspezifische Besonderheiten von kritische Masse-Systemen herausgearbeitet. Die Überlegungen seien hier auf folgende Aspekte konzentriert:

- die Bedeutung von Nachfragesynergien für den nachhaltigen Diffusionserfolg von kritische Masse-Systemen
- die erforderliche Modifikation des Adoptionsbegriffs bei kritische Masse-Systemen
- die Existenz gruppenspezifischer kritischer Massen
- die Bedeutung von Rückkopplungseffekten im Diffusionsprozeß

2.2.1 Nachfragesynergien und installierte Basis

Die Überlegungen zur kritischen Masse haben bereits verdeutlicht, daß die installierte Basis in entscheidender Weise den Nutzen eines kritische Masse-Systems für die Nachfrager bestimmt. Je weiter ein kritische Masse-System verbreitet ist, desto größer sind die Möglichkeiten, die Kommunikation mit einem bestimmten Mitglied des sozialen Systems aufzunehmen. Sobald alle Mitglieder eines sozialen Systems über das betrachtete kritische Masse-System erreichbar sind, hat dieses eine *universelle Zugriffsmöglichkeit* erlangt. Der Nutzenbeitrag, den die installierte Basis für die Teilnehmer eines kritische Masse-Systems liefert, läßt sich am besten durch eine Situation verdeutlichen, in der innerhalb eines sozialen Sytems mehrere *inkompatible* kritische Masse-Systeme existieren, die alle zum Zwecke der Kommunikation eingesetzt werden können. In diesem Fall läßt sich der aus der installierten Basis resultierende Nutzen auf drei Effekte zurückführen:

(1) Effekt der Anschlußzahl:

Der Kauf eines Endgerätes bzw. der Zugriff auf ein solches und der Anschluß an ein bestimmtes kritische Masse-System ist zunächst einmal die Grundvoraussetzung dafür, daß eine bestimmte Person über ein kritische Masse-System erreichbar ist und mit anderen Mitgliedern eines sozialen Systems in Beziehung treten kann. Der unmittelbar aus der installierten Basis resultierende Nutzen ist deshalb darin zu sehen, daß mit einer Vergrößerung der installierten Basis auch der Grad an universellem Zugriff steigt, d. h. zwischen installierter Basis und universeller Zugriffsmöglichkeit besteht ein direkter Netzeffekt. Wir bezeichnen diesen Zusammenhang im folgenden als den (nutzensteigernden) Effekt der Anschlußzahl.

(2) Effekt der Nutzungsintensität:

Eine hohe installierte Basis führt de facto nur dann zu einem universellen Zugriff, wenn die Teilnehmer ein kritische Masse-System auch zur Kommunikation einsetzen. Für die Nutzung eines kritische Masse-Systems ist dabei die *Gegenseitigkeit der Kommunikationsbeziehung* entscheidend, d. h. daß ein kritische Masse-System von einer Person sowohl zum Empfang als auch zum Übermitteln von Informationen eingesetzt wird.[21] In diesem Sinne ist der Nutzen, den alle Teilnehmer aus einem kritische Masse-System ziehen können, um so größer, je höher die Nutzungsintensität des einzelnen Anwenders ist.

Die *Nutzungsintensität* ist grundsätzlich im Verhältnis zu anderen Kommunikationsmedien zu betrachten. Sie spiegelt sich z. B. im Grad der regelmäßigen Nutzung, in der durchschnittlichen Länge der Nutzung, der Zeitspanne der Erwiderung von Nachrichten und insbesondere dem Konzentrationsgrad auf ein bestimmtes kritische Masse-System als Kommunikationsinstrument wider. Die Nutzungsintensität kann deshalb auch als *Kommunikationsdisziplin* bezeichnet werden.[22] Je höher die Kommunikationsdisziplin unter den Teilnehmern eines kritische Masse-Systems ausgeprägt ist, desto höher ist auch der Nutzen, den alle Teilnehmer aus einem kritische Masse-System ziehen können. Eine hohe Kommunikationsdisziplin stellt sich um so eher ein, je höher die Attraktivität eines kritische Masse-Systems von den Nachfragern wahrgenommen wird und je größer die installierte Basis ausgestaltet ist. Bei einer hohen installierten Basis ist die Wahrscheinlichkeit hoch, daß die gewünschten Kommunikationspartner auch über dieses System erreichbar sind, so daß davon ausgegangen werden kann, daß dieses System auch verstärkt zur Kommunikation eingesetzt wird. Ebenso ist bei einer hohen wahrgenommenen Attraktivität eines kritische Masse-Systems zu erwarten, daß die Nachfrager auch eine hohe Präferenz für die-

---

21 Bei einseitigen Kommunikationsbeziehungen, wie sie beispielsweise für Radio- oder Fernsehsysteme typisch sind, sind primär indirekte Netzeffekte relevant, da der Kauf eines Empfängers den Nutzen anderer Käufer *nicht* direkt beeinflußt. Kommunikationssysteme mit nur einseitigen Kommunikationsbeziehungen sind somit den Netzeffektgütern in obigem Sinne zuzurechnen.

22 Vgl. Markus (1987), S. 499f.

ses System entwickeln. Während der Effekt der Anschlußzahl als notwendige Bedingung dafür anzusehen ist, daß ein Nachfrager einen Nutzen aus einem kritische Masse-System ziehen kann, stellt der Effekt der Nutzungsintensität die hinreichende Bedingung dar.

(3) Inkompatibilitätseffekt:

Mit steigender installierter Basis und bei entsprechend ausgestalteter Kommunikationsdisziplin der Nachfrager ergibt sich ein nutzensteigernder Effekt auch daraus, daß die Kosten und der Zeitaufwand zur Kommunikation für den einzelnen Teilnehmer sinken.[23] Will beispielsweise eine Person mit allen Mitgliedern einer Gruppe über ein bestimmtes kritische Masse-System in Verbindung treten und hat dieses noch nicht den vollständigen Grad an universellem Zugriff erreicht, so ist damit ein *Inkompatibilitätseffekt* verbunden, der alle Gruppenmitglieder betrifft, die Teilnehmer in unterschiedlichen (inkompatiblen) kritische Masse-Systemen sind.

Der Inkompatibilitätseffekt manifestiert sich in obigem Fall darin, daß die Kommunikation einer Person mit den Teilnehmern aus anderen Systemen dadurch kosten- und zeitintensiver wird, daß diese Person u. a.

- zwischen Teilnehmern und Nicht-Teilnehmern eines bestimmten Systems differenzieren und unterschiedliche Systeme zur Kommunikation einsetzen muß;
- Medien-Transformationen vornehmen muß, die darin bestehen, daß die zu übermittelnden Nachrichten für unterschiedliche Systeme aufbereitet werden müssen;
- mehr Kontrollaufwand zur Prüfung des Erhalts ihrer Nachricht und des Feedbacks der übrigen Gruppenmitglieder aufwenden muß;
- mehr Zeit für die Kommunikation aufwenden muß, wenn Antworten nur zögernd zurückkommen;
- einen höheren Koordinationsaufwand aufgrund ihrer Kommunikationstätigkeit in unterschiedlichen Systemen betreiben muß.

---

23 Vgl. ebenda S. 492f.

Der Inkompatibilitätseffekt ist insbesondere in der frühen Phase der Markteinführung von kritische Masse-Systemen evident. In dieser Phase ist die installierte Basis noch sehr gering und somit die Wahrscheinlichkeit als hoch anzusehen, daß neben dem betrachteten System auch noch andere Systeme zur Kommunikation eingesetzt werden müssen, womit der oben beschriebene erhöhte Kontroll- und Koordinationsaufwand zum Tragen kommt. Der Inkompatibilitätseffekt kann bei innovativen kritische Masse-Systemen nur dadurch abgeschwächt werden, indem ein neues kritische Masse-System direkt wechselseitig kompatibel zu etablierten Systemen ist.[24] Vor dem Hintergrund dieser Überlegungen läßt sich folgende Hypothese formulieren: Je größer die nstallierte Basis eines innovativen kritische Masse-Systems ist, desto geringer ist der Inkompatibilitätseffekt und desto größer sind die realisierbaren Kosten- und Zeitersparnisse.

Darüber hinaus ergeben sich für die Teilnehmer eines kritische Masse-Systems aber auch daraus Vorteile, daß mit der fortschreitenden Diffusion eines kritische Masse-Systems der Grad an universellem Zugriff steigt, wodurch sich die Zahl der realisierbaren Kommunikationsbeziehungen in einem sozialen System erhöht. Außerdem reduziert die breite Akzeptanz eines kritische Masse-Systems die Such- und Informationskosten der Nachfrager im Rahmen der Entscheidung zwischen alternativen Systemen.[25] Die aus dem Effekt der Anschlußzahl, dem geringer werdenden Inkompatibilitätseffekt und der Nutzungsintensität bzw. der Kommunikationsdisziplin resultierenden nutzensteigernden Wirkungen der installierten Basis bezeichnen wir im folgenden zusammenfassend als *Nachfragesynergien*. In den Nachfragesynergien konkretisiert sich der Nutzenbeitrag der installierten Basis für ein kritische Masse-System, so daß sie als *zentrales Charakteristikum* von kritische Masse-Systemen anzusehen sind. Über die Nachfragesynergien besitzt die installierte Basis einen entscheidenden Einfluß auf die Präferenzbildung der Nachfrager bei der Entscheidung für ein bestimmtes kritische Masse-System. Die installierte Basis kann somit durch die Existenz von Nachfragesynergien als *eigenständiger Bestimmungsfaktor* für die Nachfrage nach kritische Masse-Systemen angesehen werden.

---

24 Vgl. zum Verhältnis zwischen Nachfragesynergien und Kompatibilität Weiber (1993b), S. 152ff.

25 Vgl. Carlton/Klamer (1983), S. 446ff.; Weizsäcker (1984), S. 1085ff.

2.2.2 Veränderter Adoptionsbegriff bei kritische Masse-Systemen

In der klassischen Diffusionstheorie wird das Ereignis der Adoption mit dem Erstkauf einer Produktinnovation assoziiert, und die anschließende Nutzung des gekauften Produktes ist für diffusionstheoretische Überlegungen nur von untergeordneter Bedeutung. Die Ausführungen im vorangegangenen Kapitel haben jedoch verdeutlicht, daß gerade der Nutzungsaspekt für kritische Masse-Systeme von herausragender Bedeutung ist. Weiterhin haben die allgemeinen Darlegungen zu kritische Masse-Systemen gezeigt, daß die Teilnehmer von kritische Masse-Systemen nicht nur über ein Endgerät verfügen müssen, sondern darüber hinaus auch der Anschluß an ein Kommunikationssystem erforderlich ist. Damit greift aber der Adoptionsbegriff der klassischen Diffusionstheorie zu kurz, und bei Systemgütern kann erst dann von einer Adoption gesprochen werden, wenn drei Entscheidungstatbestände erfüllt sind:

1. *Kaufakt:*
   Der Nachfrager muß ein Endgerät oder eine Kommunikationssoftware erworben haben oder Zugriff auf ein Endgerät besitzen. Die Verfügbarkeit eines „Endgerätes“ stellt *eine notwendige* Bedingung der Adoption dar.

2. *Anschlußakt:*
   Der Nachfrager muß an ein kritische Masse-System angeschlossen sein, damit er überhaupt für andere Endteilnehmer erreichbar ist. Der Anschlußakt stellt damit eine *zweite notwendige* Bedingung der Adoption dar.

3. *Nutzungsakt:*
   Der Nachfrager muß das kritische Masse-System auch zur Kommunikation nutzen. Der Nutzungsakt kann als *hinreichende* Bedingung für die Adoption angesehen werden, da sich nur bei einer entsprechenden Kommunikationsdisziplin der Teilnehmer ein wirksamer multidirektionaler Kommunikationsfluß entfalten kann, aus dem die Nachfrager den entscheidenden Nutzen ziehen können.

Der *Nutzungsaspekt* ist damit für die Diffusion von kritische Masse-Systemen entscheidend, da er Anbieter- und Nachfragerseite nachhaltig determiniert: Für die Anbieter auf der Betreiber- und Diensteebene führt erst die kontinuierliche Nutzung eines Systems durch die Nachfrager zu einem anhaltenden Einnahmenfluß und damit zu einem beständigen Markterfolg. Eine Ausnahme bilden hier lediglich die Endgeräteanbieter, deren Markterfolg von der Nutzungsintensität eines kritische Masse-Systems nur indirekt beeinflußt wird. Mit Ausnahme der Endgerätehersteller ist deshalb für alle Marktparteien nicht der Kauf eines Endgerätes entscheidend, sondern die Nutzung eines kritische Masse-Systems durch die angeschlossenen Teilnehmer. Auf der Nachfragerseite ist der Nutzen eines kritische Masse-Systems aufgrund der Nachfragesynergien um so höher, je größer die Nutzungsintensität des Systems bei allen Teilnehmern ist. Damit kann aber die Teilnahme eines Nachfragers an einem kritische Masse-System nicht als zeitlich singuläres Ereignis betrachtet werden, wie es der Erstkauf der klassischen Diffusionstheorie darstellt.

Da für die Nutzung eines kritische Masse-Systems der Anschlußakt entscheidend ist, stellt die Zahl der *Erstanschlüsse* eine empirische Grundlage zur Bestimmung der installierten Basis dar und nicht die Erstkäufe von Endgeräten. Der Anschlußakt liefert somit einen Indikator für die Adoption bei kritische Masse-Systemen. Der entscheidende Unterschied zwischen dem Erstkauf als Adoptionsindikator im Rahmen der klassischen Diffusionstheorie und dem Anschlußakt ist dabei darin zu sehen, daß der Erstkauf irreversibel, der Anschlußakt aber *reversibel* ist. Damit ergibt sich gleichzeitig auch eine veränderte Interpretation der Adoptionseinheiten: Bei kritische Masse-Systemen umfaßt eine Adoptionseinheit alle Personen, die gemeinsam ein kritische Masse-System über einen bestimmten Anschluß zur Kommunikation nutzen.[26]

2.2.3 Bedeutung gruppenspezifischer kritischer Massen

Bei den bisherigen Betrachtungen wurde implizit unterstellt, daß sich im Diffusionsprozeß von kritische Masse-Systemen eine ganz bestimmte Adopterzahl (bzw. bestimmtes Zahlenintervall) als kritische Masse identifizieren läßt. Dabei ist allerdings zu beachten, daß sich diese „kritische Adopterzahl" für ein Gesamtsystem aufgrund folgender Überlegungen aus verschiedenen gruppenspezifischen kritischen Massen rekrutiert:

Die Adoptionsentscheidung eines Nachfragers wird wesentlich dadurch bestimmt, daß er in seinem relevanten Umfeld eine ausreichende Anzahl von Teilnehmern wahrnimmt oder in naher Zukunft *erwartet*, so daß aus seiner Sicht Nachfragesynergien erzeugt werden können. Ein einzelner Nachfrager wird damit zur Teilnahme an einem kritische Masse-System um so eher bereit sein, je mehr Personen in seinem unmittelbaren Umfeld bereits vor ihm adoptiert ha-

---

26 Die Nutzungsintensität eines Anschlusses kann z. B. durch das Entgeltaufkommen erfaßt werden.

ben.[27] Dieses „Umfeld" bestimmt sich aus denjenigen Personen, die gemeinsame Kommunikationsbedürfnisse besitzen, so daß zu erwarten ist, daß diese Personen untereinander intensive Kommunikationsbeziehungen pflegen und von daher einer gemeinsamen Kommunikationsgruppe zuzurechnen sind. Dementsprechend kann ein soziales System in unterschiedliche Kommunikationsgruppen zerlegt werden, die sich dadurch auszeichnen, daß die Kommunikationsinteressen der Mitglieder einer Gruppe relativ homogen ausgestaltet sind und zwischen den Mitgliedern einer Kommunikationsgruppe eine höhere Kommunikationsintensität besteht als zu den übrigen Mitgliedern des sozialen Systems. Folglich gibt es also nicht *die* "kritische Masse", sondern es existieren gruppenspezifische kritische Massen, die je nach dem Umfeld und der Gruppenzugehörigkeit eines potentiellen Nachfragers variieren.

Die ***gruppenspezifische kritische Masse*** liegt jeweils dort, wo ausreichend viele Mitglieder einer Nachfragergruppe mit hoher Wahrscheinlichkeit davon ausgehen, daß es in ihrem relevanten sozialen Umfeld bereits hinreichend viele Teilnehmer gibt oder in naher Zukunft geben wird, mit denen sie in Kontakt treten und damit Nachfragesynergien erzielen können.

Die gruppenspezifische kritische Masse ist ebenfalls ein Ausdruck der *Erwartungshaltung* der Nachfrager und in den einzelnen Nachfragergruppen unterschiedlich. Wird davon ausgegangen, daß sich bezüglich des Kommunikationsverhaltens homogene Nachfragergruppen identifizieren lassen, die gleichzeitig auch untereinander in Kommunikationsbeziehung treten, so gestaltet sich die Überwindung der kritischen Masse in der Gesamtpopulation als duales Problem:[28] Zum einen muß die kritische Masse innerhalb einer Gruppe überschritten und zum anderen eine Ausdehnung der Nutzung zwischen den Gruppen erreicht werden. Erst durch die Kaskadierung der Nutzung zwischen den Gruppen ist der Markterfolg eines kritische Masse-Systems in der Gesamtpopulation gesichert.

---

27 Vgl. Rogers/Kincaid (1981), S. 233.

28 Der Fall existierender Kommunikationsbeziehungen zwischen verschiedenen Nachfragergruppen kann als der allgemeinere Fall angesehen werden. Denkbar ist aber auch, daß zwischen Nachfragergruppen keine Kommunikationsbeziehungen bestehen. In diesem Fall existiert jedoch keine kritische Masse für das Gesamtsystem.

Vor diesem Hintergrund stellt sich zwangsläufig die Frage, inwieweit sich allgemeine Nachfragergruppen definieren lassen, von denen unterstellt werden kann, daß sie zeitlich nacheinander adoptieren. Das für ein kritische Masse-System als relevant angesehene soziale System wird zu diesem Zweck in Segmente zerlegt, die sich durch Heterogenität in den Kommunikationsbedürfnissen und des Kommunikationsverhaltens auszeichnen. Wird der generelle Fall eines kritische Masse-Systems betrachtet, das auf einen *Massenmarkt* ausgerichtet ist, so liefert die Differenzierung nach Nachfragern aus dem konsumtiven (*private Nachfrager*) und dem organisationalen Bereich (*professionelle Nachfrager*) einen allgemeinen Segmentierungsansatz. Es kann nämlich davon ausgegangen werden, daß

- Unternehmen ein wesentlich größeres Kommunikations- sowie Informationsbedürfnis und damit auch eine höhere Preisbereitschaft besitzen als Privatpersonen;
- die Kommunikationsintensität von Unternehmen wesentlich ausgeprägter ist als im Privatbereich;
- die Anzahl potentieller Kommunikationspartner eines Unternehmens wesentlich größer ist als bei einer einzelnen Privatperson;
- die Kommunikationsinhalte von Unternehmen für eine wesentlich größere Anzahl von Personen von Interesse sind als dies im Privatbereich der Fall ist;
- sich die Kommunikations- und Informationsbedürfnisse von Organisationen gegenüber denen von Konsumenten signifikant unterscheiden;
- das Kommunikationsverhalten einer Organisation wesentliche Unterschiede zu dem einer Privatperson aufweist.

Allerdings ist zu beachten, daß ein und dieselbe Person ein kritische Masse-System sowohl im Geschäfts- als auch im Privatbereich zur Kommunikation einsetzen kann. Diesem Personenkreis ist eine besondere Stellung im Diffusionsprozeß zuzurechnen, da er eine Verbindung zwischen den Segmenten der professionellen und der privaten Nachfrager herstellt. Diese Nachfrager können als *semiprofessionelle Nachfrager* bezeichnet werden und stellen eine eigenständige Nachfragergruppe dar.[29]

Es ist als wahrscheinlich anzusehen, daß die Diffusion von kritische Masse-Systemen zunächst verstärkt im professionellen Bereich erfolgt, da diese Nachfragergruppe durch eine wesentlich höhere Kommunikationsintensität gekennzeichnet ist und auch ein höheres Kommunikationsbedürfnis besitzt als private Nachfrager. Eine Breitenwirkung der Diffusion im Privatbereich ist somit zeitlich erst nach der Breitendiffusion bei den professionellen und den semiprofessionellen Nachfragern zu erwarten. Bezüglich der intergruppenspezifischen Diffusion kommt den semiprofessionellen Nachfragern eine große Bedeutung zu, da sie eine "natürliche Verbindung" zwischen den Segmenten der professionellen und der privaten Nachfrager darstellen.[30]

2.2.4 Bedeutung von Rückkopplungseffekten im Diffusionsprozeß

Die klassische Diffusionstheorie geht bezüglich der zeitlichen Abfolge der Adoptionen davon aus, daß eine Beeinflussung der potentiellen Nachfrager durch diejenigen Personen stattfindet, die das Produkt bereits gekauft haben. Dabei wird eine einseitig sequentielle Beeinflussung unterstellt, d. h. die späteren Adoptoren eines Produktes werden durch die vorhergehenden Adoptoren beeinflußt, nicht aber umgekehrt (sog. *Domino-Effekt*).[31] Dementsprechend resultiert die Diffusion in einem sozialen System nach der klassischen Diffusionstheorie aus einem sequentiellen Prozeß direkter und indirekter Beeinflussung zwischen Käufern und zeitlich nachfolgenden Käufern.

Im Falle von kritische Masse-Systemen muß jedoch die sequentielle Beeinflussung durch eine *Rückkopplung* ergänzt werden, die darin besteht, daß die Adoptionsentscheidung eines Nachfragers auch durch das *erwartete* Verhalten bezüglich der zeitlich nach ihm adoptierenden Personen beeinflußt wird. Aus sequentieller Beeinflussung plus Rückkopplung resultiert damit eine gegenseitige Beeinflussung der Adoptionsentscheidung zwischen Adoptoren und zeitlich

---

29 Die Unterscheidung nach privaten, professionellen und semiprofessionellen Teilnehmern ist auch in der Praxis üblich und hat sich ebenso in der Literatur durchgesetzt. Vgl. z. B. Fantapié Altobelli (1991), S. 8; Hecheltjen (1985), S. 74ff; Meffert (1985), S. 40.

30 Vgl. zur segmentspezifischen Diffusion von kritische Masse-Systemen Weiber (1992), S. 107ff.

31 Vgl. z. B. Granovetter (1978), S. 1424ff.; Kaas (1973), S. 118; Rogers (1983), S. 234ff.

nachfolgenden Adoptoren, die im folgenden als *wechselseitige Interdependenz* bezeichnet wird.[32]

Den Einfluß, den nachfolgende Adoptoren auf die Erstadopter[33] ausüben, ist darin zu sehen, daß die Erstadopter eine bestimmte *Erwartungshaltung* bezüglich des Adoptions- und Nutzungsverhaltens nachfolgender Übernehmer besitzen und damit die erwartete zukünftige Entwicklung eines kritische Masse-Systems antizipieren. Entweder erwarten sie, daß sich ein kritische Masse-System innerhalb einer bestimmten Zeitspanne soweit ausgebreitet hat, daß sich die erwarteten Nachfragesynergien einstellen und sie deshalb ihre Nutzung auch vor Erreichen der kritischen Masse fortsetzen oder aber ihre diesbezüglichen Erwartungen werden nicht erfüllt. Im letzteren Fall ist davon auszugehen, daß die Erstadopter ihre Adoptionsentscheidung revidieren und aus dem System ausscheiden, womit es bei kritische Masse-Systemen zu einem Rückgang der installierten Basis kommen kann. Auf jeden Fall wären die Erstadopter ohne diese erwartungsbezogene Reziprozität eher geneigt, ihre Teilnahme wieder zu beenden, womit kritische Masse-Systeme nur eine geringe Chance hätten, jemals die kritische Masse zu erreichen. Wechselseitige Interdependenzen sind damit wesentlich dafür verantwortlich, daß die Diffusionsentwicklung bei kritische Masse-Systemen nicht bereits vor Erreichen der kritischen Masse aufgrund unzureichender Nachfragesynergien implodiert.

Rückkopplungen besitzen aber nicht nur in Form wechselseitiger Interdependenzen für die Diffusionsentwicklung Bedeutung, sondern sind den kritische Masse-Systemen allein schon aufgrund der wechselseitigen Beziehung des Kommunikationsvorgangs inhärent. Besonders hervorgehoben seien hier noch zwei, für kritische Masse-Systeme typische Rückkopplungseffekte: Der erste ist im sog. *Circulus Vitiosus der Systemattraktivität* zu sehen, der sich als mehrdimensionales Problem darstellt.[34] So bildet sich einerseits ein qualitativ hochwertiges Diensteangebot nur dann heraus, wenn die Teilnehmerzahl entsprechend hoch ist. Andererseits ist aber die Adoptionsentscheidung wesentlich von der Attraktivität des Diensteangebotes abhängig. Eine weitere Dimension dieses Problems ist darin zu sehen, daß sich nur dann niedrige Anschluß- und Nutzungsentgelte einstellen, wenn ein entsprechender Massenmarkt vorhanden

---

32 Vgl. zur Unterscheidung zwischen sequentieller und wechselseitiger Beeinflussung bereits Thompson (1967), S. 54ff. sowie Markus (1987), S. 494ff.

33 Als Erstadoptoren werden hier alle Mitglieder eines sozialen Systems bezeichnet, die sich vor Erreichen der kritischen Masse zur Adoption entschließen.

34 Der Circulus Vitiosus der Systemattraktivität wird in der Literatur auch als "chicken-and-egg"-Problem bzw. "Henne-Ei"-Problem bezeichnet. Vgl. z. B. Durand (1983), S. 149ff.; Easton (1980), S. 221ff.

ist, die Herausbildung eines Massenmarktes seinerseits aber wiederum von „preisgünstigen“ Angeboten abhängt. Ein zweiter, für kritische Masse-Systeme typischer Rückkopplungseffekt ist der installierten Basis inhärent. Dieser ist darin zu sehen, daß ein kritische Masse-System allein durch ein Ansteigen der installierten Basis einen Zuwachs an universellem Zugriff erfährt, wodurch sich insgesamt die Attraktivität eines kritische Masse-Systems als Informations- und Kommunikationsmedium erhöht. Diese erhöhte Attraktivität wirkt ihrerseits wiederum stimulierend auf eine weitere Vergrößerung der installierten Basis.[35] Die sich daraus ergebende Abhängigkeit zwischen Individualverhalten eines Adopters und der installierten Basis auf der Makroebene wird auch als *Häufigkeitsabhängigkeitseffekt* bezeichnet.[36]

2.3 Konsequenzen der diffusionsspezifischen Besonderheiten für den Diffusionsverlauf von kritische Masse-Systemen

Die bisher betrachteten diffusionsspezifischen Besonderheiten von kritische Masse-Systemen konkretisieren sich in einem bestimmten Verlauf der theoretisch zu erwartenden Diffusionskurve. Im Gegensatz zur klassischen Diffusionstheorie, die idealtypisch von einem der Normalverteilung entsprechenden Verlauf der Diffusionskurve ausgeht, ist die theoretisch zu erwartende Diffusionskurve bei kritische Masse-Systemen durch Linksschiefe sowie Mehrgipfligkeit gekennzeichnet und muß nicht zwingenderweise monoton steigend verlaufen. Abbildung 4 zeigt einen beispielhaften Verlauf der Diffusionskurve für ein erfolgreich diffundiertes kritische Masse-System.

---

35 Zu einer detaillierten Analyse der Rückkopplungsprozesse vgl. Weiber (1992), S. 120ff.
36 Vgl. Witt (1991), S. 83ff.

Abbildung 4: Theoretischer Verlauf von Adoptions- und Diffusionskurve bei einem erfolgreich diffundierten kritische Masse-System

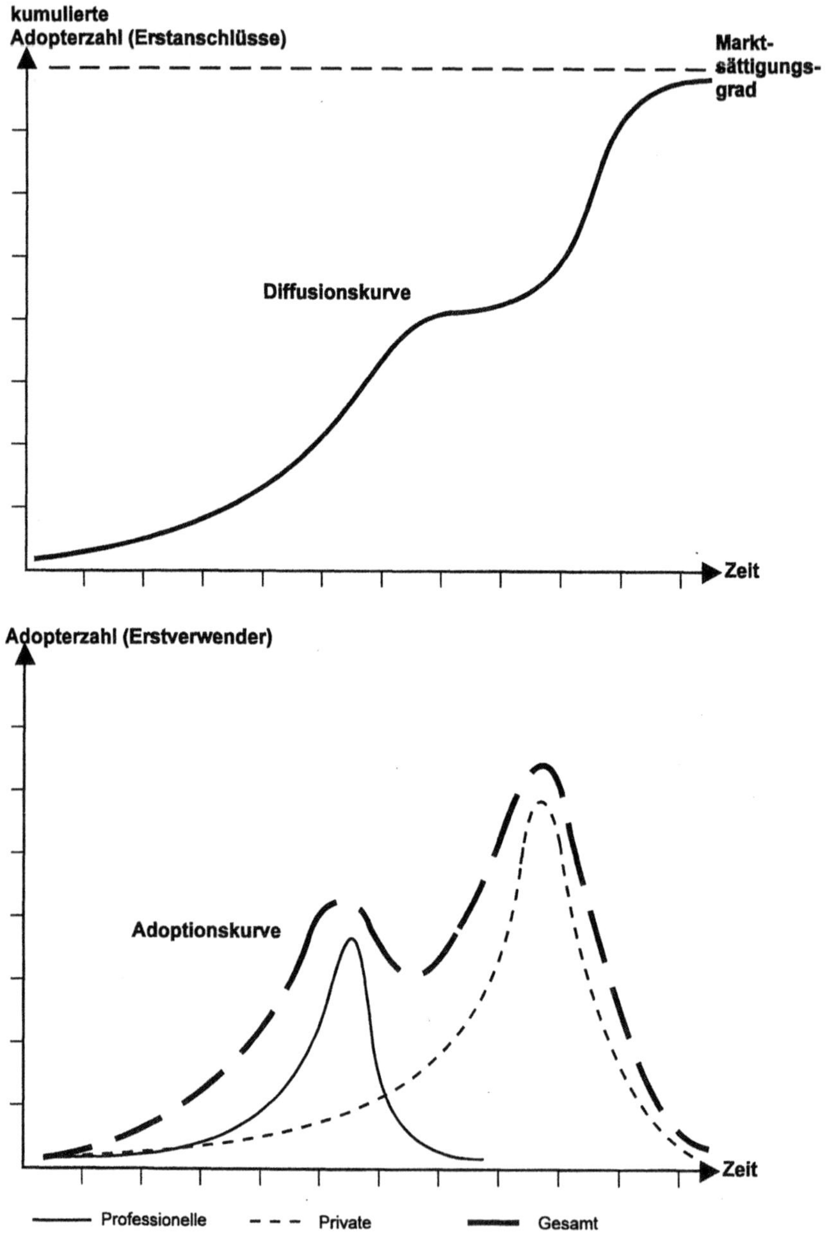

(1) Linksschiefer Verlauf der Diffusionskurve

Bei kritische Masse-Systemen ist tendenziell eine linksschiefe Verteilung der zeitlichen Adoptionsereignisse (Adoptionskurve) und damit ein nur langsam ansteigender Verlauf der Diffusionskurve zu erwarten.[37] Das liegt insbesondere darin begründet, daß vor Erreichen der kritischen Masse die Erstadopter einen *Adoptionsnachteil*[38] in Kauf nehmen müssen. Dieser ist darin zu sehen, daß in der Anfangsphase der Diffusion die Anzahl möglicher Kommunikationsbeziehungen relativ gering ist, noch kein multidirektionaler Kommunikationsfluß zwischen den Mitgliedern des sozialen Systems möglich ist und damit das kritische Masse-System noch keine universelle Zugriffsmöglichkeit erreicht hat. Erstadopter können aufgrund der geringen installierten Basis nur in stark eingeschränktem Maße Nachfragesynergien erzielen. Das aber bedeutet, daß Erstadopter insbesondere eine hohe Erwartungshaltung bezüglich des Adoptions- und Nutzungsverhaltens nachfolgender Adoptoren (wechselseitige Interdependenz) besitzen müssen. Weiterhin müssen auch ihre Kommunikationsbedürfnisse entsprechend hoch ausgeprägt sein, damit sie überhaupt Teilnehmer werden bzw. bleiben. Darüber hinaus führt aber auch der anfänglich hohe Inkompatibilitätseffekt zu einem nur langsam ansteigenden Verlauf der Diffusionskurve.

Gerade in der Anfangsphase ist von besonders stark ausgeprägten Marktwiderständen[39] auszugehen, wobei im Fall der kritische Masse-Systeme insbesondere *Nutzungswiderstände* hervorzuheben sind, die sich vor allem in Applikations- und Substitutionswiderständen konkretisieren. Während *Applikationswiderstände* primär aus den funktionalen Eigenschaften eines kritische Masse-Systems und den daraus evtl. resultierenden Akzeptanzbarrieren erwachsen, liegen *Substitutionswiderstände* insbesondere in nur begrenzt erzielbaren Nachfragesynergien im Vergleich zu etablierten Systemen begründet. Zur Vermeidung des Inkompatibilitätseffektes und zur Erzielung möglichst hoher Nachfragesynergien sind Teilnehmer aus etablierten Systemen nur sehr zögerlich zu einem Systemwechsel bereit.

---

37 Als *Adoptionskurve* wird hier die zeitliche Entwicklung der absoluten oder relativen Häufigkeiten bezeichnet, mit denen Adoptionsereignisse zu bestimmten Zeitpunkten bzw. Zeitintervallen auftreten, während die *Diffusionskurve* die zeitliche Entwicklung der *kumulierten* Adoptionsvorgänge darstellt.

38 In der klassischen Diffusionstheorie wird hingegen den Erstadoptern (Innovatoren) ein Adoptions*vorteil* zugerechnet: „Greatest profits go to the first to adopt; therefore, the innovator gains a financial advantage through his or her innovation." Rogers (1983), S. 252.

39 Vgl. zu einer detaillierten Analyse der Marktwiderstände Weiber (1992), S. 75ff.

Im Extremfall wartet jeder Teilnehmer darauf, daß zuerst die anderen Teilnehmer einen Wechsel vornehmen, bevor sie selbst wechseln, so daß überhaupt keine Veränderung stattfindet und die neue Technologie zum Scheitern verurteilt ist (sog. *Verzögerungs-* oder *Pinguineffekt*[40]). Darüber hinaus kann aber auch das vorhandene Erfahrungspotential der Nachfrager im Umgang mit etablierten Systemen einen Systemwechsel behindern (sog. *Beharrungseffekt*). Im Extremfall führen diese Effekte sogar zu einem Scheitern eines innovativen kritische Masse-Systems, obwohl die Vorteilhaftigkeit des innovativen Systems von allen erkannt wird. Verzögerungs- und Beharrungseffekt führen somit zu einer Persistenz etablierter kritische Masse-Systeme und einer Lock in-Situation der dort angeschlossenen Nachfrager, die auch als *Pfadabhängigkeit* bezeichnet wird.[41]

(2) Mehrgipfligkeit der Diffusionskurve

Folgt man der Unterscheidung nach einer professionellen und einer privaten Nachfragergruppe, so kann davon ausgegangen werden, daß beide Nachfragersegmente tendenziell zeitverzögert adoptieren. Eine zeitverzögerte Abfolge der Diffusion in den Segmenten der professionellen und privaten Nachfrager bedeutet aber, daß die Adoptionsfunktion nicht eingipflig verlaufen muß. Ein mehrgipfliger Verlauf der Adoptionskurve wird weiterhin durch die Existenz hoher Nutzungswiderstände verstärkt, die sich mit Überschreiten der gruppenspezifischen kritischen Massen rapide abbauen. Wird in der Gruppe der professionellen Nachfrager die kritische Masse überschritten, so kommt es durch das Absinken der Nutzungswiderstände zu einem starken Anstieg der Adoptionsrate dieser Gruppe. Eine weitere Verstärkung der Adoptionsrate in diesem Bereich tritt dann ein, wenn aufgrund der Überschreitung der kritischen Masse im privaten Bereich eine Sogwirkung auf den Unternehmensbereich entsteht und dort zu einem weiteren Diffusionsschub führt. Darüber hinaus ist es als wahrscheinlich anzusehen, daß die Diffusion von kritische Masse-Systemen zunächst verstärkt im professionellen Bereich erfolgt und erst zeitlich nachgelagert eine Breitenwirkung im Privatbereich erzielt, womit die professionellen Nachfrager ihre gruppenspezifische kritische Masse mit hoher Wahrscheinlichkeit vor der Gruppe der privaten Nachfrager erreichen.[42] Bei der Analyse realer

---

40 Vgl. Farrell/Saloner (1987), S. 13ff.

41 Vgl. David (1988) und zu historischen Belegen Arthur (1989), S. 116ff.; David (1985), S. 332ff.

42 Es gilt jedoch zu berücksichtigen, daß die Mehrgipfligkeit durch die i. d. R. stark unterschiedliche Gruppengröße bei professionellen und privaten Nachfragern unterdrückt werden kann.

Diffusionsverläufe ist allerdings zu beachten, daß in empirischen Untersuchungen die Erfassung von Adoptionen nur diskret und nicht zeitkontinuierlich erfolgt. Dadurch können Extrema im Adoptions- und Diffusionsverlauf "unterdrückt" werden.

(3) Nicht-monoton steigender Verlauf der Diffusionskurve

Unzureichende Nachfragesynergien zu Beginn der Diffusionsentwicklung können dazu führen, daß Adoptoren ihre Teilnahme an einem kritische Masse-System wieder kündigen und aus dem System ausscheiden. Werden dabei in einer Periode die Teilnehmerzugänge durch die Teilnehmerabgänge überkompensiert (sog. *Adoptionsausfälle*), so kommt es insgesamt zu einem Absinken der Diffusionskurve. Das bedeutet aber noch nicht zwangsläufig, daß das kritische Masse-System zum Scheitern verurteilt ist, sondern es kann in späteren Perioden durchaus wieder einen „kick“ erfahren. Werden hingegen die Erwartungen der Erstadopter langfristig nicht erfüllt und können sich Nachfragesynergien nicht auf Dauer einstellen, so ist davon auszugehen, daß Teilnehmerabgänge über einen längeren Zeitraum überwiegen. In diesem Fall wird das System aufgrund der verstärkt auftretenden negativen Rückkopplungen wieder vom Markt verschwinden (*Marktflop*). Im Gegensatz zur klassischen Diffusionstheorie muß sich also der Diffusionsverlauf bei kritische Masse-Systemen nicht zwingenderweise in einer monoton steigenden Funktion widerspiegeln.

3 Konsequenzen für die Diffusionsforschung bei kritische Masse-Systemen

Die vorgetragenen Überlegungen haben gezeigt, daß sich die Diffusion von Systemgütern sowohl im Vergleich zu Singulär- als auch zu Netzeffektgütern in einem grundlegend anderen Kontext vollzieht. Abbildung 5 liefert hierzu einen zusammenfassenden Überblick. Die klassische Diffusionstheorie kann dadurch die vielschichtigen Facetten der Diffusion von kritische Masse-Systemen nur mangelhaft erfaßen.

Abbildung 5: Zentrale Unterscheidungsmerkmale in den Aussagen der klassischen Diffusionstheorie und der Diffusionstheorie für kritische Masse-Systeme

Klassische Diffusionstheorie	KMS-Diffusionstheorie
• Betrachtung einzelner Produktkategorien von Singulärgütern	• Betrachtung von Produktverbunden im Rahmen von Systemtechnologien
• Adoption entspricht dem Kaufakt	• Adoption entspricht dem Anschlußakt
• Kaufakt ist irreversibel	• Anschlußakt ist reversibel
• Kauf für Diffusion entscheidend	• Nutzungsakt für Diffusion entscheidend
• Kritische Masse nur im Sinne des Diffusions-take off existent	• Kritische Masse auf die Erzielung von Nachfragesynergien bezogen
• Installierte Basis nur bedeutsam für die Entwicklung von Imitationsprozessen	• Installierte Basis eigenständiger Erklärungsfaktor der Diffusion
• Diffusionskurve verläuft immer monoton steigend	• Diffusionskurve kann auch fallenden Verlauf aufweisen

Die phänomenologische Vielfalt der Diffusion bei kritische Masse-Systemen resultiert insbesondere daraus, daß sich aufgrund von Rückkopplungsprozessen kein „festgeschriebener Weg" der Diffusion ergibt und somit *nicht* unterstellt werden kann, „that an innovation should be diffused and adopted by all members of a social system, that it should be diffused more rapidly, and that the innovation should be neither re-invented nor rejected"[43] (sog. *pro-innovation-bias*). Die Ursache hierfür liegt wiederum in der kritischen Masse begründet. Solange die kritische Masse nicht erreicht ist, können sich Nachfragesynergien nur in eingeschränktem Umfang entfalten. Damit besteht die Gefahr, daß der Diffusionsprozeß stoppt und das System nicht mehr genutzt wird. Die Diffusionsentwicklung befindet sich solange in einer *Instabilitätsphase* wie die kritische Masse nicht erreicht ist. Die Dauer, mit der sich ein kritische Masse-System trotz Nicht-Erreichen der kritischen Masse am Markt halten kann, ist von der Stärke der Rückkopplungen zwischen den Systemteilnehmern abhängig, die bei einer entsprechend ausgestalteten Kommunikationsdisziplin eine Marktbe-

43 Rogers (1983), S. 92.

harrungstendenz von kritische Masse-Systemen hervorrufen können. Wahrscheinlicher ist es jedoch, daß bei einer auch langfristig nicht erreichten kritischen Masse die Erwartungen der Nachfrager nicht erfüllt werden. In diesem Fall wird aufgrund negativer Rückkopplungen das System wieder vom Markt verschwinden (*Marktflop*). Allerdings ist dabei auch das Bestreben der Anbieter zu berücksichtigen, die Existenz eines kritische Masse-Systems möglichst lange aufrechtzuerhalten. Das ergibt sich nicht nur aufgrund des *Huntleyschen* Gesetzes, wonach das benötigte Anlagekapital von Telekommunikationsunternehmen etwa zehnmal höher ist als die erforderlichen Investitionen in Produktionsanlagen bei Industrieunternehmen,[44] sondern auch aus dem hohen Spezifitätsgrad der Investitionen bei kritische Masse-Systemen.

Erst wenn die kritische Masse überschritten ist, wechselt die Diffusionsentwicklung in eine *Stabilitätsphase*. In dieser Phase findet eine Umkehrung der anfänglich diffusionshemmenden Faktoren in diffusionsfördernde Faktoren statt, die jetzt aufgrund positiver Rückkopplungen eine Kettenreaktion in der Diffusionsentwicklung bewirken. Damit ist die Basis für positive Erwartungen bei den Nachfragern gegeben, wobei die entstehenden Kettenreaktionen in ein Stadium der Marktbeständigkeit mit hoher Teilnehmerzahl führen (*Markterfolg*).

Die Determinanten und Wirkungszusammenhänge, die letztlich darüber entscheiden, ob ein kritische Masse-System erfolgreich diffundieren oder sich zum Marktflop entwickeln wird, sind bisher aber erst ansatzweise erforscht. Darüber hinaus sind Erklärungs- und Lösungsdefizite der Diffusionsforschung für kritische Masse-Systeme beispielsweise auch in folgenden Fragen zu sehen:

- Wie kann die Vielfalt möglicher Diffusionsmuster geeignet modelliert werden?
- Wie läßt sich eine Umkehrung der Rückkopplungseffekte vor Erreichen und nach Überschreiten der kritischen Masse adäquat in einem Modell abbilden?
- Ist die kritische Masse zumindest in bestimmten Intervallgrenzen bestimmbar?
- Wie können pfadabhängige Entwicklungen wirksam unterbrochen werden, um so den Weg für innovative kritische Masse-Systeme freizumachen?

---

44 Vgl. Chapuis (1978), S. 41f.

- Wie kann ein sich langsam entwickelnder Diffusionsprozeß modelliert werden, der im Endeffekt aber zu einem Marktflop führt und nicht zwangsläufig in einer positiv fortschreitenden Diffusionsentwicklung mündet?

Die Diffusionsforschung für kritische Masse-Systeme weist damit immer noch ein Theorie- und Methodendefizit auf.[45] Insbesondere kann eine Modellierung von Diffusionsprozessen bei kritische Masse-Systemen nicht in ein mechanistisches Weltbild „gepreßt" werden, wie es für viele Diffusionsmodelle klassischer Prägung der Fall ist. Gerade der logistische Diffusionsansatz, der verstärkt zur Abbildung technologischer Innovationen herangezogen wird, weist klare Modellierungsgrenzen auf.[46] Auch entsprechende Modifikationsversuche, wie sie z. B. von *Easingwood/Mahajan/Muller* vorgetragen wurden,[47] können das grundsätzliche Problem eines sich auf jeden Fall positiv entwickelnden Diffusionsverlaufs nicht lösen. Hier ist nach neuen Lösungsansätzen zu suchen. Erfolgversprechende Impulse sind hier beispielsweise von der Funktionalgleichungstheorie, der Synergetik und der Chaostheorie zu erwarten:

So erlaubt es die Funktionalgleichungstheorie, zentrale Charakteristika, Adoptionsausfälle sowie „kritische Parameter" in der Diffusionsentwicklung von kritische Masse-Systemen abzubilden.[48] Der Mastergleichungsansatz der Synergetik ist in der Lage, die wechselseitige Beeinflussung von Mikro- und Makroebene in einem Ansatz zu modellieren[49] sowie flopartige Ausbreitungsverläufe aufzuzeigen.[50] Die Chaostheorie ist geradezu prädestiniert, nichtlineare dynamische Systeme zu analysieren und die hinter solchen Systemen stehenden Strukturen und Ordnungsprinzipien aufzudecken.[51]

Literaturverzeichnis

Allen, David, New Telecommunications services - Network externalities and ciritical mass, in: Telekommunications Policy, Sept. 1988, S. 255-271.

Arthur, W. Brian, Competing technologies, increasing returns, and lock-in by historical small events, in: The Economic Journal, Bd. 99, 1989, S. 116-131.

---

45 Vgl. Williams/Rice/Rogers (1988), S. 72ff.; Schoder (1995), S. 25; Weiber (1993b), S. 45.
46 Vgl. Weiber (1992), S. 154ff.; derselbe (1993c), S. 43ff.
47 Vgl. Easingwood/Mahajan/Muller 1983, S. 275ff.
48 Vgl. Weiber (1992), S. 181ff.
49 Vgl. Schoder (1995), S. 20ff.; Schoder/Hellbrück (1994), S. 399ff. sowie den Beitrag von *Schoder* in diesem Buch.
50 Vgl. Hellbrück/Schoder (1994).
51 Vgl. Weiber (1995).

Arthur, W. Brian, Positive Feedbacks in the Economy, in: Scientific American, February 1990, S. 92-99.

Backhaus, Klaus/Weiber, Rolf, Systemtechnologien, - Herausforderung des Investitionsgütermarketing, in: Harvard-Manager, 9, 1987, Heft 4, S. 70-80.

Backhaus, Klaus, Investitiongsgütermarketing, 3. Aufl., München 1992.

Blankart, Charles B./Knieps, Günter, Kommunikationsgüter ökonomisch betrachtet, in: Homo Oeconomicus, Band XI, 1995, Heft 3 (im Druck).

Braunstein, Yale M./White, Lawrence J., Setting Technical Compatibility Standards: An Economic Analysis, in: The Antitrust Bulletin, 30, 1985, S. 337-355.

Carlton, Dennis W./Klamer, Mark J., The need for coordination among firms, with special reference to network industries, in: The University of Chicago Law Review, 1983, S. 446-465.

Chapuis, R.J., Technology and Structures: Man and Machine, in: Telecommunications Policy, 2, 1978, S. 39-48.

David, Paul A., Clio and the Economics of Qwerty, in: The American Economic Review, Papers and Proceedings, No. 2, 75, 1985, S. 332-337.

David, Paul A., Path-Dependence: Putting the past into the future of economics, in: Technical Report, No. 533 of The Economics Series of The Institute For Mathematical Studies in the Social Science, Stanford Universitäy, California 1988.

Durand, Philippe, The public service potential of videotex and teletext, in: Telecommunications Policy, 7, 1983, S. 149-162.

Easingwood, Christopher J./Mahajan, Vijay/Muller, Eitan, A Nonuniform Influence Innovation Diffusion Model of New Product Acceptance, in: Marketing Science, No. 3, 2, 1983, S. 273-295.

Easton, Anthony T., Viewdata - A Product in Search of a Market?, in: Telecommunications Policy, 4, 1980, S. 221-225.

Engelhardt, Werner Hans (1976), Erscheinungsformen und absatzpolitische Probleme von Angebots- und Nachfrageverbunden, in: zfbf, 28 (1976), S. 77-90.

Fantapié Altobelli, Claudia, Die Diffusion neuer Kommunikationstechniken in der Bundesrepublik Deutschland, Heidelberg 1991.

Farrell, Joseph/Saloner, Garth, Standardization, compatibility, and innovation, in: Rand Journal of Economics, No. 1, 16, 1985, S. 70-71.

Farrell, Joseph/Saloner, Garth, Installed Base and Compatibility: Innovation, Product Preannouncements, and Predation, in: The American Economic Review, No. 5, 76, 1986, S. 940-955.

Farrell, Joseph/Saloner, Garth, Competition, Compatibility and Standards: The Economics of Horses, Penguins and Lemmings, in: Gabel, Landis H. (Hrsg.): Product Standardization and Competitive Strategy, Amsterdam New York Oxford Tokyo 1987, S. 1-21.

Granovetter, Mark, Threshold Models of Collective Behavior, in: American Journal of Sociology, No. 6, 83, 1978, S. 1420-1443.

Graumann, Mathias, Die Ökonomie von Netzprodukten, in: Zeitschrift für Betriebswirtschaft, 63, 1993, Heft 12, S. 1331-1355.

Günter, Bernd/Kleinaltenkamp, Michael, Marketing-Management für neue Fertigungstechnologien, in: zfbf, 39, 1987, Heft 5, S. 323-354.

Hecheltjen, Peter, Bildschirmtext-Prognosen: Ausbreitung und Nutzung eines Kommunikationsmediums, Berlin Offenbach 1985.

Hellbrück, Reiner/Schoder, Detlef, Explaining and Forecasting Flops, Proceedings of the „Sixth Annual Conference of the International Academy of Business Disciplines", 7-10. April 1994, Pittburgh, PA, USA.

Kaas, Klaus P., Diffusion und Marketing, Stuttgart 1973.

Katz, Michael L./Shapiro, Carl, Network Externalities, Competition and Compatibility, in: The American Economic Review, No. 3, 75, 1985, S. 424-440.

Katz, Michael L./Shapiro, Carl, Product Compatibility Choice in a Market with Technological Progress, in: Oxford Economic Papers, 38, 1986, S. 146-165.

Katz, Michael L./Shapiro, Carl, Product Introduction with Network Externalities, in: The Journal of Industrial Economics, Vol. XL, 1992, No. 1, S. 55-83.

Katz, Michael L./Shapiro, Carl, Systems Competition and Network Effects, in: Journal of Economic Perspectives, 8, 1994, No. 2, S. 93-115.

Knieps, Günter, Standards und die Grenzen der unsichtbaren Hand, in: Jahrbuch für die Ordnung von Wirtschaft und Gesellschaft, Band 45, 1994, S. 51-62.

Leibenstein, Harvey, Bandwagon, Snob, and Veblen Effects in the Theory of Consumers' Demand, in: The Quarterly Journal of Economics, 44, 1950, S. 183-207.

Markus, M. Lynne, Toward a 'Critical Mass' Theory of Interactive Media, in: Communication Research, No. 5, 14, 1987, S. 491-511.

Meffert, Heribert, Marketing und neue Medien, Stuttgart 1985.

Müller-Hagedorn, Lothar, Das Problem des Nachfrageverbundes in erweiterter Sicht, in: zfbf, 30, 1978, S. 181-193.

Oliver, Pamela/Marwell, Gerald/Teixeira, Ruy, A Theory of the Critical Mass. I.: Interdependence, Group Heterogeneity, and the Production of Collective Action, in: American Journal of Sociology, No. 3, 81, 1985, S. 552-556.

Oren, Shmuel S./Smith, Stephen A., Critical mass and tariff structure in electronic communications markets, in: The Bell Journal of Economics and Management Science, No. 1, 12, 1981, S. 467-487.

Rogers, Everett M., Diffusion of Innovations, 3. Aufl., New York London 1983.

Rogers, Everett M., Communication Technology: The new media in society, New York London 1986.

Rogers, Everett M., The „Critical Mass" in the Diffusion of Interactive Technologies, in: Carnevale, M./Lucertini, M./Nicosia, S. (Hrsg.): Modelling the Innovation: Communications, Automation and Information Systems, Amsterdam 1990, S. 79-94.

Rogers, Everett M./Kincaid, D. Lawrence, Communication Networks, New York London 1981.

Schoder, Detlef/Hellbrück, Reiner, Telematic Innovations - Why do some fail and some not?, in: International Conference on Information Technology (ICIT) 1994, Conference proceedings, August 9-12, 1994, Kuala Lumpur, Malaysia, S. 399-414.

Schoder, Detlef, Diffusion von Netzeffektgütern, in: Marketing ZFP, 17(1995), Nr. 1, S. 18-28.

Thompson, James D., Organizations in action, New York: Mc Graw-Hill 1967.

Weiber, Rolf, Diffusion von Telekommunikation - Problem der Kritischen Masse, Wiesbaden 1992.

Weiber, Rolf (a), Was ist Marketing? Ein informationsökonomischer Erklärungsansatz, Arbeitspapier Nr. 1 zur Marketingtheorie des Lehrstuhls für Marketing an der Universität Trier, hrsg. von R. Weiber, Trier 1993.

Weiber, Rolf (b), Die Bedeutung von Standards bei der Vermarktung von Systemtechnologien, in: Droege, Walter P./Backhaus, Klaus/Weiber, Rolf (Hrsg.): Strategien für Investitionsgütermärkte, Landsberg/Lech 1993, S. 146-161.

Weiber, Rolf (c), Chaos: Das Ende der klassischen Diffusionsmodellierung?, in: Marketing ZFP, 15, 1993, Heft 1, S. 35 - 46.

Weiber, Rolf, Chaostheorie, in: Köhler, Richard/Tietz, Bruno/Zentes, Joachim (Hrsg.): Handwörterbuch des Marketing, Stuttgart 1995 (im Druck).

Weiss, Peter A., Die Kompetenz von Systemanbietern, Berlin 1992.

Weizsäcker, Carl Chrisitan von, The costs of substitution, in: Econometrica, 52(1984), No. 5, S. 1085-1116.

Wiese, Harald, Netzeffekte und Kompatibilität, Stuttgart 1990.

Wiese, Harald, Marktschaffung: Das Startproblem bei Netzeffekt-Gütern, in: Marketing ZFP, 13(1991), Nr. 1, S. 43-51.

Wiese, Harald, Lern- und Netzeffekte im asymmetrischen Dyopol, Heidelberg 1993.

Williams, F./Rice, E./Rogers, E. M., Research Methods and the New Media, New York 1988.

Witt, Ulrich, Reflections on the Present State of Evolutionary Economic Theory, in: Hodgson, G. M./Screpanti, E. (Hrsg.): Rethinking Economics: Markets, Technology and Economic Evolution, Aldershot 1991, S. 83-102.

4

Netzeffekte und Telekommunikationsdienste[1]

Detlef Schoder

1 Einleitung

In den ersten Abschnitten wird eine Abgrenzung des Begriffs *Netzeffektgut* vorgenommen und verschiedene „Quellen" indirekter und direkter Netzeffekte skizziert. Telekommunikationsdienste lassen sich als Netzeffektgüter klassifizieren, sofern der Ausbreitungsgrad eine bestimmende Rolle für die Adoptionsentscheidung hat. Die Problematik derartiger Güterklassifikationen von Telekommunikationsdiensten wird am Beispiel *Videotex* (in Deutschland: Btx / Datex-J) verdeutlicht.

Der Beitrag diskutiert im weiteren die bei *der Ausbreitung unter Häufigkeitsabhängigkeit* entstehenden Diffusionsmuster, darunter *Lock-In*, *multiple Gleichgewichte*, *Kritische Masse* und *Flop*. Daran anknüpfend wird der Mastergleichungsansatz als eine formale Modellgrundlage angeführt, der diese – bei Te-

---

1 Der Beitrag spiegelt einige Ergebnisse meiner von der Deutschen Telekom dankenswerterweise geförderten Dissertation wider.

lekommunikationsdiensten empirisch beobachteten – Spezifika abzubilden vermag. Abschließend folgt eine Darstellung der Phänomenologie der mit diesem Ansatz generierbaren Diffusionsmuster sowie einige Überlegungen zur seiner Anwendung.

2 Zur Abgrenzung von Netzeffektgütern

Güter, die aufgrund ihres komplementären Charakters in einer Vermarktungs- und Nutzenbeziehung stehen und deren Implementation und Gebrauch mit positiven wie negativen externen Erträgen ("network externalities"[2]) verbunden sind, lassen sich als *Netzeffektgüter* klassifizieren.[3] *Netzeffektgüter* werden hier anhand der Charakterisierungsmerkmale *Netzeffekte* und *Produktnutzen* von *Singulärgütern* abgegrenzt.

Es können direkte und indirekte Netzeffekte unterschieden werden.

- *Direkte Netzeffekte* sind nachfrageseitig bedingte positive Anwenderexternalitäten. Sie ergeben einen unmittelbaren Nutzenzuwachs bei den Teilnehmern mit zunehmender Nutzerzahl, die das gleiche (kompatible) Systemgut verwenden. Ein klassisches Beispiel bildet das Telefonnetz; ein neueres Beispiel ist die elektronische Post („E-Mail").[4] Direkte Netzeffekte entstehen erst bei der Nutzung, der Kauf des betroffenen Gutes genügt nicht. Eine wesentliche Grundlage für die Entstehung direkter Netzeffekte bilden die Definition von Standards sowie der Einsatz von Umsetzern, die Kompatibilität erzeugen.[5] Direkte Netzeffekte resultieren unmittelbar über ein technisches Netzwerk (z.B. Kommunikationsnetzwerke).

---

2 Vgl. Katz, M./Shapiro, M. L. (1985), S. 424.

3 Vgl. Weiber, R. (1992), S. 16.

4 In der Literatur sind einige historische Innovationen besprochen, deren Ausbreitungsprozeß stark von Netzeffekten bzw. positiven Rückkoppelungsprozessen beeinflußt waren. Darunter sind z.B. die „QWERTY-Tastatur" (versus „Dvorak Simplified Keyboard"), Nuklearreaktoren (Leichtwasserreaktor versus Schwerwasserreaktor versus Gas-Graphit-Technologie), Automobilantriebe (Elektro- versus Dampf- versus Ottomotorantrieb), Laufrichtung bei Uhren (rechts- versus linksorientiert), Quadrophonie (versus Mono und Stereo), die Programmiersprache FORTRAN (versus neuere Programmiersprachen), Spurbreite bei Eisenbahnen (Normalspur versus u.a. Schmalspur) etc. Vgl. Hauk, M. (1994), S. 181-191; David, P. A. (1985) und (1987); David, P. A./Greenstein, S. (1990); Arthur, W. B. (1989) und (1990).

5 Der Begriff Umsetzer steht hier stellvertretend für eine Fülle kompatibilitätsschaffender Mechanismen, wie z.B. Konverter, Adapter und Gateways. Vgl. David, P.A./Bunn, J.A. (1988), dort "gateway technologies".

- *Indirekte Netzeffekte* sind angebotsseitig bedingte positive Anwender-Externalitäten. Sie entstehen bei der Realisierung von Skalenerträgen (z.B. fallende Stückkosten bei Massenproduktion, learning by doing, learning by using) und ihrer Weitergabe an den Nutzer in Form von Preissenkungen oder Qualitätssteigerungen.[6] Weitere „Quellen" indirekter Netzeffekte sind durch Anbieter vermittelte komplementäre Güter, die ein sachlich, zeitlich und räumlich[7] vielfältigeres Angebot an Inhalten und Systemkomponenten ermöglichen.[8] Beispiele sind die Ausbildung von Servicenetzen, etwa für die Ersatzteilbeschaffung und für Reparaturdienste (Existenz komplementärer technischer Infrastruktur). Indirekte Netzeffekte wirken mittelbar über ein *fiktives Netzwerk* (zumeist über den Markt vermittelt).

Direkte wie indirekte Netzeffekte beeinflussen zusammen den vom (potentiellen) Adopter erwarteten oder tatsächlichen Produktnutzen.

- Bei *Singulärgütern* ergibt sich der ausschließliche *originäre* Produktnutzen aus seiner Beschaffenheit und seinem unmittelbaren Verwendungszweck, wie dies z.B. bei einem Kühlschrank (längere Haltbarkeit von Nahrungsmitteln) oder bei einem Fahrrad (Fortbewegungsmittel) offensichtlich ist. Der Verbreitungsgrad spielt für die Anschaffungsentscheidung eine vergleichsweise sehr untergeordnete Rolle.[9]

- Netzeffektgüter *i.e.S.* haben neben einem *originären* zusätzlich *derivativen* Produktnutzen, der sich aus dem Verbreitungsgrad komplementärer Güter am Markt bestimmt und einen wesentlichen Einfluß auf die Kaufentscheidung ausübt.

- *Systemgüter* haben nur einen *Derivativ*nutzen, der sich aus ihrem Einsatz im Rahmen einer Systemtechnologie bestimmt. Der Nutzen erwächst aus der Interaktionsbeziehung zu anderen Teilnehmern. Diese Interaktionsbeziehungen sind gewöhnlich über technische Netzwerke gegeben.

Grundsätzlich wird für die weitere Analyse unterstellt, daß der Derivativnutzen bei Netzeffektgütern um so größer ist, je größer die Anzahl der tatsächlichen

---

6 Vgl. Woeckener, B. (1992a), S. 1; Arthur, W. B. (1990); Hauk, M. (1994).

7 Darunter lassen sich auch die Vorteile subsumieren, die sich durch räumliche Agglomeration ergeben ("spatial economics"), vgl. Arthur, W. B. (1987).

8 Dieser Zusammenhang wird oftmals im ökonomischen Sinne als "hardware/software-paradigm" bezeichnet. Zu weiteren Beispielen vgl. Katz, M. L./Shapiro, C. (1994), S. 94.

9 Der Begriff Produkt wird im weiteren sehr weit gefaßt. Es werden nicht nur physische, abgrenzbare Kaufobjekte einbezogen, sondern auch softwaremäßig realisierte Dienste und Dienstleistungen darunter verstanden. Vgl. zum Produktbegriff Brockhoff, K. (1988), S. 7-16.

Nutzer der gleichen Systemtechnologie ist.[10] Netzeffekte sind für die Diffusion von Neuerungen von erheblicher Bedeutung, da sie die Adoptionsentscheidung wesentlich beeinflussen.[11]

Der Schluß, daß der Verbreitungsgrad bei Singulärgütern überhaupt keine Rolle spielt, oder Netzeffekte abwesend sind, ist allerdings so nicht zulässig. So kann z.B. über Skalenerträge und (kommunizierte) Lerneffekte der Verbreitungsgrad indirekt auf die Kaufentscheidung einwirken. Tatsächlich gibt es kaum ein Gut, bei welchem nicht (zumindest marginale) Netzeffekte auftreten. Zur Eindeutigkeit der weiteren Kategorisierung von Telekommunikationsdiensten ist es daher wichtig festzustellen, daß diejenigen Telekommunikationsdienste, bei welchen Netzeffekte für die Adoptionsentscheidung eine bedeutende Rolle spielen, im Sinne der vorgeschlagenen Güterdifferenzierung „Netzeffektgüter" sind. Als Synonym für „Telekommunikationsdienst" wird die Bezeichnung „Teledienst" eingeführt.

3 Zuordnungsproblematik bei Telekommunikationsdiensten/ Güterkategorien

Unter einem Telekommunikationsdienst versteht man eine festgelegte Form (Art der Kodierung und Dekodierung) des Nachrichtenaustausches auf der Grundlage anerkannter Standards. Der *Dienst* ist dabei das dem Teilnehmer zur Verfügung gestellte Leistungsangebot.[12] Eng verknüpft mit dem Begriff *Telekommunikationsdienste* ist der Begriff *Mehrwertdienste*, der Gegenstand sehr heterogener Definitionsbemühungen ist.[13] Man spricht im allgemeinen von Mehrwertdiensten (Value Added Network Services), wenn im Rahmen einer integrierenden Technologie oder Infrastruktur, wie z.B. ISDN, die darauf etablierten Basisdienste (z.B. Telefondienst) mit weiteren Diensten veredelt werden, die über das reine Übermitteln von Informationen hinausgehen.[14] Für die einzelnen Formen technisch vermittelter Sprach-, Text-, Daten- und Bildkom-

---

10 Dies schließt nicht aus, daß in bestimmten Situationen, wie etwa der Überlastung ("congestion") in Netzwerken bei gleichzeitiger, erheblicher Nutzung sehr vieler Teilnehmer, der Grenznutzen jeder weiteren Interaktionsbeziehung negativ wird.

11 Vgl. Graumann, M. (1993), S. 1336.

12 Vgl. Reichwald, R. (1990), S. 426ff.

13 Vgl. insbesondere Stoetzer, M.-W. (1993), S. 1.

14 Vgl. Stahlknecht, P. (1993), S. 136ff.; Hansen, H. R. (1992), S. 810.

munikation existieren Dienste, die zum Teil verschiedenen Netzen zugeordnet sind und zum Teil jeweils unterschiedliche Endgeräte erfordern.[15]

In den letzten Jahrzehnten ist eine zunehmende Vielfalt von Telekommunikationsdiensten in Erscheinung getreten, wie z.B. Electronic Data Interchange (EDI), Videokonferenzen, Videotex, elektronische Post („E-Mail"), Electronic Funds Transfer (EFT), On-line-Datenbankdienste.[16]

Bevor eine Zuordnung neuer Teledienste zu den Güterkategorien vorgeschlagen wird, soll anhand des Teledienstes Videotex die grundsätzliche Zuordnungsproblematik bei derartigen Klassifikationsbemühungen verdeutlicht werden.

Videotex ist ein über Telefonnetze abgewickelter, interaktiver, multifunktionaler und multimedialer Dienst, bei welchem die Teilnehmer elektronisch gespeicherte Informationen abrufen, Datenverarbeitungsanlagen und weitere Dienste bestimmter Anbieter in Anspruch nehmen sowie Mitteilungen an andere Teilnehmer elektronisch übermitteln können.[17]

Abbildung 1 gibt einen Überblick über typische Anwendungskategorien und einige Beispiel-Dienste in Videotex-Systemen.[18]

---

15 Vgl. Reichwald, R. (1990), S. 426ff.
16 Vgl. Stoetzer, M.-W. (1993), Abschnitt III.
17 Vgl. Hansen, H. R. (1992), S. 700ff.
18 Vgl. Hansen, H. R. (1992), S. 704, für eine Beschreibung der konkreten Menü- und Dialogführung im bundesdeutschen Datex-J (ehemals Bildschirmtext oder kurz „Btx").

Abbildung 1: Typische Anwendungskategorien in Videotex-Systemen und Anwendungsbeispiele

Anwendungskategorien	**Anwendungsbeispiele**
... für alle Teilnehmer	Informationen von Behörden Veranstaltungsinformationen
... für Teilnehmergruppen (sog. geschlossene Benutzergruppen)	Informationen für gewerbliche Verbraucher Informationen für Freiberufler, Clubs
... persönlicher Art	persönlicher Terminkalender
Mitteilungen	
... an mehrere Teilnehmer	Hinweise Veranstaltungstermine
... von mehreren Teilnehmern	Warenbestellungen, Reservierungen, Buchungen, Schadensmeldungen, Verbesserungsvorschläge
individuelle Mitteilungen	Geschäftskorrespondenz, Privatkorrespondenz
Rechnerdialog	
Dienstleistungen	Datenbankrecherchen, programmgeführte Berechnungen Warenbestellungen, ("teleselling" / "teleshopping"), Banküberweisungen ("homebanking")
Aus- und Weiterbildung, Tests	Heimkurse, Schulaufgaben, Erwachsenenbildung
Computerspiele	Unternehmensspiele, Rollenspiele, Geschäftsspiele

Quelle: In Anlehnung an HANSEN, H. R. (1992), S. 705ff.

Bei den hier unterschiedenen drei Anwendungskategorien treten direkte und indirekte Netzeffekte in unterschiedlichem Maße auf:

- Bei der Nutzung von Datex-J im Sinne der Anwendungskategorie Abrufinformationen sind vorwiegend indirekte Netzeffekte wahrscheinlich. Die starke Nutzung von im System zur Verfügung gestellten Informationen kann Anbieter zu einer Steigerung der Qualität und Quantität der angebotenen Information anregen. So können eventuell Teilnehmer gewonnen werden, womit wiederum weitere Anbieter die Plattform als ausreichend interessant einstufen und ihrerseits als weitere Informationsanbieter auftreten (indirekte Netzeffekte). Ähnliche Überlegungen können auf der Nachfragerseite zu mehr Teilnehmern und zu einer verstärkten Nutzung des Videotex-Systems führen, wenn Qualität und Quantität der abgerufenen Informationen den Erwartungen entsprechen oder sie übertreffen.

- Die Nutzung von Diensten im Rahmen der Anwendungskategorie *Mitteilungen*, d.h. die Funktionalität, Mitteilungen zu empfangen und zu versenden, ist mit direkten Netzeffekten verbunden. Hier gilt: Je mehr Teilnehmer einer bestimmten Zielgruppe über ein Videotex-System ansprechbar sind, desto nutzenstiftender und effektiver wird der Videotex-Kommunikationskanal.

- Ähnliches läßt sich über die Anwendungskategorie *Rechnerdialog* aussagen. Inwieweit direkte oder indirekte Netzeffekte eine Rolle spielen, hängt stark von der konkreten Dienstleistung ab, die über das Videotex-System genutzt wird. Z.B. treten bei Mehrpersonenspielen, bei der das Videotex-System als Moderatorplattform fungiert und die Aktionen der einzelnen Teilnehmer ausführt, direkte Netzeffekte auf. Bei einer anderen Rechnerdialoganwendung, z.B. "homebanking", treten aus Sicht des Betreibers des Videotex-Systems (und nicht notwendigerweise des Diensteanbieters in diesem Fall) günstigstenfalls indirekte Netzeffekte auf, da dieser spezielle Dienst einen kleinen Teil der Gesamtattraktivität des Videotex-Systems darstellt. Aus Sicht des Anwenders ist es für seine Adoptionsentscheidung unerheblich (es treten keine direkten Netzeffekte auf), inwieweit weitere "homebanking"-Nutzer den Dienst in Anspruch nehmen.

Anhand des Videotex-Beispiels läßt sich eine grundsätzliche Problematik bei der Analyse von Netzeffekten bei Telediensten verdeutlichen. Bei Systemen, die unterschiedliche Anwendungskategorien gewährleisten, muß zur Einschätzung der Relevanz möglicher Netzeffekte auf die Nutzungsintensität und Verwendungscharakteristik geachtet werden. Je nach Verwendungsart kann Datex-J z.B. die Eigenschaften eines Singulärgutes, eines Netzeffektgutes i.e.S. oder eines Systemgutes haben. Ersteres trifft zu, wenn es als einfaches elektronisches Auskunftssystem genutzt wird; als Netzeffektgut i.e.S. kann es aufgefaßt werden, wenn z.B. mehrere Teilnehmer mehrere Angebote innerhalb von Videotex nutzen; als Systemgut kann es interpretiert werden, wenn es ausschließlich als Mitteilungssystem genutzt wird.

Entsprechend der dargestellten Abhängigkeit der Klassifikation von der Verwendungscharakteristik sind den Telediensten *Bereiche* zugeordnet.[19] Die Abbildung 2 verdeutlicht diese Art der Zuordnung von Telediensten zu den Güterkategorien.[20]

---

19 Rogers unterscheidet die von ihm betrachteten "communication technologies" aus vorliegendem Untersuchungsbereich anhand der Kriterien "degree of interactivity", "degree of demassification" und "degree of asynchronicity". Vgl. Rogers, E. M. (1986), S. 34-66.

20 Bei einigen Mehrwertdiensten handelt es sich aufgrund nur sehr geringer Netzeffekte entsprechend nicht um Netzeffektgüter im definierten Sinne. Beispiele sind Audiotex-

Abbildung 2: Zuordnung der Telekommunikationsdienste zu den Güterkategorien

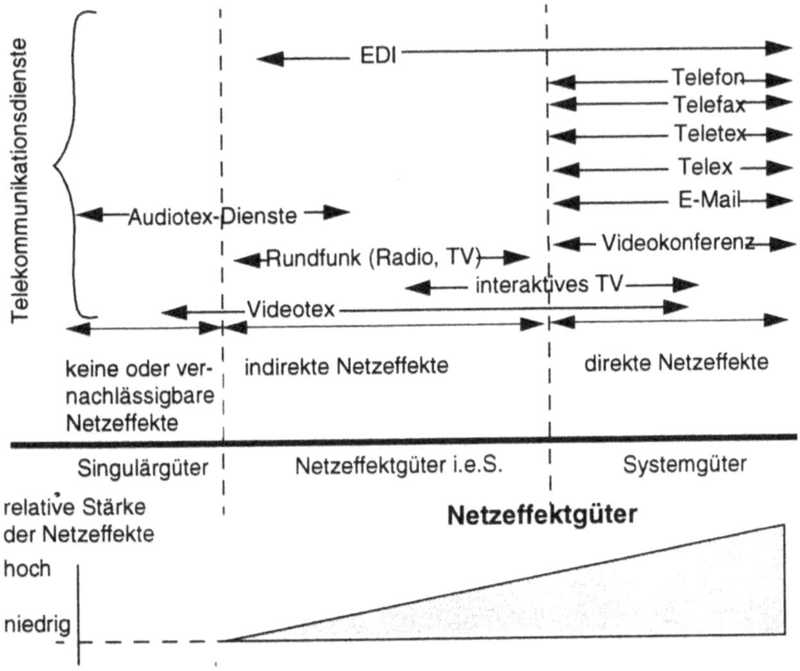

4 Netzeffekte und resultierende Diffusionsmuster

Bei Netzeffektgütern ist hinsichtlich der Betrachtung der Adoptionsdynamik zu berücksichtigen, daß die Adoptionsentscheidung zeitlich vorgelagerter Nachfrager von dem erwarteten Verhalten der potentiellen, späteren Nutzer abhängig ist. Diese *horizontale Rückkoppelung* im Sinne einer *wechselseitigen Beeinflussung* der (potentiellen) Adopter, etwa durch gegenseitiges Beobachten, läßt sich treffend *als "everybody watching [the group] while being watched"*[21] beschreiben.

Dienstleistungen und diverse Telefonzusatzfunktionalitäten wie Rufkennung, Rufweiterschaltung etc.

21 Allen, D. (1988), S. 260.

Neben diesen horizontalen Rückkoppelungen innerhalb der Mikroebene stellen vertikale Rückkoppelungsprozesse[22] zwischen der Mikro- und Makroebene einen auf den Ausbreitungsverlauf von Netzeffektgütern bestimmenden Einfluß dar. Abbildung 3 veranschaulicht diese Zusammenhänge.

Abbildung 3: Horizontale Rückkoppelungen (innerhalb der Mikroebene) und vertikale Rückkoppelungen (zwischen Mikro- und Makroebene)

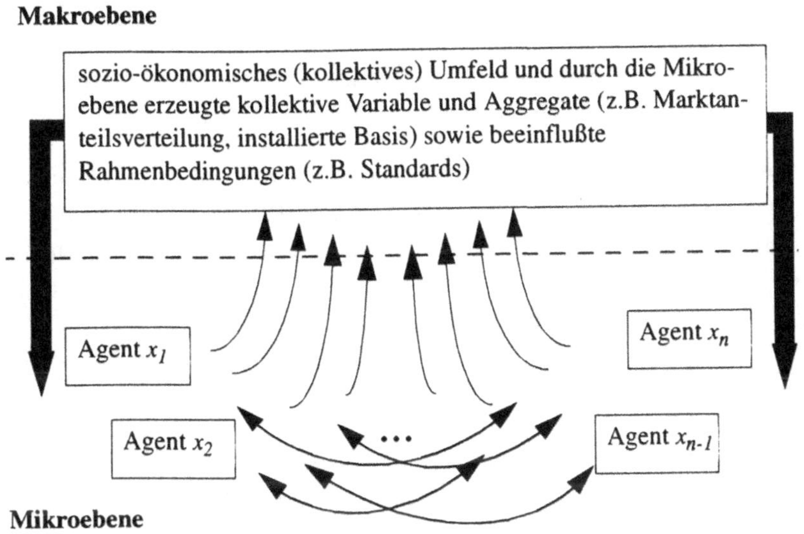

Sozio-ökonomische Prozesse im Sinne dezentraler, wechselseitiger Adopterentscheidungen, beeinflußt durch Größen der Makroebene sowie durch die beteiligten Marktparteien

Eine dabei besonders interessierende Form von (vertikalen) Rückkoppelungsprozessen ist der *Häufigkeitsabhängigkeits-Effekt*.[23] Orientieren sich Individuen bei ihrer Kaufentscheidung an den anderen Mitgliedern einer Population, die ihre Wahl bereits getroffen haben, so hängt die marginale Veränderung der relativen Häufigkeit des Verhaltens innerhalb der Population von den makro-

22 Die Analyse der Dynamik von Rückkoppelungsprozessen wird in der Literatur häufig mit Begriffen wie Teufelskreislauf, "increasing returns", Nicht-Konvexität, Schwellenwerteffekt, "cumulative causation", Katastrophen, Bifurkationen etc. in Verbindung gebracht.

23 Vgl. Witt, U. (1994), S. 507; Witt, U. (1988), S. 81ff.

skopischen Variablen der relativen Häufigkeiten selbst ab (und damit nicht von mikroskopischen Variablen der individuellen Ebene), die sich schon ergeben haben. Vereinfacht ausgedrückt heißt das, daß die Wahl einer bestimmten Haltung durch die Individuen einer Population davon abhängt, wie häufig dieses Verhalten in der Population bereits vertreten ist. Damit wird eine Form der *Interdependenz zwischen Individualverhalten und makroskopischen Größen* beschrieben.[24]

Die weiteren Abbildungen veranschaulichen diesen, die Ausbreitungsmuster von Neuerungen bestimmenden Zusammenhang, an einem aus Darstellungsgründen vereinfachten Fall. Zwei Alternativen stehen zur Auswahl, wobei die Wahl der einen Alternative gleichzeitig bedeutet, die andere nicht zu wählen. Die potentiellen Adopter treffen ihre Entscheidungen nacheinander.[25]

Mit $F_1(t)$ wird die relative Häufigkeit des Verhaltens *1* in der Population im Zeitpunkt t und mit $f_1(t)$ wird die Wahrscheinlichkeit dafür, daß das in t eine Wahl treffende Individuum sich für Alternative *1* entscheidet, bezeichnet. Dem Häufigkeitsabhängigkeits-Effekt gemäß läßt sich folgender Zusammenhang zwischen diesen Funktion annehmen:

$$f_1(t) = \psi(F_1(t)) \qquad (1)$$

Zwei zueinander grundsätzlich verschiedene Spezifikationen für die Funktion Ψ werden betrachtet. Im ersten Fall (Abbildung 4) *sinkt* die Wahrscheinlichkeit, Verhalten *1* zu wählen, je häufiger es bereits vertreten ist. Ein Beispiel für diesen Fall ist ein Imitationsverhalten, dessen Attraktivität mit der Zahl der Imitatoren abnimmt. Innerhalb der betrachteten Population verbreitet sich Verhalten *1* im Laufe der Zeit bis der Punkt F_1^* erreicht ist. Dort entspricht die relative Häufigkeit genau der Wahrscheinlichkeit dafür, daß Verhalten *1* zum Zeitpunkt t gewählt wird. F_1^* ist damit ein (stabiler) Gleichgewichtspunkt (die 45° Linie bildet den Ort weiterer Gleichgewichtspunkte).

24 Einer der ersten, der auf dieses Phänomen hinwies, ohne es so zu benennen, ist wohl Veblen, T. B. (1899), gewesen. Vgl. Witt, U. (1991).

25 Die Darstellung lehnt sich eng an Witt, U. (1994), S. 507-508, an.

Abbildung 4: Gleichgewichtslösung bei abnehmender Attraktivität einer Alternative

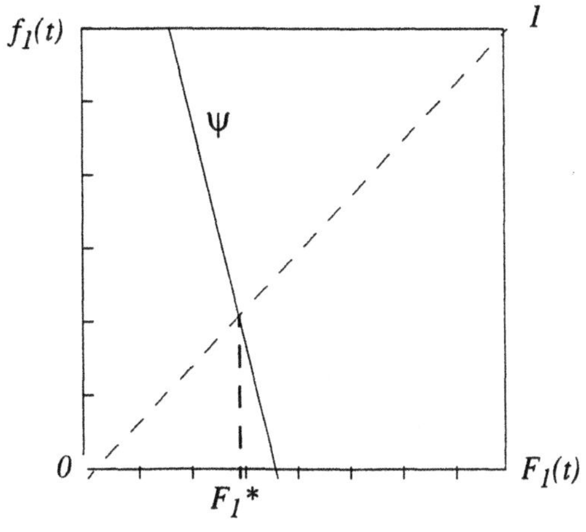

Quelle: Witt, U. (1994), S. 507

Ein grundsätzlich anderes Ergebnis ergibt sich, wenn die Wahrscheinlichkeit, Alternative *1* zu wählen, nichtlinear mit $F_1(t)$ zunimmt. Dies kann bei konkurrierenden Telediensten angenommen werden, wobei der jeweilige Nutzen des Dienstes um so größer ist, je mehr der jeweilige Dienst bereits von Adoptern gewählt wurde und möglicherweise den Nutzen des anderen Dienstes übertrifft. Geht man in Abbildung 4 von dem Punkt $f(0) = F_1^\circ(t) = 0,5$ aus, wächst rechts von $F_1^\circ(t)$ die Wahrscheinlichkeit $f_1(t)$ über den jeweiligen Wert von $F_1(t)$ hinaus, so daß sich der Prozeß auf den stabilen Punkt F_1^{**} zubewegt, sobald sich einmal eine Tendenz in diese Richtung entwickelt hat. Gleiches gilt für den umgekehrten Fall, wenn sich eine Tendenz in die „andere" Richtung ausbildet. Dann ist langfristig $F_1^* = 0$ der Punkt, auf dem sich das System stabilisiert.

Abbildung 5: Gleichgewichtslösungen bei zunehmender Attraktivität einer Alternative

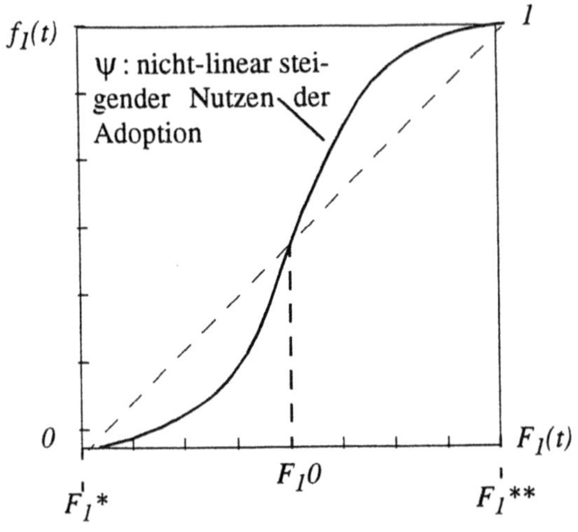

Quelle: Witt, U. (1994), S. 507

Der in Abbildung 5 mit F_1° bezeichnete Punkt ist instabil. Er läßt sich als *Kritische-Masse-Punkt* deuten. Kleinste Abweichungen von diesem Punkt vermögen die zunächst offene Entwicklung nachhaltig zu einem der beiden stabilen Punkte F_1^* oder F_1^{**} hin anzustoßen. Dieser unumkehrbare Entwicklungspfad wird mit dem Begriff Lock-In bezeichnet. Aufgrund der Ausbildung *multipler Gleichgewichte* ist die konkrete Ausbreitungsentwicklung bzw. Marktanteilsentwicklung zu Beginn offen und nur im Sinne der möglichen Pfade prognostizierbar.

Der Häufigkeitsabhängigkeits-Effekt kann wie skizziert in zwei Grundformen auftreten:[26]

- Negative Rückkoppelungen ("decreasing returns to adoption"): Je verbreiteter eine Alternative bereits ist oder genutzt wird, desto geringer wird ihre Nützlichkeit. Z.B. bewirkt der Anschluß eines weiteren Teilnehmers an ein

---

26 In der Literatur, z.B. Arthur, W. B. (1990) und Hauk, M. (1994), wird als weitere Variante Rückkoppelungs-Neutralität ("constant returns to adoption") im Zusammenhang mit der Ausbreitung unter Häufigkeitsabhängigkeit erwähnt. Aber gerade bei Rückkoppelungs-Neutralität kann man ja nicht von Häufigkeitsabhängigkeit sprechen. Deswegen wird diese Variante nicht in der Aufzählung explizit angeführt.

stark frequentiertes Rechnernetz die Verminderung des Nutzens aller übrigen Teilnehmer, weil aufgrund der erhöhten Netzlast die Rechnernetzleistung weiter sinkt.

- Positive Rückkoppelungen ("increasing returns to adoption"): Eine Alternative wird um so attraktiver, je verbreiteter sie ist. Positive Rückkoppelungsprozesse sind eine wichtige Erklärung für die Ausbildung und die Existenz von Standards.

Positive wie negative Rückkoppelungsprozesse bedingen eine Abkehr von einer eher statisch ausgelegten, strengen Ursache-Wirkungs-Analyse. Die Wirkung (der Output) einer Ursache (der Input) wird selbst wieder rückbezüglich Input für eine sich verstärkende Wirkung und kann damit nur in einer dynamischen Sicht und Analyse adäquat analysiert werden.[27]

Die Gleichung (1) drückt den Häufigkeitsabhängigkeits-Effekt ohne Berücksichtigung der Zeit aus. Für eine Analyse der Wirkung des Häufigkeitsabhängigkeits-Effekts ist eine dynamische Betrachtung aufschlußreich. Jede Entscheidung eines Adopters bewirkt eine marginale Änderung der relativen Häufigkeit von Alternative *1*. Im Mittel beträgt diese Veränderung die Differenz zwischen $f_1(t)$ und $F_1(t)$. Die marginale Änderung der relativen Häufigkeit von Alternative 1 läßt sich durch Bildung der Differentialgleichung ermitteln:

$$\frac{d}{dt}F_1(t) = \phi\left(f_1(t) - F_1(t)\right) \tag{2}$$

wobei ϕ eine das Vorzeichen erhaltende Funktion ist und $\phi(0) = 0$.

Daraus ergeben sich die zu der Abbildung 4 und Abbbildung 5 korrespondierenden Darstellungen.

---

27 Vgl. Röhner, F. (1992).

Abbildung 6: Grenzbetrachtung der relativen Häufigkeit bei abnehmender Attraktivität einer Alternative

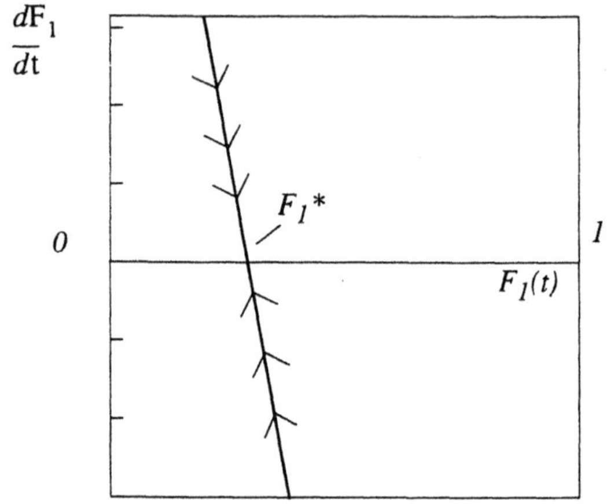

Quelle: Witt, U. (1994), S. 508

Abbildung 7: Grenzbetrachtung der relativen Häufigkeit bei zunehmender Attraktivität einer Alternative

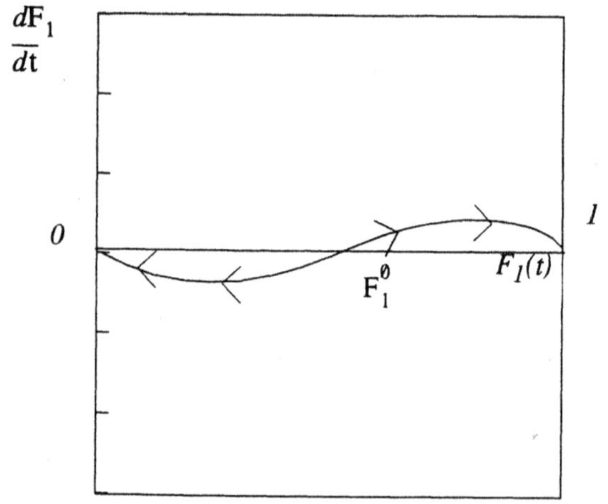

Quelle: Witt, U. (1994), S. 508

Die Abbildung 6 sowie die Abbildung 7 lassen sich als Potentialfunktionen (vgl. Abbildung 8 und Abbildung 9) darstellen. Die Verwendung von Potentialfunktionen[28] hat den Vorteil, daß die Dynamik der Entwicklung der in Betracht stehenden Variablen (hier die relative Häufigkeit der Wahl des Verhaltens *1*) aus dem Verlauf des Graphen unmittelbar visuell erschlossen werden kann. Man stelle sich dabei einen Ball vor, der gedanklich auf den interessierenden Abschnitt der Potentialfunktion gelegt wird. Der Verlauf der Potentialfunktion kommt dabei einer Hügellandschaft gleich. Der Ball wird immer unmittelbar zu dem nächst tieferen Punkt rollen. Verbleibt der Ball an einem Punkt, ohne daß er von außen weiterbewegt wird und kleinere Störungen ihn nicht aus seiner Position nachhaltig vertreiben, ist ein *stabiler* Punkt erreicht. In jedem anderen Falle ist die erreichte Position *instabil.* Das Gefälle gibt Aufschluß über die „Rollgeschwindigkeit", d.h. die Geschwindigkeit mit der sich die betrachtete Variable abhängig von der Zeit ändert („je steiler, desto schneller").[29]

Abbildung 8: Potentialdarstellung der relativen Häufigkeit bei abnehmender Attraktivität einer Alternative (schematische Darstellung)

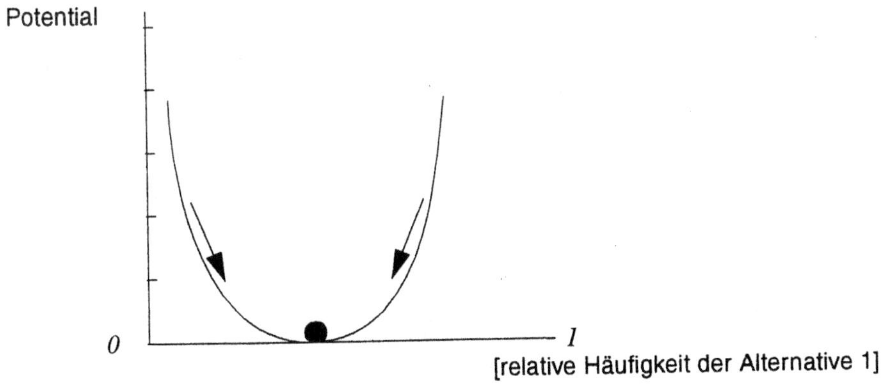

28 Allgemein kann das dynamische Verhalten einer Variablen, z.B. x(t), mit Hilfe des Potentials beschrieben werden, das sich aus folgender Beziehung herleiten läßt: $\frac{dx}{dt} = \frac{\partial V(x)}{\partial x}$. Durch Integration über x erhält man schließlich das Potential *V(x)* (mit einer additiven Konstante). Vgl. Haken, H. (1990), S. 117f.; Weidlich, W./Haag, G. (1983), S. 30.

29 Vgl. Haken, H. (1990), S. 117.

Abbildung 9: Potentialdarstellung der relativen Häufigkeit bei zunehmender Attraktivität einer Alternative (schematische Darstellung)

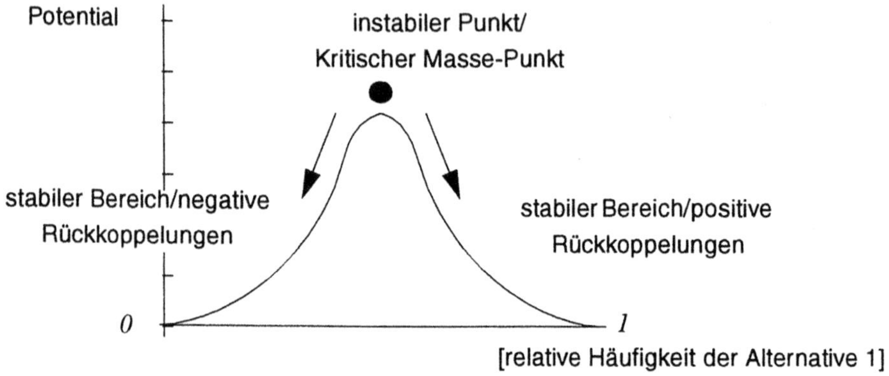

Während man z.B. in physikalischen oder chemischen Systemen eine naturgesetzliche Zwangsläufigkeit der beschriebenen Systemdynamik beobachten kann,[30] gilt dies nur eingeschränkt für soziale Systeme. In letzteren sind „Gegenmaßnahmen" vorstellbar – z.B. Markteinführungsstrategien[31] – , die eine sich abzeichnende Entwicklung umkehren können.

Dieser *Häufigkeitsabhängigkeits-Effekt* hat einen erheblichen, wenn nicht gar *den* adoptions- bzw. diffusionsbestimmenden Einfluß. Diese Annahme ist für Systemgüter plausibel, für Netzeffektgüter i.e.S. jedoch nicht uneingeschränkt übertragbar. Dies liegt im Kern an den oben skizzierten *Verwendungsvarianten* bei Telediensten sowie an der *Nicht-Ausschließlichkeit* von *Häufigkeitsabhängigkeits-Effekten als Erklärungsfaktor* für den Diffusionsprozeß.

Die Nicht-Ausschließlichkeit von Häufigkeitsabhängigkeits-Effekten als Erklärungsfaktor bei der Diffusion einiger Netzeffektgüter läßt sich z.B. anhand empirischer Studien zu Electronic Data Interchange (EDI) zeigen. Dort spielen zwar Häufigkeitsabhängigkeits-Effekte sehr wohl eine bedeutsame Rolle für die beobachtete Diffusionsphänomenologie, sie machen in diesem Fall nur einen – wenngleich großen – *Erklärungsanteil* aus.[32]

Die in der Literatur angeführten Bezeichnungen für die bei Telediensten empirisch beobachteten Diffusionsmuster lassen sich als Folge der horizontalen und

---

30 Vgl. Wunderlin, A. (1993); Haken, H./Wunderlin, A. (1991).
31 Vgl. Schoder, D./Hellbrück, R. (1995).
32 Vgl. Banerjee, S./Golhar, D. Y. (1994); Bouchard, L. (1993); Mackay, D./Rosier, M. (1994).

vertikalen Rückkoppelungsprozesse deuten, d.h. sie sind das Ergebnis der *Ausbreitung unter Häufigkeitsabhängigkeit.* Im Hinblick auf die in den obigen Abbildungen illustrierten Zusammenhänge können einige dieser Diffusionsmuster näher erklärt werden.

- Die *Kritische Masse* oder der *Kritische-Masse-Punkt* läßt sich als Scheidepunkt zwischen positiven und negativen Rückkoppelungsprozessen sowie entsprechend zwischen erfolgreichem und flopartigem Diffusionsverlauf deuten. Der (Parameter-) Bereich um den *instabilen* Kritische-Masse-Punkt ist in dem Sinne „kritisch", als daß kleinere Fluktuationen eine große Auswirkung auf die weitere Ausbreitungsentwicklung haben können. Erst eine Abweichung dieses Wertes bewirkt den Übergang aus einer instabilen in eine *stabile* Ausbreitungsphase. Solange der Kritische-Masse-Punkt nicht überwunden ist, können sich Nachfragesynergien nur in eingeschränktem Umfang entfalten. Der gerade für Systemgüter charakteristische Derivativnutzen ist dann noch nicht voll entfaltet.[33]

- Der Begriff *Pfadabhängigkeit* wird für die Erklärung konkurrierender Entwicklungspfade beim Einfluß von Netzeffekten verwendet. Beispiele finden sich im Bereich der technischen Standardisierung (Tastaturbelegungen, Schnittstellen bei Computern), bei institutionellen Regelungen (Rechts- oder Linksfahrgebot im Straßenverkehr) und bei räumlich-wirtschaftlichen Strukturen (Ansammlung gleichartiger, spezialisierter Unternehmen in räumlicher Nähe)[34]. In allen genannten Situationen standen anfangs mehrere Entwicklungspfade zur Wahl. Die Historie der Häufigkeitsanteile, die zum Teil eine Folge von kleinen Ereignissen und historischen Zufällen ist, wird als ausschlaggebend dafür angesehen, welche der in (Auswahl-) Konkurrenz stehenden Alternativen sich letztendlich durchsetzt.[35]

- In engem Bezug zur Pfadabhängigkeit steht das Phänomen *Lock-In*: Ist erst einmal eine (instabile) kritische Phase überwunden, das ist die Phase, in der sich noch kein nachhaltiger Trend zugunsten einer Alternative ausgebildet hat, befindet sich die betrachtete Alternative auf einem stabilen Erfolgs- oder Mißerfolgspfad ("lock in"), der auch bei größeren Fluktuationen kaum noch verlassen werden kann.[36] [37] Dieser Effekt ist auf die im Zeitablauf für eine

33 Vgl. Weiber, R. (1992), S. 72ff.
34 Z.B. die Ansammlung von Computerfirmen im „Silicon Valley" in Kalifornien.
35 Vgl. David, P. A. (1988) und (1991); Arthur, W. B. (1990).
36 Vgl. Arthur, W. B. (1989).
37 Zur Überwindung von "Lock-Ins" vgl. Hellbrück, R. (1993).

der zur Wahl stehenden Innovationen etablierte Teilnehmerzahl zurückzuführen, die entsprechend einen ausreichend großen Nutzen für weitere Adopter der Innovation bewirkt. Parallel dazu schaffen die konkurrierenden Innovationen es ihrerseits nicht mehr, eine ausreichend große installierte Basis aufzubauen, um für weitere potentielle Adopter genügend attraktiv zu sein. Da es in einer derartigen Situation aus der Sicht jedes einzelnen Adopters sinnvoller ist, an der relativ erfolgreichen diffundierten Innovation festzuhalten, ist der weitere Diffusionsverlauf vorbestimmt.

- Der Lock-In-Zustand kann zu einer *ineffizienten Marktlösung* führen. Im Zusammenhang mit einem Lock-In-Zustand läßt sich die Frage stellen, ob eine etablierte Alternative „optimal" ist, ob eine zwischenzeitlich hinzugetretene vorteilhafter ist, oder ob untergegangene Alternativen „besser" gewesen wären. Literaturbeispiele versuchen zu belegen, daß nicht immer davon ausgegangen werden kann, daß der Markt automatisch die „beste" Alternative im Zeitablauf selektiert.[38] Obwohl einzelne technische Innovationen den jeweils anderen überlegen sind, können Fluktuationen in kritischen Phasen, z.B. in der frühen Markteinführungsphase, die an sich überlegene Innovation ins Hintertreffen geraten lassen. Das Konkurrenzprodukt, das sich durchsetzt, muß dabei aus volkswirtschaftlicher Sicht nicht wohlfahrtsoptimal sein.[39] Produzenten wie Konsumenten legen sich aus Effizienzgründen relativ schnell auf einige wenige technische Lösungen fest. Der Markt testet nicht jede denkbare Lösung aus.[40]

Zusammenfassend läßt sich feststellen, daß die Existenz von nichtlinearen Rückkoppelungen sowohl horizontaler als auch vertikaler Natur zu besonderen Phänomenen im Diffusionsverläufen führen kann. An Modelle, die die Diffusion von Netzeffektgütern erklären sollen, ergibt sich hieraus die Anforderung, diese diffusionsbestimmenden Netzeffekte abzubilden. Im weiteren wird hierzu der

---

38 Die in der Literatur vorgetragenen „Belege" lassen sich größtenteils leicht relativieren. Auch wenn das beschriebene Phänomen prinzipiell auftreten kann, ist es angebrachter von Hinweisen zu sprechen. Vgl. z.B. die Diskussion um die Vorteilhaftigkeit der QWERTY-Tastatur gegenüber der Dvorak-Tastatur, vgl. David, P. A. (1985), vgl. zur Gegenkritik Liebowitz S. J./Margolis, S. E. (1990) und insbesondere Liebowitz, S. J./Margolis, S. E. (1994). Ein weniger stark in Frage gestelltes Beispiel ist das Betriebssystem MS-DOS, dem man insbesondere für die ersten Jahre seiner Existenz keinerlei technische Überlegenheit zugesprochen hat und dessen Erfolg vermutlich auf die große Unterstützung von IBM zurückzuführen ist. Vgl. Besen, S./Farrell, J. (1994), S. 118ff.

39 Vgl. Arthur, W. B. (1987); David, P. A. (1985).

40 Vgl. David, P. A. (1985).

Mastergleichungsansatz vorgeschlagen. Eine ausführliche formale Behandlung des Ansatzes geben z.B. Weidlich/Haag und Haken.[41]

5 Der Mastergleichungsansatz als Modellgrundlage für die Diffusion von Netzeffektgütern

Erste Anwendungen des Mastergleichungsansatzes finden sich im Kontext physikalischer, chemischer und biologischer Fragestellungen, in denen es um die Erklärung des Makroverhaltens von Systemen geht, die sich aus einer großen Anzahl von Elementen zusammensetzen, welche auf der mikroskopischen Ebene identischen Interaktionsmustern unterliegen (Thermodynamik, Molekular- und Populationsbiologie etc.).[42] In den letzten Jahren nimmt die Anzahl der soziologischen und ökonomischen Modelle auf Basis der Mastergleichung stetig zu.[43] Applikationen im absatzwirtschaftlichen Kontext befassen sich beispielsweise mit der Stimulierung der Diffusion von Electronic Data Interchange, der Erklärung und Vorhersage von Flops und der Analyse der Wirkung alternativer Marktschaffungsstrategien bei der Neuprodukteinführung von Netzeffektgütern.[44]

In der klassischen Diffusionsliteratur werden adoptionstheoretische und diffusionstheoretische Aspekte weitgehend getrennt behandelt. Vereinfacht ausgedrückt wird im Rahmen der Adoptionsforschung die Erklärung des Ausbreitungsprozesses auf der Individualebene versucht, während im Rahmen der Diffusionsforschung i.e.S. dagegen das zumeist lineare Aggregat individueller Übernahmeentscheidungen betrachtet wird. Vorgänge, die auf der individuellen Ebene ablaufen, werden weitgehend ausgeblendet.[45]

Bei Netzeffektgütern sind jedoch starke Abhängigkeiten sowohl *innerhalb* der Mikroebene selbst, d.h. in der Ebene der (individuellen) Adopter, als auch *zwischen* der Mikroebene und der Makroebene festzustellen. In diesem Falle verbietet sich eine einfache, z.B. lineare Aufsummierung der Adoptionsentscheidungen in der Mikroebene, um Phänomene auf der Makroebene zu erschlie-

---

41 Vgl. Weidlich, W./Haag, G. (1983); Haken, H. (1990); im Kontext der Diffusion von Netzeffektgütern vgl. Schoder, D. (1995a).
42 Vgl. Woeckener, B. (1992b).
43 Vgl. eine Übersicht in Schoder, D. (1995b).
44 Vgl. Schoder, D./Hellbrück, R. (1994); Hellbrück, R./Schoder, D. (1994).
45 Vgl. Hamerle, A. (1987), S. 249; Weidlich, W. (1991), S. 491.

ßen.[46] Erforderlich ist vielmehr, gegenüber einer partialanalytischen Sichtweise, die Interdependenzbeziehungen zwischen den Ebenen zusätzlich zu den diffusionsbestimmenden Faktoren der einzelnen Ebenen zu berücksichtigen.

Gerade bei derartigen Modellierungsanforderungen ist der Mastergleichungsansatz als recht vielversprechend einzustufen. Dabei wird angenommen, daß die Makrovariablen (z.B. Marktanteile) auf die Adoptionsentscheidungen der Mitglieder (Konsumenten) einzelner Subpopulationen (Konsumentengruppen) Einfluß haben. Umgekehrt bestimmt sich die Dynamik der Makrovariablen aus der Vielzahl der Adoptionsentscheidungen der Konsumenten. Das Aggregationsproblem läßt sich durch die Mastergleichung elegant lösen. Diese liefert die dynamischen Gleichungen für die Variablen der Makroebene auf Grundlage der Dynamik auf der Mikroebene.[47]

Die weiteren Vorteile der Anwendung des Mastergleichungsansatzes für diffusionstheoretische Fragestellungen liegen

- in der verhaltenswissenschaftlichen Fundierung des Ansatzes,[48]
- in der simultanen Behandlung mehrerer in Konkurrenz stehender Innovationen sowie
- in der modellbasierten Generierung einer weiten Palette von empirisch beobachteten Diffusionsmustern bei Netzeffektgütern, einschließlich flopartiger Ausbreitungsverläufe.[49]

Die Abbildung 10 und Abbildung 11 zeigen *schematisch die qualitative Änderung* der mit dem Mastergleichungsansatz berechneten Wahrscheinlichkeitsdichtefunktion für alternative Parameter im Zeitablauf.[50] Die Achsenbezeichnung x benennt den normierten Marktanteil der in Betracht stehenden Innovation. Für $x= 0{,}0$ bedeutet das eine Gleichverteilung der Marktanteile, für $x= - 0{,}5$ keinen Marktanteil (Flop) und für $x = 0{,}5$ einen Marktanteil von 100%.

---

46 Vgl. Schelling. T. C. (1978), S. 14.
47 Vgl. Haag, G. (1990), S. 132.
48 Vgl. Erdmann, G. (1990), S. 97ff.
49 Vgl. Schoder, D. (1995b).
50 Vgl. Woeckener, B. (1992b).

Abbildung 10: Zeitliche Entwicklung der Wahrscheinlichkeitsdichtefunktion im Falle *keiner* Mikro-Makro-Interdependenzen

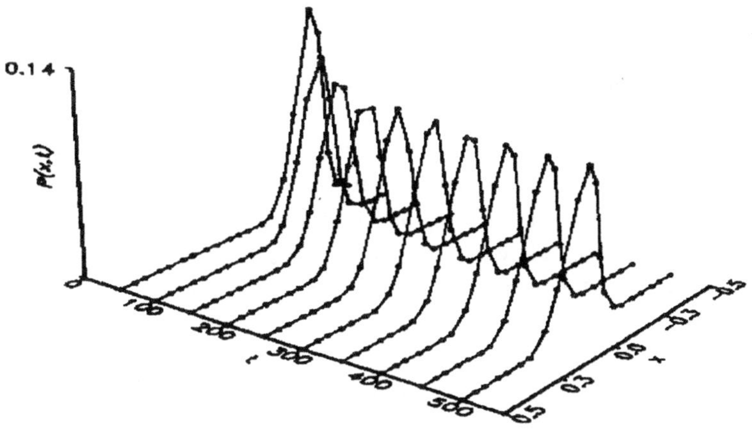

Quelle: Woeckener, B. (1992b), S. 421.

Abbildung 11: Zeitliche Entwicklung der Wahrscheinlichkeitsdichtefunktion im Falle *bestehender* Mikro-Marko-Interdependenzen (typisch für Netzeffektgüter)

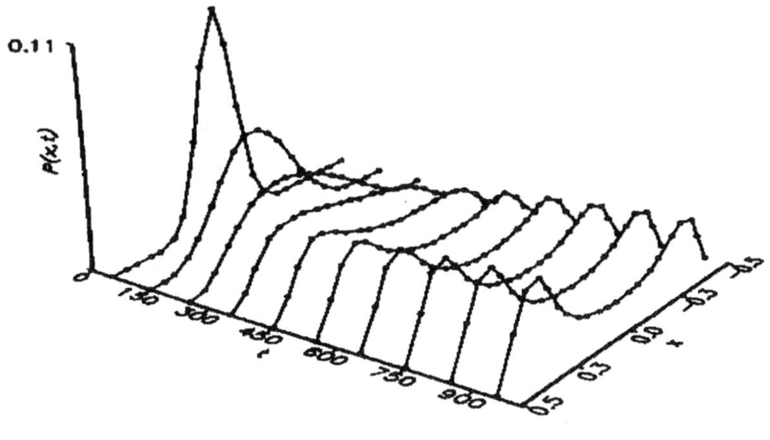

Quelle: Woeckener, B. (1992b), S. 424.

Im ersten Fall (Abbildung 10) wird die Gleichung für die individuelle Übergangswahrscheinlichkeit einen Dienst zu nutzen innerhalb der Mastergleichung so spezifiziert, daß *keine* Rückkoppelung vom Makro-Zustand des Diffusionssystems auf das Mikroverhalten stattfindet. Diesen Fall kann man auch mit einer einzigen linearen stochastischen Differentialgleichung nähern. Dabei stellt sich lediglich eine – die wahrscheinlichste – Lösung ein.

Interessant ist der Fall, in dem eine Interdependenz zwischen der Makroebene und der Mikroebene modelliert wird, wie sie für Netzeffektgüter charakteristisch ist. Konkret bedeutet das, daß die individuellen Übergangswahrscheinlichkeiten z.B. von den jeweils aktuellen Marktanteilen abhängig gemacht werden. Für einen realisierten Prozeß in der Zeit läßt sich anhand der Abbildung 11 ersehen, daß die weitere Entwicklung zu Beginn offen ist. Mit fortdauerndem Wirken der sich verstärkenden Rückkoppelungsprozesse wird ein *Lock-In* immer wahrscheinlicher und ein Umschwenken in die andere Hälfte des Zustandsraumes immer unwahrscheinlicher. Durch eine kritische Phase hindurch (in Abbildung 11 etwa zwischen t=150 bis t=350) wandelt sich die ursprünglich unimodale Wahrscheinlichkeitsverteilung in eine bimodale. Zwei stabile Zustände sind als langfristige Lösung in diesem Szenario wahrscheinlich. Welcher Zustand sich allerdings ausbildet, ist ex ante nicht vorhersagbar. Auf die Diffusion von Innovationen bezogen, kann man diese Zwei-Möglichkeiten-Lösung im Sinne einer vollständigen Adoption oder einer vollständigen Nicht-Adoption deuten. Eine Zwischenlösung im Sinne einer Stagnation, also eines beschränkten Diffusionsgrades, ist dagegen in diesem Szenario nicht zu erwarten. Diese „Dichotomie der Ausbreitungsentwicklung" steht in Übereinstimmung mit empirischen Penetrationsraten von Videotex-Systemen.[51] Bis auf das französische Télétel, das absolut wie relativ – bezogen auf die Anzahl der französischen Haushalte – einen hohen Penetrationsgrad aufweist, weisen die übrigen Systeme einen verschwindend geringen Penetrationsgrad auf. Diese ohnehin schon deutliche „Dichotomie der Ausbreitungsentwicklung" würde noch klarer, wenn die defizitären Systeme von den jeweiligen Telekomgesellschaften nicht weiter subventioniert würden und in Folge aus dem Markt genommen werden müßten.

---

51 Vgl. Schneider, V. (1989), S. 48.

6 Versuch einer Einschätzung des Modellierungsansatzes

Für die Ausbreitungsdynamik von Telediensten spielen – wie anhand des Häufigkeitsabhängigkeits-Effektes gezeigt wurde – die zwischen Mikro- und Makroebene existierenden *nichtlinearen* Interdependenzbeziehungen eine bedeutende Rolle. Mit Auftreten derartiger Nichtlinearitäten verbietet sich eine einfache, z.B. lineare, Aufsummierung der Adoptionsentscheidungen in der Mikroebene zur Erschließung der Diffusionsmuster auf der Makroebene.[52] Die Stärke des Mastergleichungsansatzes ist in der Abbildung der zwischen Mikro- und Makroebene existierenden nichtlinearen Beziehungen zu sehen. Aus dieser Fähigkeit erklärt sich die Leistungsfähigkeit des Ansatzes hinsichtlich der Nachbildung der empirisch beobachtbaren spezifischen Phänomenologie der Diffusionsmuster bei Netzeffektgütern. Der Mastergleichungsansatz trägt hierbei der *Ergebnisoffenheit* von Diffusionsprozessen explizit Rechnung.

Ein weiterer Vorteil ergibt sich hinsichtlich der komplexen und stochastischen Natur des Adoptions- und Diffusionsprozesses. So führen z.B. die Heterogenität des Verhaltens individueller ökonomischer Akteure bei der Informationsaufnahme und -verarbeitung entscheidungsrelevanter Variablen sowie die Vielschichtigkeit der zahlreichen Einflußfaktoren, über deren Wechselwirkungen zudem nur begrenzte Aussagen möglich sind, zu besonderen Anforderungen an die Modellierung. Der grundsätzlich *stochastisch angelegte Formalismus* der Mastergleichung wird dieser Situation im Vergleich zu deterministischen Ansätzen besser gerecht.

Der Mastergleichungsansatz basiert auf *verhaltenswissenschaftlicher Grundlage*. Die Verhaltensänderungen der ökonomischen Akteure werden dabei als dynamisches Entscheidungsproblem explizit modelliert.

Vorteilhaft ist weiterhin die Fähigkeit des Modellansatzes, *mehrere in Konkurrenz stehende Innovationen simultan* zu behandeln. Die Untersuchung derartiger Konstellationen ist von großer Praxisrelevanz, da dieser Fall in vielen realen Situationen auftritt.

Schließlich ergeben sich hinsichtlich der Prognoseproblematik wesentliche Konsequenzen aus dem Modellierungsansatz:

---

52 Vgl. Schelling. T. C. (1978), S. 14.

- Alternativ zur vorherrschenden linearen Extrapolation von Trends oder Funktionsverläufen, die bei der Prognose der Ausbreitung von Telekommunikationsdiensten wiederholt zu erheblichen Schätzfehlern geführt haben, tritt nun das „Denken" in Wahrscheinlichkeitsverteilungen. Hierdurch lassen sich potentielle *Entwicklungspfade* prognostizieren (im Gegensatz zu Schätzungen etwa des Penetrationsgrades zu einem bestimmten Zeitpunkt). Vorteilhaft ist dabei, daß über eine numerische Simulation der Mastergleichung die Wahrscheinlichkeitsverteilung über die möglichen Entwicklungspfade ermittelt werden kann.[53]

- Durch Veränderung der innerhalb der Mastergleichung verwendeten Parameter lassen sich alternative Ausbreitungsszenarien simulieren. Dadurch können ergänzend zur formalen Analyse die Lage und die Sensitivität kritischer Ausbreitungsphasen numerisch bestimmt werden.

Die Anwendung des Mastergleichungsansatzes ist allerdings auch mit Problemen behaftet. Nicht unproblematisch erscheint die in der Literatur – auch jenseits diffusionstheoretischer Fragestellungen – oft verwendete Spezifizierung der Übergangswahrscheinlichkeiten mit Exponentialfunktionen. Zwar sind in der Literatur einige Motivationen zu derartigen Ansätzen zu finden, einige Aspekte sind jedoch noch nicht abschließend diskutiert.[54]

Als nachteilig sind auch die hohen Anforderungen an die zu beschaffenden Daten in Art und Menge zu nennen sowie deren aufwendige rechnerische Behandlung, wenngleich letztere aufgrund der stetig steigenden Leistungsfähigkeit moderner Hard- und Software zunehmend einfacher wird.

Problematisch ist darüber hinaus hinsichtlich der Datenlage die Bestimmung der individuellen oder gruppenspezifischen Übergangswahrscheinlichkeiten, für die mikroskopische Daten benötigt werden. Im speziellen Kontext von Telediensten bedeutet dies, daß auch Daten über „Abspringer" zur Verfügung stehen müssen. „Abspringer" sind Adopter, die die Nutzung eines spezifischen Teledienstes einstellen, etwa weil sie auf einen anderen wechseln. Die Erfahrung zeigt,[55] daß diese Daten nicht ausführlich genug oder gar nicht erhoben wurden und werden.

---

53 Eine explizite, analytische Lösung ist nur in vergleichsweise „einfachen" Fällen möglich. Vgl. hierzu insbesondere Haken, H. (1990).

54 Vgl. Schoder, D. (1995b).

55 Vgl. Schoder, D. (1995b).

Darüber hinaus wäre es für die Bestimmung der Stärke von Netzeffekten hilfreich, Konkretes über den Zusammenhang von z.B. Penetrationsrate und individueller Adoptionswahrscheinlichkeit zu erfahren. Hierzu könnten Fragen der Art *"Würden Sie Teledienst X nutzen, wenn Y% Ihrer Kommunikationspartner diesen Dienst* bereits *verwenden?"* weiterhelfen, die in Fragebögen und bei Feldstudien noch stärker Eingang finden müßten.

Die klassischen (deterministischen) Diffusionsmodelle, insbesondere logistischer Bauart, lassen sich als eine spezielle Klasse von Modellen aus der Mastergleichung ableiten, sofern die Anwendung der Mastergleichungsmodelle auf die Analyse der Mittelwerte beschränkt bleibt.[56] Umgekehrt liefert eine an Wahrscheinlichkeitsverteilungen orientierte Untersuchung, wie sie mit dem Mastergleichungsansatz möglich wird, eine Erweiterung der Betrachtung von Diffusionsprozessen.

Literaturverzeichnis

Allen, D., New Telecommunications services – Network externalities and critical mass, in: Telecommunications Policy, Sept., 1988, S. 257-271

Arthur, W.B., Competing technologies: An overview, in: Dosi, G., Freeman, C., Nelson R., Silverberg, G., Soete, L. (Eds.), Technical Change end Economic Theory, London, 1987, ch. 26, S. 590-607

Arthur, W.B., Competing technologies, increasing returns, and lock-in by historical small events, in: The Economic Journal, Bd. 99, 1989, S. 116-131

Arthur, W.B., Positive Rückkoppelungen in der Wirtschaft, in: Spektrum der Wissenschaft, Heft April 1990, S. 122-129

Banerjee, S., Golhar, D. Y., Electronic data interchange: Characteristics of users and nonusers, in: Information & Management, 26, 1994, S. 65-74

Besen, S. M., Farrell, J., Choosing How to Compete: Strategies and Tactics in Standardization, in: Journal of Economic Perspectives, Vol. 8, No. 2, Spring 1994, S. 117-131

Bouchard, L., Decision Criteria in the Adoption of EDI, in: deGrow, J. J., Bostron, R.F., Robey, D. (Eds.), Proceedings of the Fourteenth International Conference on Information Systems, Dec. 5-8, 1993, Orlando, Florida, S. 365-376

Brockhoff, K., Produktpolitik, 2., erw. Aufl., Stuttgart, New York 1988

---

56 Vgl. Schober, F. (1994); Weidlich, W./Haag, G. (1983), S. 117.

David, P.A., Clio and the Economics of QWERTY, in: American Economic Review, Vol. 75, No. 2, 1985, Papers and Proceedings of the 97th Annual Meeting of the American Economic Association, Dallas, Texas, Dec. 28-30, 1984, S. 332-337

David, P. A., Some New Standards for the Economics of Standardization in the Information Age, in: Dascupta, P., Stoneman, P. (Eds.), Economic Policy and Technological Performance, 1987, S. 206-239

David, P. A., Path-Dependence: Putting the past into the future of economics, in: Technical Report, Nr. 533 of The Economics Series of The Institute For Mathematical Studies in The Social Science, Stanford University, California 1988

David, P.A., Path-Dependence and Predictability in Dynamic Systems with Local Network Externalities: A Paradigm for Historical Economics, Center for Economic Policy Research, Stanford University, California 1991

David, P.A., Bunn, J.A., The Economics of Gateway Technologies and Network Evolution: Lessons from Electricity Supply History, in: Information Economics and Policy, Vol. 3, 1988, S. 165-202

David, P. A., Greenstein, S., The economics of compatibility standards: An introduction to recent research, in: Economics of Innovation and New Technology, Vol.1, 1990, S. 3-41

Erdmann, G., Evolutionäre Ökonomik als Theorie ungleichgewichtiger Phasenübergänge, in: Witt, U., Studien zur Evolutorischen Ökonomik I, Schriften des Vereins für Socialpolitik, Bd. 195/I, S. 135-162, Berlin 1990

Graumann, M., Die Ökonomie von Netzeffektgütern, in: Zeitschrift für Betriebswirtschaft, Heft 12, 63. Jg., 1993, S. 1331-1355

Haag, G., Die Beschreibung sozialwissenschaftlicher Systeme mit der Master Gleichung, in: Individuelles Verhalten und kollektive Phänomene, Ökonomie und Gesellschaft Bd. 8, Frankfurt a.M., u.a.O., 1990, S. 128-179

Haken, H., Synergetik, Eine Einführung, Nichtgleichgewichts-Phasenübergänge und Selbstorganisation in Physik, Chemie und Biologie, 3., erw. Aufl., Berlin u.a.O. 1990

Haken, H., Wunderlin, A., Die Selbststrukturierung der Materie, Synergetik in der unbelebten Welt, Braunschweig 1991

Hamerle, A., Der Event-History-Ansatz zur Modellierung von Diffusions- und allgemein Kaufentscheidungsprozessen, Marketing Zeitschrift für Forschung und Praxis (ZFP), Heft 4, November, 1987, S. 248-256

Hansen, H. R., Wirtschaftsinformatik I, Einführung in die betriebliche Datenverarbeitung, 6., neubearbeitete und stark erw. Aufl., Stuttgart 1992

Hauk, M., Evolutorische Ökonomik und private Transaktionsmedien, Diss., Frankfurt u. a. O. 1994

Hellbrück, R., Synergetik und Marktprozesse, [Diss.], Heidelberg 1993

Hellbrück, R., Schoder, D., Explaining and Forecasting Flops, in: "Proceedings of the Sixth Annual Conference of the International Academy of Business Disciplines", Pittsburgh PA, USA, April 7-10, 1994, S. 594-598

Katz, M. L., Shapiro, C., Network Externalities, Competition and Compatibility, in: American Economic Review, Vol. 75, 1985, S. 424-440

Katz, M. L, Shapiro, C., Systems Competition and Network Effects, in: Journal of Economic Perspectives, Vol. 8, No. 2, Spring, 1994, S. 93-115

Liebowitz, S. J., Margolis, S. E., The Fable of the Keys, in: Journal of Law and Economics, Vol. 33, 1990, S. 1-25

Liebowitz, S.J., Margolis, S. E., Network Externality: An Uncommon Tragedy, in: Journal of Economic Perspectives, Vol. 8, No. 2, Spring 1994, S. 133-150

Mackay, D., Rosier, M., Measuring Organisational Benefits of EDI Diffusion in the Australian Automotive Industry, in: Proceedings of the International Conference on Information Technology (ICIT) 1994, August 9-12, 1994, Kuala Lumpur, Malaysia, S. 415-433

Reichwald, R., Kommunikation, in: Bitz, M. et al.(Hrsg.), Vahlens Kompendium der Betriebswirtschaftslehre, Bd. 2, 2. überarbeitete und erw. Aufl., München 1990

Rogers, E. M., Communication Technology: The new media in society, New York 1986

Röhner, F., Die Dynamik komplexer Systeme: Synergetik als Beschreibungsmethode, in: Langenheder, W., Müller, G., Schinzel, B. (Hrsg.), Informatik cui bono?, Tagungsband zur GI-FB8 Fachtagung in Freiburg, 23.-26. Sept. 1992, S. 226-231

Schelling, T.C., Micromotives and Macrobehaviour, New York 1978

Schober, F., Persönliches Gespräch und Mitschrift, Freiburg 1994

Schoder, D. (1995a), Diffusion von Netzeffektgütern – Modellierung auf Basis des Mastergleichungsansatzes der Synergetik, in: Marketing Zeitschrift für Forschung und Praxis, Heft 1/1995

Schoder, D. (1995b), Diffusion von Telekommunikationsdiensten, Phänomenologie und Erklärung, Diss., Univ. Freiburg

Schoder, D., Hellbrück, R., Telematic Innovations - Why do Some Fail and Some Not? Conclusions for Marketing, in: Proceedings of the International Conference on Information Technology (ICIT) 1994, August 9-12, 1994, Kuala Lumpur, Malaysia, S. 399-414

Schoder, D., Hellbrück, R., Stimulating the Diffusion of EDI, akzeptiertes Konferenzpapier, 1995

Stahlknecht, P., Einführung in die Wirtschaftsinformatik, 6., völlig überarbeitete und erw. Aufl., Berlin 1993

Stoetzer, M.-W. [unter Mitarbeit von Ruppert, W., Schedl, H.], Der Einsatz von Mehrwertdiensten in bundesdeutschen Unternehmen: Eine empirische Bestandsaufnahme, Wissenschaftliches Institut für Kommunikationsdienste (WIK), Diskussionsbeitrag Nr. 116, Bad Honnef, September, 1993

Veblen, T. B., The Theory of the Leisure Class, An Economic Study of Institutions, New York 1899

Weiber, R., Diffusion von Telekommunikation: Problem der kritischen Masse, nbf neue betriebswirtschaftliche forschung 101, Habil.-Schrift (Univ. Münster), Wiesbaden 1992

Weidlich, W., Synergetische Modelle für eine quantitative Sozialwissenschaft, in: Esser, H., Troitzsch, K.G. (Hrsg.), Modellierung sozialer Prozesse, Bonn, 1991, S. 483-503

Weidlich, W., Haag, G., Concepts and Models of a Quantitative Sociology, Berlin, Heidelberg, New York 1983

Witt, U., Eine individualistische Theorie der Entwicklung ökonomischer Institutionen, in: Jahrbuch für Neue Politsche Ökonomie, Bd. 7, 1988, S. 72-93

Witt, U., Reflections on the Present State of Evolutionary Economic Theory, in: Hodgson, G., Screpanti, E. (Eds.), Rethinking Economics: Markets, Technology, and Economic Evolution, Aldershot, 1991, S. 83-102

Witt, U., Wirtschaft und Evolution, Einige neuere theoretische Entwicklungen, in: WiSt, Heft 10, Oktober 1994, S. 503-512

Woeckener, B. (a), Innovationskonkurrenz bei Netzwerk-Externalitäten und beschränkter Information, vorgelegt für das Seminar „Evolutorische Ökonomik“, Freiburg

Woeckener, B. (b), Zur Relevanz der Mastergleichung für die Modellierung ökonomischer Prozesse, in: Jahrbuch für Nationalökonomie und Statistik, Bd. 210/5-6, 1992, S. 412-426

Wunderlin, A., Konsequenzen der Synergetik für soziale Systeme, in: Rehm, W., Welsch, H., Faix, W. (Hrsg.), Synergetik, Selbstorganisation als Erfolgsrezept für Unternehmen, ein Symposium der IBM, Ehningen bei Böblingen, 1993, S. 45-64

5

Abstimmungsprobleme bei branchenübergreifenden Telematikanwendungen als kritischer Faktor für die Diffusion der Datenfernübertragung

Herbert Kubicek und Kai Reimers

1 Einleitung

Seit den 70er Jahren wird im Hinblick auf die weitere Entwicklung der Telekommunikation ein Anstieg des Anteils der Datenfernübertragung prognostiziert. In keinem anderen Bereich ist die tatsächliche Entwicklung jedoch so weit hinter den Prognosen zurückgeblieben. In diesem Beitrag soll gezeigt werden, daß diese Fehlprognosen nicht nur auf das allgemeine Problem der Ungewißheit über zukünftige Entwicklungen zurückzuführen sind (vgl. Werle 1994), sondern daß sie auf einer systematischen Fehleinschätzung der Diffusionsdynamik von Datenfernübertragungsdiensten beruhen. In einem ersten allgemeinen Teil wird argumentiert, daß die in der ökonomischen Theorie für das Fernsprechnetz entwickelten Begriffe und Konzepte (v.a. kritische Masse und positive Netzwerkexternalitäten) nicht auf Datenfernübertragungsdienste übertragbar sind, sondern daß diese ganz anderen Gesetzmäßigkeiten unterliegen. Als Hauptproblem erweist sich die Abstimmung einer Reihe von Elementen von Telematikanwendungen, die weit über die technische Standardisierung hinausgehen. In einem zweiten Teil wird die Problematik bei derartigen Abstimmungen an vier Beispielen illustriert. Im dritten und abschließenden Teil wird für einen Paradigmenwechsel plädiert, der den traditionellen Dienstebegriff auflöst in einzelne Anwendungen einerseits und anwendungsunabhängige Netzdienstleistungen andererseits.

2 Das Versagen der neoklassischen ökonomischen Theorie bei der Prognose von Datendiensten

2.1 Fehlprognosen bei der Datenfernübertragung

Seit den 70er Jahren wird die Datenfernübertragung als der größte Wachstumsbereich innerhalb der Telekommunikation herausgestellt. So ging z.B. Mitte der 80er Jahre das Bundespostministerium davon aus, daß Ende der 90er Jahre 80% aller Büroarbeitsplätze an 'Mehrdiensteeinrichtungen', d.h. an nonverbaler technischer Kommunikation interessiert sein werden (BPM 1986, S. 24). Angesichts des tatsächlichen wertmäßigen Anteils 'non-verbaler' Kommunikation (d.h. Daten- und Textübertragung) am gesamten Telekommunikationsmarkt von 5,4% (1993) mutet diese Einschätzung als, milde formuliert, naiv an (vgl. Schwab 1995). Schon im Zusammenhang mit der Einführung des elektronischen Vermittlungssystems EWS und dem Aufbau des IDN Anfang der 60er Jahre wurde prognostiziert, daß der Umfang des Datenverkehrs den des Fernsprechverkehrs innerhalb von 10 Jahren übersteigen würde (vgl. Scherer 1985, S. 368f; Gottschalk 1989, S. 20f). Mit dem Bildschirmtextdienst sollte das Fernsprechnetz für die Datenübertragung für jedermann nutzbar gemacht werden. Aufbauend auf einem äußerst komplexen Verhaltensmodell hatte Hechteljen 1985 für das Jahr 1990 mindestens 710.000 Btx-Anschlüsse prognostiziert. In seinem optimistischen Szenario kommt er auf 1,8 Millionen (Weigand 1993, S. 30). Tatsächlich gab es 1990 260.000 Teilnehmer (Kubicek u.a. 1994, S. 358).

Mit der gleichen Erwartung wurden die Spezialnetze Datex-P und Datex-L errichtet, die nie eine auch nur annähernde Kostendeckung erreicht haben und auch nicht erreichen werden. Und schließlich wurde auch die Umrüstung des gesamten Fernsprechnetzes auf den ISDN-Standard mit dem erwarteten Anstieg der Datenfernübertragung begründet (Kubicek und Berger 1990, S. 53-56). Die hochfliegenden Erwartungen, daß bald Millionen von Computern über Datenfernübertragungsdienste miteinander verbunden werden könnten, fanden in der Wortschöpfung Telematik ihren Niederschlag. Durch das technische Zusammenwachsen von Telekommunikation und Informatik sollten integrierte Systeme entstehen, in denen z.B. Bestellungen, Buchungen, Rechnungen u.a. von jedem Computer über Telekommunikationsdienste ohne sogenannten Medienbruch an jeden anderen angeschlossenen Computer übertragen und dort automatisch bearbeitet werden können.

Es muß hier nicht näher ausgeführt werden, wie sehr die Prognosen für die Entwicklung der Datex-Dienste und das ISDN über die tatsächliche Entwicklung hinausgingen. Alle Datenübertragungsdienste einschließlich des ISDN bringen es heute erst auf knapp 2,4% der Fernsprechanschlüsse. Der Fernsprechdienst selbst hat trotz mehrfach prognostizierter Sättigung ständig einen größeren jährlichen Zuwachs in absoluten Zahlen als alle Datendienste zusammen. Und das Wachstum der Telefaxanschlüsse und Mobilfunkanschlüsse liegt auch deutlich über dem der Datenübertragungsanschlüsse (Kubicek u.a. 1994, S. 358, Schwab 1995).[1]

Vor allem die Tatsache, daß die Prognosen für die Datendienste weitaus zu hoch, für Telefax hingegen viel zu niedrig ausgefallen sind (Kubicek und Berger 1990, S. 55), läßt es geboten erscheinen, nach systematischen Ursachen zu suchen. Diese liegen nach der hier vertretenen Auffassung in *technologischen Unterschieden* zwischen diesen Diensten, die in der ökonomischen Analyse der Telekommunikation bisher nicht hinreichend erkannt oder zumindest nicht berücksichtigt worden sind. Bevor die Implikationen dieser mangelnden Differenzierung für die Diffusion von DfÜ-Diensten untersucht werden, sollen im folgenden Abschnitt zunächst die den Prognosemodellen zugrundeliegenden theoretischen Annahmen kritisch diskutiert werden.

2.2 Zur Tragfähigkeit der theoretischen Grundannahmen ökonomischer Analysen

Neoklassisch orientierte Ökonomen suchen nach möglichst universellen Gesetzmäßigkeiten, die sie am liebsten in Kurven und Gleichungen darstellen. Einige streiten sich noch darüber, ob und wie sich Telekommunikationsdienste

---

1 Als Datenübertragungsdienste werden hier alle Anschlüsse der folgenden Dienste gezählt: Datex-P-, Datex-L- und Datex-J (Btx) sowie ISDN (nur Basisanschlüsse). Nach Aufgabe des Modemmonopols wird die Datenübertragung via analogem Telefonnetz nicht mehr statistisch erfaßt. Datendirektverbindungen (Hauptanschluß für Direktruf) werden seit 1991 nicht mehr statistisch erfaßt.

von anderen Gütern unterscheiden. Überwiegend hat sich jedoch die Auffassung durchgesetzt, daß Telekommunkationsdienste 'Systemgüter' (Weiber 1992, sowie seinen Beitrag in diesem Band), oder 'Netzeffektgüter' (Wiese 1990) sind, die besonderen Gesetzmäßigkeiten unterliegen. Insbesondere wird angenommen, daß der Nutzen eines Anschlusses von der Anzahl der darüber erreichbaren potentiellen Kommunikationspartner abhängt und in den Teilnehmer- bzw. Anschlußzahlen zum Ausdruck kommt (z.B. Katz und Shapiro 1985, Farrell und Saloner 1985, Allen 1988, Noam 1991, David und Bunn 1988, David und Steinmüller 1990). Weil zunächst die Anschlußzahlen niedrig sind, ist auch die Nachfrage gering. Wenn jedoch eine *kritische Masse* erreicht wird, steigt die Nachfrage stark an. Die positive Abhängigkeit des individuellen Nutzens von der Teilnahme (bzw. dem Kauf) durch weitere Akteure wird in der ökonomischen Theorie als *positive Netzwerkexternalität* bezeichnet.

Die Annahme positiver Netzwerkexternalitäten führt jedoch bei konsequenter Annahme zu Resultaten, die selbst für Neoklassiker schwer verdaulich sind. Die Nachfrage und damit der Preis würde mit der Zahl der Teilnehmer zunehmen, der Ausbreitungsverlauf eines Telekommunikationsdienstes folgte einer Exponentialfunktion (vgl. Abbildung 1).[2] Theoretisch stringent hat deshalb Markus (1987) die 'Alles-oder-nichts-These' in bezug auf die Ausbreitung neuer Telekommunikationsdienste entwickelt. Danach breiten sich neue Telekommunikationsdienste entweder mit steigenden Wachstumsraten solange aus, bis das Wachstum an der Sättigungsgrenze abrupt abbricht (logistisches Wachstum), oder aber die Zahl der Teilnehmer fällt nach anfänglichem Anstieg tendentiell wieder auf Null zurück, wenn die kritische Masse nicht erreicht wurde (Markus 1987, S. 499f, vgl. Abbildung 1). Dieses Ergebnis stimmt aber offensichtlich nicht mit den empirisch beobachteten Ausbreitungsverläufen neuer Telekommunikationsdienste überein. Vielmehr folgt der Diffusionsverlauf von Telekommunikationsdiensten einer S-förmigen Kurve wie der aller anderen Innovationen auch (vgl. z.B. Weigand 1993, von Pattay 1994; vgl. zur Diffusionstheorie allgemein Rogers 1983).

---

2 Vgl. zu einer Diskussion der Implikationen positiver Netzwerkexternalitäten für die neoklassische Wirtschaftstheorie Allen 1988.

Abbildung 1: Unterschied zwischen einer logistischen und einer exponentiellen Wachstumskurve

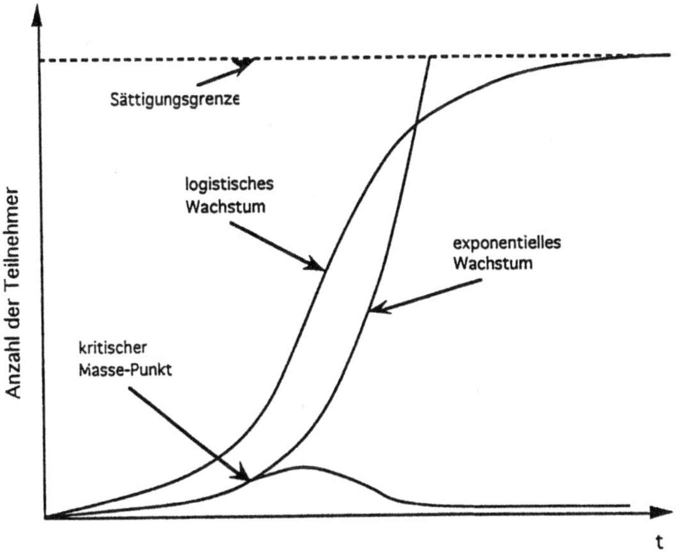

Dies hat dazu geführt, daß explizit oder stillschweigend die klassische Diffusionstheorie mit ihrem Zentralmodell der S-förmigen Diffusionskurve mit der Theorie kritischer Massen gleichgesetzt wurde, obwohl beide auf vollkommen unterschiedlichen theoretischen Grundannahmen beruhen. Während die klassische Diffusionstheorie die Ausbreitung von Epidemien als Paradigma verwendet, indem ein Adoptor einer Innovation weitere Individuen (mindestens zwei) zur 'Adoption' der Innovation durch z.B. Informations- und Erfahrungsaustausch bewegt ('ansteckt'), soll gemäß der Theorie der kritischen Massen der Nutzen jedes Individuums mit der Teilnahme weiterer zunehmen. Weil die Chancen, Nicht-Adoptoren anzutreffen, mit der Zahl der Adoptoren sinken, statistisch also immer weniger Nicht-Adoptoren 'angesteckt' werden können, gibt es einen Wendepunkt auf der Ausbreitungskurve einer Innovation, jenseits dessen die Wachstumsraten wieder abnehmen. Aus der Theorie kritischer Massen mit ihrer Grundannahme positiver Netzwerkexternalitäten folgen jedoch kontinuierlich steigende Wachstumsraten. Gemäß dieser Theorie dürfte es also keinen Wendepunkt auf der Diffusionskurve geben (vgl. Abbildung 1). Beide Theorien sind also nicht kompatibel. Dennoch werden sie miteinander verbunden (vgl. z.B. den Beitrag von Rogers in diesem Band). Von Pattay führt die Form der logistischen Diffusionskurve (S-Form) sogar auf positive Netzwerkexternalitäten zurück und grenzt diese von einem rein degressiven Verbreitungsverlauf herkömmlicher Individualgüter (in diesem Fall Fernsehen) ab (von Pattay 1994, S. 99f).[3]

Diese implizite Verbindung von kritischer-Masse-Theorie und klassischer Diffusionstheorie hat jedoch den Vorteil, daß einerseits der vorhergesagte Diffusionsverlauf gut mit dem empirisch beobachteten übereinstimmt (wie z.B. von von Pattay (1994) nachgewiesen wurde), andererseits ein positiver Feedback-Mechanismus in das Modell eingebaut werden kann, der, sofern die kritische Masse einmal erreicht wurde, ein selbstverstärkendes Wachstum prognostiziert. Bei der Einführung eines neuen Telekommunikationsdienstes kommt es demnach nur darauf, durch z.B. Preis- und andere Marketingpolitiken die kritische Masse zu erreichen, die in der Regel auf 10-25% einer 'Population' veranschlagt wird (Rogers 1986, S. 118). Jenseits dieser Grenze sorgt die Mechanik positiver Netzwerkexternalitäten für eine automatische Ausbreitung bis zur Sättigungsgrenze.[4]

Diese, aus theoretischer Sicht unbefriedigende Allianz der Theorien findet sich z.B. in einer Marktpotentialstudie über den neuesten Hoffnungsträger der Telekommunikationsindustrie, Multimedia, wieder. Das Beratungsunternehmen Booz, Allen & Hamilton verwendet als "Analogie" für die Ausbreitung von Multimediadiensten die Diffusion des Telefax-Dienstes, aus dessen Diffusionsverlauf sie eine kritische Masse von 30% ableiten. Dementsprechend prognostizieren sie eine "rasche Marktdurchdringung", sofern die kritische Masse für Multimediadienste erreicht ist (Booz, Allen und Hamilton 1993, S. 46f).

Das Scheitern der auf diesen theoretischen Annahmen aufbauenden Prognosemodelle erscheint uns noch der geringste negative Effekt der unglücklichen Allianz aus kritischer-Masse-Theorie und klassischer Diffusionstheorie zu sein. Gravierender ist vielmehr, daß sich die resultierende Diffusionstheorie durch die Verschmelzung der beiden Theoriestränge gegen eine Falsifizierung immunisiert hat. Wenn die Prognose eines neuen Telekommunikationsdienstes scheitert, kann dies immer darauf zurückgeführt werden, daß das Marktpotential und

---

3 Oliver et al. (1985) haben vorgeschlagen, neben der logistischen Diffusionskurve zwei weitere Ausbreitungsmuster zu unterscheiden: solche mit akzelerativen und solche mit degressiven Wachstumsraten. Dieser Vorschlag wurde im Zusammenhang mit der Telekommunikationsforschung unseres Wissens nach bisher nur von Markus (1987) und von Ritz (1994) aufgegriffen.

4 Eine sehr viel vorsichtigere Position nimmt Allen (1988) ein, indem er annimmt, daß positive Netzwerkexternalitäten nur am Beginn der Ausbreitung eines neuen Telekommunikationsdienstes bedeutsam sind. Er schlußfolgert dementsprechend: "That indicates, why we should not expect to find evidence of network externalities in data from a mature system." (Allen 1988, S. 257).

damit die kritische Masse falsch eingeschätzt wurde. Umgekehrt kann das Scheitern eines neuen Telekommunikationsdienstes auf das Nicht-Erreichen der kritischen Masse zurückgeführt werden. So können also weder die Prognosemodelle verbessert noch die Einführungspolitiken eines neuen Dienstes angepaßt werden.

Das Scheitern der Datenübertragungsdienste wie der auf sie bezogenen Prognosen hat also weder Theoretiker noch Praktiker bislang zu einem Umdenken in bezug auf die Grundannahmen, positive Netzwerkexternalitäten und kritische Masse, angehalten. Diese Annahmen, so die These dieses Beitrages, müssen jedoch grundsätzlich revidiert werden, wenn sich unser theoretisches Verständnis der Diffusion neuer Telekommunikationsdienste und die Wirksamkeit praktischer Telekommunikationspolitik verbessern soll.

2.3 Implikationen der fehlenden Differenzierung bei verschiedenen Telekommunikationsdiensten

Die Ausbreitung des Telefonnetzes dient in der Regel als historische Matrix für die Untersuchung neuer Telekommunikationsdienste. Auch erscheint hier die Annahme positiver Netzwerkexternalitäten intuitiv besonders plausibel.[5] Das Fernsprechnetz bzw. der Fernsprechdienst eignet sich jedoch als generelles Modell für neue Telekommunikationsdienste deswegen nicht, weil er von allen Telekommunikationsdiensten den geringsten Abstimmungsaufwand erfordert und die für den Fernsprechdienst notwendigen Abstimmungen unter den bisherigen ordnungspolitischen Rahmenbedingungen auch noch außerordentlich einfach zu organisieren waren. Um mit anderen telefonieren zu können, braucht man ein Telefon, das an das Fernsprechnetz angeschlossen werden kann. Zwischen Endgeräten und dem Netz müssen Übertragungsverfahren und Signalisierung abgestimmt und es muß ein bestimmtes Nummernsystem für den Verbindungsaufbau zugrundegelegt werden. Dann ist die Nutzung des Dienstes mit Plug-and-play-Technik möglich. Wenn der angerufene Teilnehmer die gleiche Sprache wie der Anrufende spricht, kann jener sich verständlich machen. Wenn man eine andere Person sprechen will, kann man darum bitten, diese zu rufen. Wenn es Störungen wie Rauschen und Knacken gibt und ein Wort nicht verstanden wurde, kann man nachfragen. Kurz gesagt: Das Netz stellt einen Kommunikationskanal zur Verfügung, die Kommunikation selbst als Austausch

---

5 Vgl. zu einer kritischen Auseinandersetzung mit dieser These in bezug auf Telekommunikationsnetze Reimers 1995, S. 64ff

von Nachrichten erfolgt zwischen den Nutzern dieses Kanals nach im wesentlichen denselben Regeln wie die direkte zwischenmenschliche Kommunikation. Das Gelingen der Kommunikation hängt nicht von technischen Normen, sondern von kulturellen Normen ab.

Mit der Automatisierung des Kommunikationsprozesses selbst entsteht die Notwendigkeit, diese kulturell entstandenen Normen in technische Normen zu transformieren. Während also für die Errichtung eines technischen Kommunikationskanals (z.B. Fernsprechnetz) die Normung der technischen Geräte ausreichend ist, um einen Verständigungsprozeß zu ermöglichen, muß bei der technischen Kommunikation der Kommunikationsprozeß selbst standardisiert werden. Dies läßt sich beispielhaft durch eine Reihe verschiedener Telekommunikationsanwendungen demonstrieren, die sich durch einen zunehmenden Automatisierungsgrad voneinander unterscheiden (vgl. Abbildung 2).

Abbildung 2: Abstimmungserfordernisse unterschiedlicher Telekommunikationsanwendungen

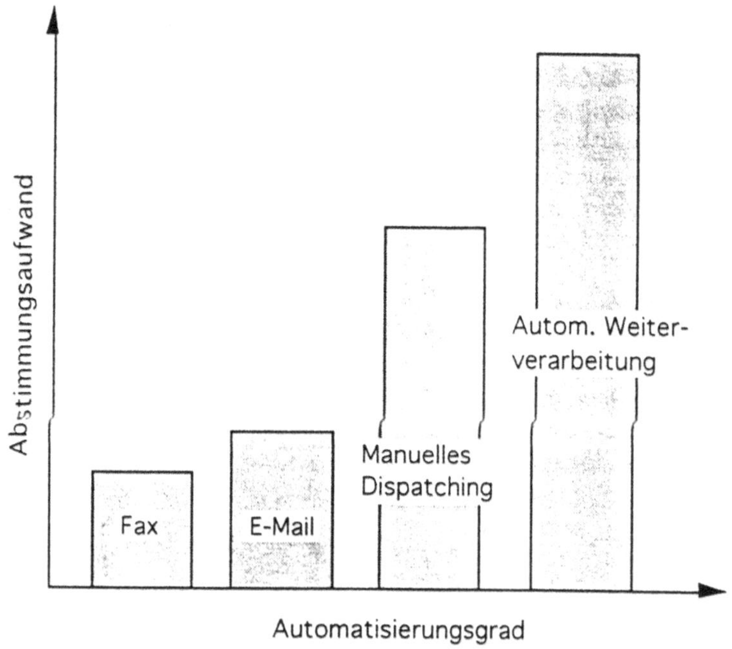

Der *Telefaxdienst* überträgt das Prinzip der mündlichen Telekommunikation auf die schriftliche Telekommunikation. So wie die gesprochenen Worte werden hier Helligkeitsunterschiede auf Papier in elektrische Schwingungen umgewandelt, übertragen und wieder rekonstruiert. Ob diese schwarzen und weißen Punkte für den Leser hinter dem empfangenden Gerät Sinn machen, liegt außerhalb der technischen Funktionalität. Ein erfolgreicher Kommunikationsprozeß hängt also wie beim Fernsprechdienst von den jeweiligen kulturellen und sozialen (einschließlich rechtlichen) Normen ab, in die der Kommunikationsprozeß eingebettet ist.

Auf der nächsten Stufe der Automatisierung läßt sich die elektronische Post (*E-Mail*) lokalisieren. Wie auch beim Telefaxdienst reicht hier eine Abstimmung auf der Ebene der technischen Geräte für einen erfolgreichen Kommunikationsprozeß aus. Die Nachrichten werden, mit Ausnahme der Adressdaten, unstrukturiert, in der Sprache der Informatik 'transparent' übertragen. Die Interpretation der empfangenen *Nachrichten* erfolgt durch den Menschen. Im Unterschied zum Telefaxdienst müssen hier jedoch die zu übertragenden *Zeichen* von den technischen Sende- und Empfangsgeräten wieder rekonstruiert und auf z.B. einem Bildschirm dargestellt werden können. Dazu ist eine Standardisierung der übertragbaren Zeichen in der verwendeten Software erforderlich, wodurch bereits ein wichtiger Teil kultureller festgelegter Normen (die Schrift) in technische Normen transformiert werden muß (asiatische Schriftsysteme, sofern sie nicht auf arabischen Buchstaben aufbauen, lassen sich z.B. nicht darstellen). Die Software beinhaltet darüber hinaus einige Leistungsmerkmale wie etwa das Anfordern einer Quittung. Diese müssen zwischen verschiedenen Produkten abgestimmt werden.[6]

Eine grundlegend andere Situation ergibt sich, wenn das empfangende System ein Anwendungsprogramm ist, das z.B. Bestellungen oder Rechnungen automatisch verarbeiten soll. Das empfangende technische System muß hier im Unterschied zum E-Mail nicht nur die übertragenen Zeichen in einer definierten Art und Weise wiedergeben, sondern Zeichenketten inhaltlich zuordnen können, da die Bedeutungszuweisung an die Struktur von Zeichenketten geknüpft ist. Die Struktur solcher Zeichenketten wird als Datenformat bezeichnet. Z.B. kann es eine Zeichenkette geben, die besagt, daß alle folgenden Zeichenketten bis zu einem bestimmten Endzeichen als Bestandteile einer Rechnung zu interpretieren sind. Aus dieser Interpretation ergibt sich dann eine bestimmte erwartete

---

6 Dafür gibt es seit 1984 eine technische Norm (X.400, vgl. Höller 1993), die von dem entsprechenden Microsoft-Produkt jedoch nicht eingehalten wird.

Struktur der Zeichenketten, die zu einem Rechnungsdatensatz gehören. Bei der Kommunikation von Anwendungsprogrammen kann sich eine menschliche Intervention z.B. für Kontrollzwecke noch als nötig erweisen (*manuelles Dispatching*). Für eine vollkommene Automatisierung muß die Bedeutung *aller* Elemente der übertragenen Zeichenketten maschinell erkannt werden. (*automatische Weiterverarbeitung*). Beide Varianten dieser Anwendung der Datenfernübertragung werden als elektronischer Geschäftsverkehr (Picot, Neuburger und Niggl 1991 und 1992) bzw. Electronic Data Interchange (Swatman und Swatman 1992) bezeichnet. Gerade von dieser Anwendung erhofft man sich eine deutliche Belebung der Nachfrage nach Telekommunikationsdienstleistungen.[7] Der Abstimmungsaufwand für diese Anwendung ist jedoch im Vergleich zu den zuvor diskutierten Telekommunikationsanwendungen unvergleichlich höher. Dies soll im folgenden anhand des bekannten ISO[8]/OSI[9]-Modells verdeutlicht werden.

Vor allem um der früheren Dominanz von IBM im Bereich der Großcomputer und deren Vernetzung entgegenzuwirken, haben europäische Computerindustrie und Informatik das OSI-Referenzmodell entwickelt, das die insgesamt für eine Datenfernübertragung abzustimmenden Elemente in sieben Schichten untergliedert, für die dann arbeitsteilig Protokolle entwickelt werden können.[10] Die untersten vier Schichten werden transportorientiert genannt und behandeln die physischen Eigenschaften der Verbindung sowie Vermittlungsfunktionen. Die oberen drei Schichten werden zwar als anwendungsorientiert bezeichnet. Aber selbst die oberste, die sogenannte Anwendungsschicht, behandelt keine Anwendungen im inhaltlichen Sinne wie z.B. Rechnungsabwicklung oder Reisereservierung. In Abbildung 3 ist ein weiterentwickeltes Schichtenmodell wiedergegeben das zeigt, was insgesamt für eine Rechner- und Datenkommunikation im Sinne der automatischen Kommunikation, d.h. Anwendungsintegration abgestimmt werden muß.

---

7 Vgl. die im Rahmen des TEDIS-Programmes der EU zur Förderung von EDI-Anwendungen in Europa erstellte 'Study on EDI & ISDN' (F&L European Telecommunications Consultants and XCOMS International 1993).

8 International Organization for Standardization.

9 Open Systems Interconnection.

10 Vgl. ausführlich zur Darstellung der Norm Höller 1993, zur Analyse des Normungsprozesses Genschel 1994.

Abbildung 3: Erweitertes Schichtenmodell der Datenkommunikation

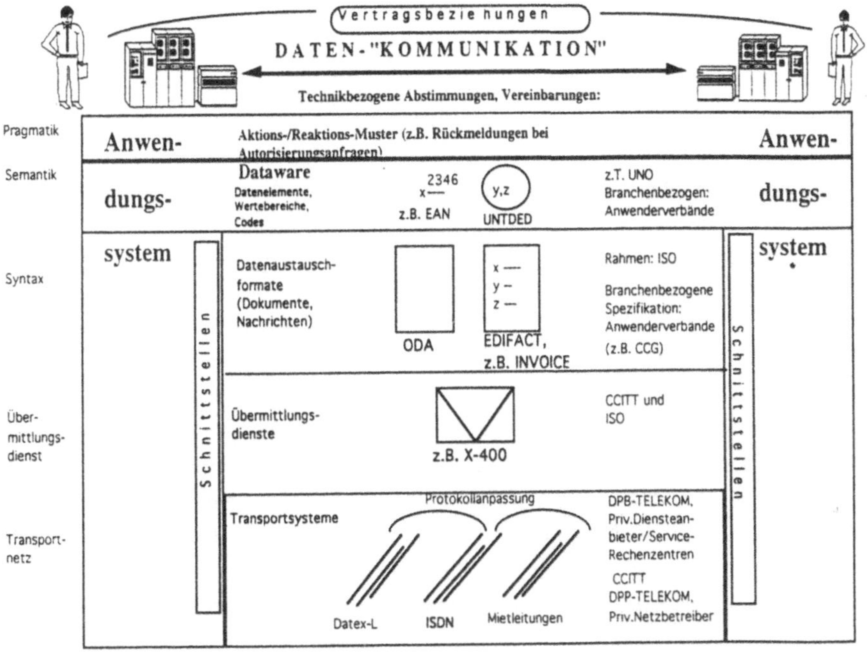

Die traditionellen Telekommunikationsdienste wie der Fernsprechdienst, Datex-L oder auch der ISDN-Standard bewegen sich auf den unteren drei Ebenen des OSI-Referenzmodells und sind hier als Transportsysteme zusammengefaßt. Darauf muß ein Übermittlungsdienst aufsetzen, der eine Funktion ähnlich der Briefpost erfüllt. Die Software aller erreichbaren Rechner muß Mitteilungen definieren und erkennen und insbesondere Adressen lesen und zuordnen. Dies tun E-Mail-Systeme, für die es internationale Standards gibt (z.B. X.400). E-Mail-Software ermöglicht jedoch, wie oben gezeigt, keine inhaltliche Interpretation der Nachrichten. Typen von Nachrichten wie z.B. Bestellung oder Rechnung und deren formale Struktur werden in sogenannten Datenaustauschformaten festgelegt. Dies geschieht zum größten Teil jedoch nicht mehr in den technischen Standardisierungsgremien der ISO, sondern in einer eigens geschaffenen internationalen EDIFACT[11]-Organisation sowie auf nationaler Ebene in Branchenverbänden und anderen Organisationen.

---

11 Electronic Data Interchange for Administration, Commerce and Transport (vgl. DIN 1994).

Aber auch der EDIFACT-Standard für z.B. eine Bestellung stellt noch nicht sicher, daß diese auch automatisch bearbeitet werden kann, weil für einzelne Nachrichtenbestandteile nur die Zeichenlänge und ein Code-Schlüssel festgelegt wird. Bei einzelnen Datenfeldern wie Datum, Stückzahl oder Preis kann auf übliche Codes zurückgegriffen werden. Für die Artikelbezeichnung, die für Bestellungen das wichtigste Datenfeld darstellt, müssen jedoch entsprechende Codes vereinbart werden. Eine unternehmensübergreifende Abstimmung solcher Codes ist erst in einigen wenigen Branchen gelungen. In der Praxis dominieren hier bilaterale Vereinbarungen, was die Komplexität des Abstimmungsprozesses belegt.

Schließlich müssen gerade bei einem hohen Automatisierungsgrad der Datenkommunikation Aktions- und Reaktionsmuster vereinbart werden, die z.B. festlegen, in welcher Form ein Lieferant auf eine eingehende Bestellung reagieren soll (Lieferung mit oder ohne Auftragsbestätigung) oder wie auf unvollständige bzw. fehlerhafte Nachrichten zu reagieren ist (Benachrichtung des Senders erforderlich? In welchem Zeitraum?). Diese Verhaltensmuster sind häufig in den allgemeinen Geschäftsbedingungen eines Unternehmens geregelt, z.T. auch branchenweit. In bezug auf den elektronischen Geschäftsverkehr haben sich jedoch noch keine anerkannten Verhaltensnormen entwickelt. Als ein erster Ansatz hierzu kann der EDI-Rahmenvertrag gesehen werden, der von der EU entwickelt wurde (vgl. Seidel 1994, Kilian 1994, Kilian et al. 1994). Auf dieser pragmatischen Ebene ist jedoch eine Standardisierung am wenigsten zu erwarten, da einerseits die Geschäftsgewohnheiten der einzelnen Branchen sehr unterschiedlich sind, andererseits das jeweils sich herausbildende Aktions- und Reaktionsmuster Ausdruck individueller Geschäftsbeziehungen ist, die sich im Zeitverlauf ändern können und in denen Vertrauen eine große Rolle spielt (vgl. z.B. Lundvall 1990).

2.4 Entstehungsmuster von Datenübertragungsdiensten: Das Phänomen geschlossener Anwendergruppen

Das Ausmaß der Produktivitätssteigerung, die der Datenfernverarbeitung in der Regel zugeschrieben wird, hängt davon ab, bis zu welchem Grad die Weiterverarbeitung der eingehenden Daten automatisiert werden kann, und dies hängt wiederum davon ab, wieviele der in Abbildung 3 unterschiedenen Schichten zwischen den beteiligten Datenverarbeitungssystemen abgestimmt sind. Um den maximalen Rationalisierungsgewinn zu erzielen, ist eine Abstimmung über alle vier Ebenen hinweg erforderlich. Dabei sind die unteren beiden Ebenen die am wenigsten kritischen, da die erforderlichen Standards in die technischen Kommunikationsgeräte integriert werden können, weshalb die Standardisierung durch die Hersteller dieser Geräte möglich ist. Die Abstimmung auf den höheren Ebenen der Datenkommunikation greift jedoch in das sozio-technische System der Anwender in einem sehr viel stärkeren Ausmaß ein. Die Datenaustauschformate und inhaltlichen Datenstandards können deshalb weder von den etablierten Normungsgremien noch von den großen Computerherstellern festgelegt werden. Das Abstimmungsproblem muß also auf andere Weise gelöst werden. Im wesentlichen kommen hierfür zwei Wege in Frage.

(1) *Ein* Anwender definiert die Austauschformate und Schlüssel und versucht, seine Geschäftspartner zur Übernahme dieses (proprietären) Formates zu bewegen. Wenn dieser Anwender ein starkes Interesse an der Datenkommunikation mit seinen Geschäftspartnern hat, stellt er ihnen die Software und vielleicht sogar die Terminals kostenlos zur Verfügung. Beispiele dafür sind im Pharmaziegroßhandel oder bei Flugreservierungssystemen zu finden. Wenn der Anwender eine große Marktmacht hat, kann er seine Lieferanten oder Abnehmer zwingen, seinen Standard zu übernehmen. Dies ist z.B. in der Automobilindustrie der Fall. Große Teilnehmerzahlen entstehen so jedoch nicht.

(2) Wenn die Interessenlage nicht so eindeutig und die Marktmacht weniger konzentriert ist, kommt es entweder zu konkurrierenden Standards, oder es wird ein Weg gefunden, über Wirtschaftsverbände oder andere Mittler ein bestimmtes Datenaustauschformat unternehmensübergreifend zu definieren und durchzusetzen. Beispiele hierfür finden sich in der Konsumgüterwirtschaft (vgl. Kubicek 1993a) oder der Textilindustrie (Reimers 1995).

Solche branchenbezogenen Standards existieren schon seit längerer Zeit und sollten durch den branchenunabhängigen internationalen Standard EDIFACT abgelöst werden, um den Nutzen der Datenkommunikation durch Vermeidung inkompatibler Systeme zu erhöhen (vgl. Picot, Neuburger und Niggl 1992). Dieser Standard hat sich aber entweder gegen die etablierten branchenbezogenen Standards nicht durchgesetzt, oder aber die verschiedenen branchenweiten Standards werden im Rahmen des EDIFACT-Standards als sogenannte EDIFACT-Subsets wieder reproduziert (vgl. Monse, Kubicek und Reimers 1993).

Aber auch dort, wo es branchenbezogene Standards für die Datenkommunikation gibt, ist deren Existenz für viele Unternehmen noch kein hinreichender Grund für eine Teilnahme an einer entsprechenden Telekommunikationsanwendung. Die Datenkommunikation ist nicht einfach eine effiziente Form der Telekommunikation, an der alle Teilnehmer gleichmäßig profitieren. Vielmehr verteilen sich die durch Automatisierung der Unternehmenskommunikation erzielbaren Rationalisierungsgewinne äußerst unterschiedlich auf die Teilnehmer einer solchen Anwendung. In den meisten Fällen tritt der Rationalisierungseffekt bei dem Empfänger elektronischer Nachrichten ein, während die Kosten der Datenkommunikation (Übertragungsgebühren, Installation von Hard- und Software, Datenerfassung) vom Absender zu tragen sind. Entsprechend der Verteilung von Rationalisierungsgewinnen einerseits und Marktmacht andererseits werden die Abstimmungsprozesse darüber, wer welche Kosten zu tragen hat, sehr unterschiedlich ausfallen. Nur wenn dieser letzte Schritt in dem gesamten Abstimmungsprozeß in einem für die potentiellen Teilnehmer als ausreichend empfundenen Maß gelingt, ist mit der Etablierung eines Systems für die Datenkommunikation zu rechnen.

Zusammengefaßt ergibt sich, daß die simple Annahme, der Nutzen eines Anschlusses an einen Datenübertragungsdienst hänge von der Anzahl der bereits angeschlossenen Teilnehmer ab, die Realität überhaupt nicht trifft. Die Teilnehmer am Datex-P-Dienst haben insgesamt kaum mehr gemeinsam als die Benutzer einer Straßenbahn. Auf einem Datendienst bewegt sich eine nicht genau bestimmbare Menge von mehr oder weniger geschlossenen Benutzergruppen, deren Nutzenfunktionen untereinander weitgehend unabhängig voneinander sind und die auch sonst nur wenig gemeinsame Strukturmerkmale aufweisen. Dies soll im folgenden an einigen Beispielen aus eigenen Forschungsprojekten der letzten Jahre gezeigt werden, bevor auf wissenschaftliche und praktische Schlußfolgerungen dieser Betrachtungsweise eingegangen wird.

3 Unterschiedliche Genese von Telematikanwendungen

Die Genese der folgenden vier branchenübergreifenden Telematikanwendungen soll aus einer sozialwissenschaftlich-organisationstheoretischen Perspektive skizziert werden. Die gemeinsame Leitfrage ist, wer was wie mit wem abstimmen muß, damit eine für den Initiator lukrative Telematikanwendung zustandekommt. In der Reihenfolge der Fälle kann immer weniger auf vorhandene Organisationsstrukturen zurückgegriffen werden, so daß die Entwicklung einer branchenübergreifenden Telematikanwendung immer mehr zum Organisationsentwicklungsprozeß wird.

3.1 Electronic Cash

Als erstes Beispiel soll das von der deutschen Kreditwirtschaft entwickelte System 'Electronic Cash' betrachtet werden, das elektronisches Bezahlen mit Hilfe der EC-Karte durch ein online-Autorisierungssystem ermöglicht. Für die Datenübertragung zwischen Kartenleser und Kassenterminal sowie zur Autorisierungsstelle wurde eine ISO-Norm erarbeitet.[12] Auslösendes Motiv der Kreditinstitute war die Reduzierung des Bargeld- und Scheckaufkommens. Nach der Einführung einheitlicher Scheck-, Überweisungs- und Geldausgabeverfahren für die gesamte Kreditwirtschaft richtete sich das Rationalisierungsinteresse auf die Bargeld- und Scheckeinreichung durch den Handel. Die Lösung wurde in einer Ausdehnung des digitalen, bargeld- und beleglosen Zahlungsverkehrs bis zu den Kassen des Einzelhandels, zum sogenannten Point of Sale, gesehen. Die Kreditwirtschaft verfügt über die organisatorischen Strukturen, um ein einheitliches System zu entwickeln, innerhalb dessen die Kunden aller Institute mit ihren Scheckkarten bei allen Händlern bezahlen können, unabhängig davon, wo diese ihr Konto haben. Nach längeren Konflikten zwischen Sparkassen und Geschäftsbanken wurde im Zentralen Kreditausschuß[13] ein System verabschiedet, bei dem die Zahlungsgarantie der Euroscheckkarte durch eine elektronische online-Autorisierung ersetzt wird. Für diese Autorisierung soll der Händler, anders als beim Euroscheck, nicht nur die Telekommunikationskosten, sondern auch noch eine umsatzabhängige Gebühr bezahlen.

Der Einzelhandel akzeptierte das System jedoch nicht, weil er die Telekommunikations- und Betriebskosten übernehmen sollte, während die Rationalisierungseffekte bei den Kreditinstituten angefallen wären. Über den Umweg der Tankstellen hat Electronic Cash inzwischen doch eine gewisse Verbreitung im Einzelhandel gefunden. Sehr viel weiter verbreitet ist jedoch das auf Betreiben der Deutschen Bank eingeführte Lastschrifteinzugsverfahren, das ohne online-Autorisierung und ohne Zahlungsgarantie arbeitet (vgl. Klein 1993, S. 309ff).

Die Verbände des Einzelhandels hatten von Anfang an Verhandlungen über die technische, organisatorische und finanzielle Ausgestaltung des POS-Banking angeboten. Die deutsche Kreditwirtschaft ist darauf jedoch nicht eingegangen. Anders ist die Entwicklung in der Schweiz verlaufen. Dort haben die Handelsun-

---

12 ISO 8583, vgl. Klein 1993, S. 81.

13 Der 1953 erstmals zusammengetretene Zentrale Kreditausschuß ist eine Arbeitsgemeinschaft der Spitzenverbände der Kreditwirtschaft. Er diente als Rahmen für alle größeren Rationalisierungsvorhaben der deutschen Kreditwirtschaft, z.B. bei der Einführung des Euroschecks und des Geldausgabeautomaten (vgl. Klein 1993, S. 117).

ternehmen einen Verband gegründet, der mit der Kreditwirtschaft Konditionen ausgehandelt hat, wonach nicht nur keine Autorisierungsgebühren anfallen, sondern eine Gutschrift für denselben Tag garantiert wird und für eine Einführungsphase sogar ein Teil der Telekommunikationsgebühren übernommen wurde (vgl. Kubicek 1993b).

3.2 Warenbestellung und -abrechnung bei Markenartikeln

Zwischen Einzelhandel und Markenartikelherstellern werden Millionen von Rechnungen und Bestellungen in jeweils einem Computer erstellt und per Post versandt, nur um anschließend wieder in einen Computer eingegeben zu werden. Vor allem die Einkaufsgenossenschaften wollten schon in den 70er Jahren diese Papierflut durch den Austausch maschinell lesbarer Datenträger ersetzen, der als Vorläufersystem des Electronic Data Interchange gelten kann. Dazu mußten Datenaustauschformate festgelegt und Artikelnummern definiert werden. Als die Scannertechnik aufkam, hatten auch die Warenhäuser ein Interesse an einer einheitlichen, maschinenlesbaren Artikelnummer. Weil diese von den Herstellern auf den Artikeln angebracht werden muß, wurden Verhandlungen mit dem Markenverband aufgenommen. Während Einkaufsgenossenschaften und Warenhäuser zunächst unterschiedliche Vorstellungen von der Art des Nummernsystems hatten, schufen ihre Verbände schließlich die Centrale für Co-Organisation (CCG). Paritätisch von der Rationalisierungsgemeinschaft des Handels und dem Markenverband geführt, wurde dort die Europäische Artikel-Nummer (EAN) und das SEDAS-Verfahren[14] für den Bestell- und Rechnungsdatenaustausch entwickelt.[15] Dieser Datenaustausch erfolgt nicht unmittelbar zwischen Handel und Hersteller, sondern über sogenannte Netzbetreiber, deren Rechner die vom Handel eingehenden Bestellungen in elektronische Postfächer der Hersteller sortieren und zum Abruf bereitstellen. Mit drei Netzbetreibern hat die CCG Rahmenverträge abgeschlossen.

Die Nutzung des SEDAS-Verfahrens bleibt jedoch noch weit hinter den Erwartungen zurück. Zum einen zeigt sich, daß der Anteil elektronischer Rechnungen gegenüber elektronischen Bestellungen vernachlässigbar gering ist. Hier überwiegt nach wie vor der Datenträgeraustausch. Der Grund hierfür ist, daß einerseits Rechnungsdaten nicht zeitkritisch sind, die Vorteile der online-Übertragung also nicht zur Geltung kommen können, und andererseits Rechnungen große

---

14 SEDAS: Standardregeln für einheitliche Datenaustauschsysteme.
15 Vgl ausführlich van Gerpen, Kubicek und Seeger 1991 und Kubicek 1993a.

Datenmengen erzeugen, deren online-Übertragung hohe Telekommunikationskosten erzeugen würde.

Zweitens ist das Interesse der Hersteller am Empfang elektronischer Bestellungen erstaunlich gering. Bei genauerer Betrachtung zeigt sich jedoch, daß der Rationalisierungsvorteil, der durch das Einsparen der Datenerfassung und das Vermeiden von Erfassungsfehlern möglich wäre, bei weitem durch die Umsatzeinbußen kompensiert würde, die entstünden, wenn die Hersteller mit ihrem Vertriebspersonal nicht mehr in den Lokalen ihrer Kunden präsent wären (vgl. Biervert et al. 1995).

Schließlich wirkt sich die mangelnde Beteiligung weiterer Branchen an dem Aushandlungsprozeß nachteilig für die Verbreitung des SEDAS-Verfahrens aus. So verhalten sich z.B. Unternehmen der Textilindustrie äußerst zurückhaltend, da sie das auf der EAN aufbauende SEDAS-Verfahren für ihre Belange für zu unflexibel halten (vgl. Biervert et al. 1992).

3.3 Branchenübergreifende Wertkarten als Zahlungsmittel

Zunächst losgelöst von Telekommunikationsüberlegungen bemühen sich Chip(karten)hersteller darum, Multifunktionskarten als elektronisches Zahlungsmittel einzuführen. Während eine Zahlungsgarantie bei Debitkarten, insbesondere der Euroscheckkarte, und bei Kreditkarten mit einer online-Autorisierung bei jedem Zahlungsvorgang verbunden ist, könnte dieser Aufwand durch eine vorausbezahlte Chipkarte reduziert werden. Im Gegensatz zur bekannten Telefonkarte soll eine solche Chipkarte eine elektronische Börse sein, d.h. sie soll erstens wiederaufladbar und zweitens für viele Dienstleistungen einsetzbar, eben multifunktional sein.

Telekommunikationsverbindungen sind beim Aufladen einer solchen Karte etwa vom Girokonto und im Zusammenhang mit der Abrechnung erforderlich. Anders als bei Electronic Cash ist jedoch keineswegs von vornherein klar, wie ein solches branchenübergreifendes Wertkartensystem entsteht. Weil entgegen der von den Banken lancierten Einschätzung auf diesen Karten kein Geld, sondern nur Werteinheiten, ähnlich wie Gutscheine, enthalten sind, kann sie im Grunde jeder herausgeben. Anders als beim Geld gibt es keine universelle Annahmeverpflichtung, sondern der Herausgeber der Werteinheiten muß mit allen Akzeptanzstellen entsprechende Vereinbarungen treffen.

Vor allem auf Initiative der Chiphersteller wurde auf europäischer Ebene im CEN[16] eine Norm für eine Intersectoral Electronic Purse (ISEP) geschaffen. Um die zu standardisierenden Schnittstellen zu definieren, wurde ein Rollenmodell entwickelt. Darin werden folgende Rollen oder Funktionen beschrieben (vgl. Kubicek und Klein 1995, S. 107f):

- Börsenanbieter ist die Organisation, die Werteinheiten ausgibt, das Geld dafür einnimmt und die Echtheit bzw. Akzeptanz der Werteinheiten garantiert.

- Kartenherausgeber ist diejenige Organisation, die entweder ihre Plastikkarte zur Einbettung eines Mikrochips oder ihre Chipkarte zur Integration der Börsenapplikation zur Verfügung stellt.

- Kartenausgabe- bzw. Kartenaufladestelle ist die Organisation, bei der Wertkarten gekauft und bei wiederaufladbaren Karten Werteinheiten nachgeladen werden können.

- Kartennutzer ist die Person, die eine Wertkarte erwirbt, um anschließend damit Waren oder Dienstleistungen zu bezahlen. Die Karte ist dem Nutzer jedoch nicht zugeordnet.

- Dienstleister sind diejenigen Organisationen, die die Wertkarte als Zahlungsinstrument akzeptieren. Daher spricht man auch von Akzeptanzstellen. Die Dienstleister setzen eine in der Regel vom Börsenherausgeber kontrollierte Lese- und Zählvorrichtung ein, mit der Werteinheiten abgebucht und zur Weitergabe gespeichert werden, ohne vom Dienstleister selbst manipuliert werden zu können.

- Datensammler ist die Stelle, die Akzeptanzstellen anwirbt, ggfs. Terminals vermietet und auf jeden Fall die vom Dienstleister eingenommen Werteinheiten einsammelt.

Der Standard sagt jedoch noch nichts darüber aus, welche Unternehmen für die Übernahme welcher Rollen in Frage kommen. Bei Electronic Cash war es offensichtlich, daß Banken- und Handelsverbände miteinander hätten verhandeln sollen. Bei der EAN und dem SEDAS-Datenservice haben die Verbände des Handels und der Markenartikelindustrie eine Organisation geschaffen. Bei der

---

16 European Committee for Standardization.

ISEP hingegen ist völlig offen, wer mit wem Verhandlungen aufnehmen kann und soll.

Dort, wo derartige Abstimmungsprozesse gelungen sind, zeigt sich, daß es sich um isolierte Anwendungen handelt, die entweder auf regionaler Basis oder in bezug auf einzelne Dienstleistungen entstanden sind. In Dänemark z.B. haben Banken und Telekom eine gemeinsame Organisation DANMØNT gegründet und bemühen sich gemeinsam um Dienstleister. In der Schweiz macht dies die PTT, in der Postbank und Telekom noch vereint sind. In Deutschland ergreifen weder Telekom noch Banken die Initiative. Derzeit sieht es so aus, als ginge eine Initiative von der Deutschen Bundesbahn aus, die möglichst viele Nahverkehrsbetriebe und andere verkehrsnahe Dienstleister integrieren will. Weitere Initiativen könnten im Zusammenhang mit der Einführung von Pay-TV und - davon völlig unabhängig - mit der Einführung einer Straßenbenutzungsgebühr entstehen. Ein branchenunabhängiges (multifunktionales), internationales Wertkartensystem, so wie es der CEN-Standard vorsieht, ist also noch in weiter Ferne (vgl. Kubicek und Klein 1995).

3.4 Stadtinformationssysteme

In vielen Städten entstehen zur Zeit Stadtinformationssysteme. An Informationsterminals auf öffentlichen Plätzen, in öffentlichen Gebäuden und in Hotels sollen Touristen Informationen über Veranstaltungen, Sehenswürdigkeiten, Restaurants und Hotels abrufen können. Ähnliche Informationen werden von einer Reihe von Städten auch über Datex-J (früher Btx) und über das WorldWideWeb im Internet angeboten. Vielfach sind die abrufbaren Informationen jedoch nicht aktuell und oft auch höchst unvollständig. Ähnliches gilt für Bürgerinformationssysteme, die für die Einwohner einer Stadt z.B. einen Behördenwegweiser, Verzeichnisse von Vereinen und Initiativen, Umweltdaten u. a. m. bieten.

Bisher dominieren zwei Organisationsmodelle. Entweder versucht eine Organisation, alle mit einem solchen System verbundenen Aufgaben wahrzunehmen. So entstehen Fahrgastinformationssysteme von Verkehrsbetrieben oder Touristeninformationssysteme eines Fremdenverkehrsvereins. Oder ein Service Provider stellt eine Plattform zur Verfügung, auf der jeder Informationen gegen Entgelt ablegen kann und jeder abgelegte Informationen abrufen kann. Im ersten Fall reicht oft die Kapazität nicht aus, um die Daten zu pflegen, und das Angebot bleibt dünn. Im zweiten Fall kommt entweder kein Angebot zustande, oder es ist, wie bei Btx, so groß, daß man nichts findet, weil niemand die Angebote strukturiert.

In einem als Organisationsentwicklungsprozeß konzipierten Projekt wird in Bremen versucht, ein Stadtinformationssystem, d.h. eine Kombination von Touristen- und Bürgerinformationssystem, in Form eines organisatorischen Netzwerkes aufzubauen. So wie die Herstellung einer Zeitung in einem komplexen arbeitsteiligen Produktionsprozeß entsteht, an dem Redaktionen, Presseagenturen, Korrespondenten u. v. a. m. beteiligt sind, muß auch die Entwicklung neuer interaktiver Medien ähnliche Strukturen finden.

Als Ausgangsbasis für den Organisationsentwicklungsprozeß wurde ein Rollenmodell entwickelt, mit dem der Informationsfluß und spezielle Verantwortlichkeiten beschrieben werden können. Am Beispiel eines elektronischen Veranstaltungskalenders sollen diese Rollen erläutert werden.

- Veranstalter veranstalten Ereignisse, über die informiert werden soll.

- Informationssammler sammeln Informationen von Veranstaltern.

- Redaktionen bereiten Informationen auf, sortieren, selektieren, kommentieren und gestalten die inhaltliche Erschließung.

- Datenbankbetreiber betreiben die Datenbank, in der die Daten gespeichert werden, und sind für die Verknüpfung und gemeinsame Erschließung mehrerer Dateien verantwortlich.

- Netzbetreiber betreiben das Telekommunikationsnetz, über das die Server, auf denen Datenbanken liegen, mit Infoterminals und anderen Zugangsmöglichkeiten (z.B. Datex-J) verbunden sind.

- Terminalbetreiber besitzen Terminals, stellen sie an Zugangsorten auf und übernehmen gewisse Wartungsaufgaben.

- Hausherren sind die Besitzer der Zugangsorte. Sie übernehmen sowohl inhaltliche als auch technische Pflegearbeiten.

- Service Provider bündeln und koordinieren diese Teilaufgaben wie ein Verlag.

In einer ersten Phase des Projektes wurde versucht, möglichst vorhandene Leistungen zu integrieren und so z.B. die redaktionell bearbeiteten Veranstaltungsdaten eines monatlich erscheinenden Magazins elektronisch zu konvertieren. Es zeigte sich, daß damit jedoch kein deutlicher Zusatznutzen entsteht. Ein tagesaktueller elektronischer Veranstaltungskalender erfordert jedoch eigene redaktionelle Leistungen. Als größtes praktisches Problem erwies sich, daß aus den im Moment nur schwer kalkulierbaren Werbeeinnahmen sowohl die inhaltliche redaktionelle Leistung als auch Errichtung und Betrieb des technischen Netzes finanziert werden müssen. Die redaktionelle Leistung kann nur amortisiert werden, wenn einerseits die Informationsbeschaffung schon bei den Quellen in einem geeigneten Format erfolgt und wenn andererseits die Speicherung in einer von den Zugangsformen unabhängigen Art und Weise erfolgt, damit der Zugriff sowohl über Terminals mit unterschiedlichen Betriebssystemen als auch über Datex-J und Internet möglich ist und ggfs. auch CD-ROMs gepreßt werden können. Das aber heißt, daß eine Fülle von zum Teil sehr detaillierten inhaltlichen und technischen Absprachen zwischen sehr unterschiedlichen Akteuren getroffen werden müssen. Wenn diese Abstimmungen nicht gelingen, werden auch noch bessere Kompressionsverfahren multimediale Stadtinformationssysteme nicht zum Erfolg bringen.

4 Konsequenzen für TK-Forschung und -Politik

4.1 Konsequenzen für die TK-Forschung

Bemerkenswert in allen vier Fällen ist, daß die technischen Leistungsparameter aller Telekommunikationsdienste und auch die Tarife der Telekom von den Beteiligten nicht als kritische Faktoren angesehen worden sind. Als das größte Entwicklungshindernis der hier dargestellten Initiativen zur Errichtung von Telematikanwendungen haben sich die jeweils erforderlichen Abstimmungsprozesse zwischen den beteiligten Akteuren herausgestellt. Diese Abstimmungsprozesse sind deshalb so langwierig und aufwendig, weil es sich bei den zugrundeliegenden Abstimmungsproblemen der Struktur nach nicht um sogenannte einfache Koordinationsprobleme handelt, also solche, bei denen es für die Beteiligten gleichgültig ist, auf welches Lösungsmodell man sich einigt, solange nur eine Einigung erzielt wird (vgl. Schmidt und Werle 1992). Vielmehr bringen die Akteure jeweils eigene, konkurrierende Interessen ein, da die Akteure auf Märkten handeln und damit entweder im Wettbewerb zueinander stehen, oder aber Kosten und Leistungen untereinander verteilen müssen. Das in Standardisierungsgremien wohl z.T. noch vorhandene normative Leitbild, das jeweils technisch Beste zu realisieren, kann in diesen Arenen also nicht mehr unterstellt werden.

Entscheidend für den Erfolg von Abtimmungsprozessen mit einer solchen Interessenstruktur ist dann die institutionelle Ausgestaltung der jeweiligen Aushandlungsarenen. Sind diese flexibel genug, neue Entwicklungen durch die Aufnahme weiterer Akteure zu integrieren? Lassen sie die Vertretung der Interessen von Betroffenen in einem ausreichendem Maße zu? Bilden sie einen geeigneten Rahmen zur Etablierung von Betreiberorganisationen für die jeweiligen Telematiksysteme? Demgegenüber ist die Zahl der Teilnehmer an einem DfÜ-Dienst vollkommen unerheblich für die individuellen Entscheidungen zur Teilnahme an einem konkreten Telematiksystem. Hierfür sind zwei Gründe maßgeblich verantwortlich.

(1) Die Kommunikationsverbindungen zwischen zwei Teilnehmern einer Telematikanwendung werden nicht als Punkt-zu-Punkt-Verbindung aufgebaut, sondern als sternförmige Struktur mit einem Value-Added-Network-Provider im Zentrum. Dieser kann verschiedene Dienste durch Protokollumwandlung miteinander verbinden, so daß sich die Entscheidung für einen DfÜ-Dienst nicht an der über diesen Dienst erreichbaren Anzahl anderer Kommunikationspartner orientieren muß.

(2) Der Nutzen der Teilnahme an einer Telematikanwendung ist nicht gleichmäßig über die verschiedenen Teilnehmer verteilt. Vielmehr entstehen Rationalisierungs- und z.T. auch Wettbewerbsvorteile dadurch, daß jeweils bestimmte, ausgewählte Geschäftspartner zur Teilnahme bewegt werden können. Jene müssen häufig durch Gegenleistungen (finanzieller und nichtfinanzieller Art) zur Teilnahme angereizt werden, da für sie nicht nur kein genereller Teilnahmenutzen entsteht, sondern in der Regel zusätzliche Kosten zu tragen sind. Diese Entscheidungskalküle sind deshalb unabhängig von der absoluten Zahl der Teilnehmer an den jeweils zugrunde liegenden DfÜ-Diensten.

Darüber hinaus gibt es praktisch keine Überlappungen zwischen den verschiedenen Telematiksystemen, die deren Nutzen wechselseitig erhöhen könnten. Wenn z.B. Electronic Cash erfolgreicher gewesen wäre, hätte dies für die Unternehmen der Markenartikelindustrie keine Auswirkung auf ihre Entscheidung zur Beteiligung am Bestell- und Rechnungsdatenaustausch gehabt. Die Teilnehmer an Datendiensten bilden keine homogene, an der wechselseitigen Kommunikation aller mit allen interessierte Gemeinschaft. Sie verteilen sich auf eine von außen nicht feststellbare Menge mehr oder weniger geschlossener

Benutzergruppen. In der Literatur zu EDI wird von Communities of Interest gesprochen (Ritz 1994), mit Branchen oder bestimmten inhaltlichen Transaktionen als Bezugspunkt.

Die Zahl der Teilnehmer an einem EDI-System und die Zahl der Teilnehmer an einem EDI-Normungsprozeß haben jedoch keinen Einfluß auf die Entwicklung eines DfÜ-Dienstes, da sich die verschiedenen Communities of Interest nicht um einen bestimmten DfÜ-Dienst herum gruppieren. Vielmehr wird erstens ein bestimmtes EDI-System in der Regel auf der Basis verschiedener DfÜ-Dienste errichtet. Daß zweitens EDI-Normen unabhängig von den jeweils verwendeten Übertragungsdiensten sind, versteht sich von selbst.

Die Konzepte der positiven Netzwerkexternalitäten und der kritischen Masse sind also wenig hilfreich, wenn es um das Verständnis und die Prognose von Telekommunikationsdiensten der Datenfernübertragung geht. Dies liegt daran, daß diese neuen Dienste in der Regel in eine technische Anwendungsumgebung eingebettet sind, die komplexe Abstimmungsprozesse erforderlich macht. Die Kosten dieser Abstimmungsprozesse sind als das Haupthindernis bei der Diffusion der neuen Telekommunikationsdienste anzusehen. In theoretischer Hinsicht ist deshalb ein eher an der Ethnologie orientiertes sozialwissenschaftliches Vorgehen erforderlich, das sich auf die konkreten Handlungsbedingungen in den jeweiligen Communities einläßt und die jeweils lokale Logik zu eruieren versucht. Inwiefern sich aus diesen theoriegeleitet erhobenen Daten allgemeine Aussagen ableiten lassen, bleibt abzuwarten.

4.2 Konsequenzen für die TK-Politik

Mit der skizzierten Verlagerung der Forschungsakzente ergeben sich zwei Schlußfolgerungen für die TK-Politik.

(1) Es kann nicht mehr davon ausgegangen werden, daß die Förderung einer ausreichend großen Anzahl von Pilotprojekten eine kritische Masse von Anwendungen erzeugen wird, die zu dem gewünschten Take-off der Nachfrage für einen neuen Telekommunikationsdienst führen wird. Vielmehr werden die so geförderten Projekte, so sie erfolgreich sind, eine neue, aber geschlossene Anwendergruppe hervorbringen, deren Effekt auf die Gesamtnachfrage die 'Anstoß'-Investitionen in diese Nutzungsumgebungen in der Regel nicht rechtfertigen wird.

(2) Das Prognoseproblem für einzelne DfÜ-Dienste wird nicht verringert. Man muß sich wohl damit abfinden, daß die Prognose der Entwicklung solcher Dienste derzeit nicht wissenschaftlich begründet werden kann.

Zu diskutieren ist, ob dieser Befund wirklich ein Nachteil für die zukünftige Telekommunikationspolitik ist. Geht es für den Netzbetreiber vor allem um die Teilnahme an Diensten oder um das Verkehrsaufkommen im Netz? Nur wenn sehr unterschiedliche Dienste mit jeweils spezifischen in die Netztechnik und die Endgeräte hineinreichenden technischen Elementen bestehen, spielt die Diensteverteilung über die einzelnen Anwender(gruppen) eine Rolle. Für die Zukunft wäre zu prüfen, ob Netze, wie im Falle des ISDN, nicht noch anwendungs- und diensteunabhängiger gestaltet werden könnten.

In der derzeitigen Diskussion über Multimedia und Datenautobahnen wird nach den wenigen Anwendungen gesucht, die die Netzinfrastruktur refinanzieren können. Unsere Untersuchung hat gezeigt, daß die flächendeckende Schaffung eines neuen Multimedia-Datennetzes nicht durch die Förderung einzelner Anwendungen möglich ist. Die erwarteten Trigger-Effekte werden ausbleiben. Umgekehrt spricht nichts dagegen, daß es eine Menge von Anwendungen geben wird, die ein Marktpotential repräsentieren, das Investitionen in ein neues, multimediafähiges Datennetz rechtfertigt.

Die analytische Unterscheidung in Netzinfrastruktur und Anwendungen muß auch praktisch ernst genommen werden. Das Risiko der Netzinfrastrukturinvestition wird durch Prognosen der Nachfrageentwicklung nicht geringer. Falsch wäre es, ein Netz an wenigen erwarteten Anwendungen auszurichten, in der Erwartung, daß diese Anwendungen einen generellen Nachfragesog erzeugen werden. Vielmehr sollte ein neues Netz so ausgelegt werden, daß es möglichst unterschiedliche Anwendungen bedienen kann.

Gleichzeitg unterscheiden sich die Anforderungen an die Errichtung einer Netzinfrastruktur grundlegend von denen, die erforderlich sind, konkrete Telematiksysteme als Anwendungen zu etablieren. Dementsprechend sind die kritischen Erfolgsfaktoren eines Netzanbieters ganz andere als jene eines Anbieters bestimmter Telematiksysteme. Die erfolgreiche Errichtung eines Telematiksystems sagt nichts über den Erfolg der jeweils eingeschalteten Anbieter von Netzdienstleistungen aus. Umgekehrt ist derzeit noch völlig offen, welche Anwendungen den Aufbau neuer Netzinfrastrukturen wie Multimedia-Netze finanzieren werden.

Wir plädieren deshalb dafür, auf der analytischen Ebene von dem traditionellen Dienstebegriff abzurücken, der auf der praktischen Ebene immer wieder dazu geführt hat, daß bestimmte Anwendungsfunktionalitäten auf der Netzebene implementiert wurden. Es geht darum, möglichst anwendungsoffene Netzinfrastrukturen zu schaffen, wie dies mit ATM wohl auch geschieht. Dabei muß in Kauf genommen werden, daß keine Prognosemodelle verfügbar sind, die es rechtfertigen würden, eine solche Netzinfrastruktur 'im großen Stil' zu errichten. Wenn überhaupt, so lassen sich lediglich einzelne Anwendungen hinsichtlich ihres Anwendungspotentials untersuchen.

Die Entwicklung einer Telekommunikationsinfrastruktur wird deshalb in kleinen Schritten erfolgen müssen. Dies ist jedoch für die marktgetriebene Entwicklung gesellschaftlicher Infrastrukturen nichts ungewöhnliches. Kreditsystem, Lebensmittelversorgung und Wohnungsinfrastruktur werden in der Regel durch private Anbieter bereitgestellt, obwohl die Funktionsfähigkeit dieser Infrastruktur entscheidend für den Erhalt ganzer Gesellschaftssysteme ist. Diese Infrastrukturen wurden jedoch nie zentral geplant; dementsprechend hat sich ihre heutige Ausprägung evolutiv entwickelt und war nicht zuvor von Systemdesignern antizipiert worden. Die Forderung nach einer leistungsfähigen Telekommunikationsinfrastruktur kann deshalb die Investitionen in eine *bestimmte* Infrastruktur nicht mehr legitimieren, da heute nicht abgeschätzt werden kann, welches die *richtige* Infrastruktur sein wird. Es ist dies eine systematische Unsicherheit, die sich auch durch immer komplexere Prognosemodelle nicht reduzieren läßt. Diese haben in der Vergangenheit in die Irre geführt und werden es in der Zukunft unter den veränderten ordnungspolitischen Rahmenbedingungen um so mehr.

Literaturverzeichnis

Allen, David, New Telecommunications Services - Network Externalities and Critical Mass, in: Telecommunications Policy, September 1988, pp. 257-271, 1988

Biervert, Bernd; Monse, Kurt; Bruns, Hans-Jürgen; Reimers, Kai, Unternehmensvernetzung. Konzepte und Fallstudien, Wiesbaden, Gabler, 1992

Biervert, Bernd; Monse, Kurt; Bruns, Hans-Jürgen; Fromm, Michael; Reimers, Kai, Überbetriebliche Vernetzung im Handel - Konzepte und Lösungen im ISDN, Opladen, Westdeutscher Verlag, 1995

Booz, Allen & Hamilton (Hrsg.), Zukunft Multimedia - Grundlagen, Märkte und Perspektiven in Deutschland, Verlagsgruppe Frankfurter Allgemeine Zeitung (Kommunikation heute und morgen), 1994

BPM - Bundesministerium für das Post- und Fernmeldewesen, Chance und Herausforderung der Telekommunikation in den 90er Jahren, Bonn, 1986

David, Paul A.; Bunn, Julie A., The Economics of Gateway Technologies and Network Evolution: Lessons from Electricity Supply History, in: Information Economics and Policy, Vol.3, pp.165-202, 1988

David, Paul A.; Steinmueller, W. Edward, The ISDN-Bandwagon is Coming, But Who Will Be There to Climb Aboard?: Quandaries in The Economics of Data Communication Networks, in: Economics of Innovation and New Technology, Vol.1, Nr.1-2, pp.43-62, 1990

DIN - Deutsches Institut für Normung (Hrsg.), UN/EDIFACT - Organisation & Ansprechpartner in Deutschland und Westeuropa, Broschüre des Normenausschuß Bürowesen im DIN, Oktober 1994, 1994

F&L European Telecommunications Consultants & XCOMS International (eds.), Study on EDI & ISDN. Final Report, Bericht für die EU, TEDIS-Programm, Brüssel, September 1993, 1993

Farrell, Joseph; Saloner, Garth, Standardization, Compatibility, and Innovation, in: Rand Journal of Economics, Vol.16, No.1 (Spring), 1985

Genschel, Philipp, OSI's Karriere, in: H. Kubicek; G. Müller; E. Raubold; A. Roßnagel (Hrsg.), Jahrbuch Telekommunikation und Gesellschaft. Bd. 2: Technikgestaltung. Heidelberg, C.F. Müller, 1994

Gottschalk, A., Die "Modernisierung" der Telekommunikations-Infrastruktur als Prozeß kapitalistischer Konkurrenz und Machtkämpfe. Diskussionspapier, Hamburger Institut für Sozialforschung, Hamburg, 1989

Höller, Heinzpeter, Kommunikationssysteme - Normung und soziale Akzeptanz. Braunschweig, Wiesbaden, Vieweg (DuD-Fachbeiträge, Bd. 15), 1993

Katz, Michael L.; Shapiro, Carl, Network Externalities, Competition, and Compatibility, in: The American Economic Review, Vol. 75, No. 3 (June), pp. 424-440, 1985

Kilian, Wolfgang, Elektronische Transaktionen von Dokumenten zwischen Organisationen, in: H. Kubicek, G. Müller, E. Raubold, A. Roßnagel (Hrsg.), Jahrbuch Telekommunikation und Gesellschaft. Bd. 2: Technikgestaltung, 1994

Kilian, Wolfgang; Picot, Arnold; Neuburger, Rahild; Niggl, Johann; Scholtes, Kay-Larsen; Seiler, Wolfgang, Electronic Data Interchange (EDI) - Aus ökonomischer und juristischer Sicht. Baden-Baden, Nomos, 1994

Klein, Stephan, Hürdenlauf Electronic Cash - Die Entstehung eines elektronischen kartengestützten Zahlungssystems als sozialer Prozeß, Hamburg, Hoppenstedt & Wolff (à la Card Fachbuch), 1993

Kubicek, Herbert, Organisatorische Voraussetzungen des branchenübergreifenden elektronischen Datenaustausches - Neue Aufgaben für die Wirtschaftsverbände, in: H. Kubicek, P. Seeger (Hrsg.), Perpektive Techniksteuerung - Interdisziplinäre Sichtweisen eines Schlüsselproblems entwickelter Industriegesellschaften, Berlin, Sigma, 1993a

Kubicek, Herbert, Vernetzung - ein hochsensibles Geschäft, in: Technische Rundschau, Das Schweizer Industrie Magazin. 85. Jhrg., Heft 20, S. 22-29, 1993b

Kubicek, Herbert; Berger, Peter, Was bringt uns die Telekommunikation. ISDN - 66 kritische Antworten, Frankfurt, N.Y., Campus (Reihe Campus, Bd. 1034), 1990

Kubicek, Herbert; Klein, Stephan, Wertkarten im Zahlungsverkehr - Trends und Perspektiven auf dem Weg zur elektronischen Geldbörse. Wiesbaden, Gabler, 1995

Kubicek, Herbert; Müller, Günter; Raubold, Eckart; Roßnagel, Alexander (Hrsg.), Jahrbuch für Telekommunikation und Gesellschaft. Bd. 2: Technikgestaltung, Heidelberg, C.F. Müller, 1994

Kubicek, Herbert; Müller, Günter; Neumann, K.-H.; Raubold, Eckart.; Roßnagel, Alexander (Hrsg.), Jahrbuch Telekommunikation und Gesellschaft. Bd. 3: Multimedia - Technik sucht Anwendung, Heidelberg, R.v. Decker's Verlag, 1995

Kubicek, Herbert; Seeger, Peter, The Negotiation of Data Standards. A Comparative Analysis of EAN- and EFT/POS-Systems, in: Technology at the Outset, Frankfurt, Campus, 1991

Lundvall, Bengt-Ake, Innovation as an Interactive Process: From User Producer Interaction to the National System of Innovation, in: G. Dosi, C. Freeman, R.R. Nelson, G. Silverberg & L. Soete (eds.), Technical Change and Economic Theory, London, Pinter Publisher (first published in 1988), 1990

Markus, Lynne, Toward a "Critical Mass" Theory of Interactive Media. Universal Access, Interdependence and Diffusion, in: Communication Research, Vol.14, No.5 (October), pp. 491-511, 1987

Monse, Kurt; Kubicek, Herbert; Reimers, Kai, The Role of Intermediary Organizations in the Development and Diffusion of EDI, Draft Report for the EC-Commission, DG III, TEDIS-Programm, Institut für Wirtschaft und Technik, University of Wuppertal, September 1993

Monse, Kurt; Reimers, Kai, Interorganizational Networking and the Institutional Gap, in: A. Clement, P. Kolm & I. Wagner (eds.), Proceedings of the IFIP TC9/WG9.1 Working Conference on Networking, Vienna, 16-18 June 1993, pp.191-199, Amsterdam, Elsevier/North Holland, 1993

Noam, Eli M., Network Tipping And the Tragedy of the Common Network: A Theory for the Formation And Breakdown of Public Telecommunications Systems, in: Communications & Strategies, No. 1, premier trimestre, pp. 43-72, 1991

Oliver, Pamela; Marwell, Gerald; Theixeira, Ruy, A Theory of the Critical Mass: Interdependence, Group Heterogeneity, and the Production of Collective Action, in: American Journal of Sociology, Vol.91, No.3, pp.522-556, 1985

Picot, Arnold; Neuburger, Rahild; Niggl, Johann, Ökonomische Perspektiven eine 'Electronic Data Interchange', in: Information Management, Heft 2 (Mai), S. 21-29, 1991

Picot, Arnold; Neuburger, Rahild; Niggl, Johann, Wirtschaftlichkeitsaspekte des Electronic Data Interchange (EDI), in: Office Management, Heft 6, S. 38-41, 1992

Reimers, Kai, Normungsprozesse - eine transaktionskostentheoretische Analyse, Wiesbaden, Gabler (neue betriebswirtschaftliche Forschung, Bd. 145), 1995

Ritz, Daniel, The Start-up of an EDI Network - A Comparative Case Study in the Air Cargo Industry, Dissertation an der Hochschule St. Gallen für Wirtschafts- Rechts- und Sozialwissenschaften, Manuskript, 1994

Rogers, Everett M., Diffusion of Innovations, N.Y., The Free Press, London, Macmillan, Third edition (Rev. ed. of: Communication of innovations, 2nd ed.), 1983

Rogers, Everett M., Communication Technology - The New Media in Society, N.Y., Free Press, London, Macmillan (Series in Communication Technology and Society), 1986

Scherer, J., Telekommunikationsrecht und Telekommunikationspolitik. Baden-Baden, 1985

Schmidt, Susanne K.; Werle, Raymund, The Development of Compatibility Standards in Telecommunications. Conceptual Framework and Theoretical Perspektive, in: M. Dierkes & U. Hoffmann (eds.), Technology at the Outset. Social Forces in the Shaping of Technological Innovation, Frankfurt, Campus, 1992

Schwab, Rolf, Netze, Dienste, Marktvolumina im statistischen Überblick, in: H. Kubicek; G. Güller; K.-H. Neumann; E. Raubold; A. Roßnagel (Hrsg.), Jahrbuch Telekommunikation und Gesellschaft. Bd. 3: Multimedia - Technik sucht Anwendung, Heidelberg, R.v. Decker's Verlag, 1995

Seidel, Ulrich, Rechtsfragen zum EDI-Rahmenvertrag, in: X-change, Nr.2/94, S. 40-41, 1994

Swatman, Paula M.C.; Swatman, Paul A., EDI System Integration: A Definition and Literature Survey, in: The Information Society, Vol.8, pp.169-205, 1992

van Gerpen, Herbert; Kubicek, Herbert; Seeger, Peter, Die Genese des EAN-Datenstandards als Verhandlungsprozeß. Schlüssel für die Rationalisierung des Daten- und Warenverkehrs in der Konsumgüterwirtschaft, in: W. Fricke (Hrsg.), Jahrbuch für Arbeit und Technik. Bonn, Dietz, S. 173-183, 1991 von Pattay, Walter, Die technologischen Ursachen für die wachsende Bedeutung internationaler Normen und die ordnungspolitischen Herausforderungen für ihre Durchsetzung in der Telekommunikation, Dissertation am Fachbereich Mathematik und Informatik, Universität Bremen, München, Februar 1994

Weiber, Rolf, Diffusion von Telekommunikation, Wiesbaden, Gabler (neue betriebswirtschaftliche Forschung, Bd.101). Zugl.: Münster, Univ. Habilitationsschrift, 1992

Weigand, Stefan, Daten- und Textübertragung in der Bundesrepublik Deutschland - Determinanten der Diffusion von Telekommunikationsdiensten, Münster, Hamburg, Lit Verlag (Betriebswirtschaftliche Schriftenreihe, Bd. 74), 1993

Werle, Raymund, "Diese Angaben sind ohne Gewähr": Prognosen in der Telekommunikation, in: H. Kubicek, G. Müller, E. Raubold, A. Roßnagel (Hrsg.), Jahrbuch Telekommunikation und Gesellschaft. Bd. 2: Technikgestaltung 1994

Wiese, Harald, Netzeffekte und Kompatibilität. Ein theoretischer und simulationsgeleiteter Beitrag zur Absatzpolitik für Netzeffekt-Güter, Stuttgart, C.E. Poeschel-Verlag (Schriftenreihe der Wissenschaftlichen Hochschule für Unternehmensführung Koblenz, Forschung/2), 1990

6

Diffusionsprobleme von Netzen und Diensten der Telekommunikation aus spieltheoretischer Sicht

Raymund Werle

1 Einleitung

Die mit den neuen technischen Möglichkeiten in der Telekommunikation verbundenen hohen Erwartungen sind bislang auch durch einige Enttäuschungen nicht ins Wanken geraten. Multimediale Dienste auf breitbandiger Basis zeichnen sich am Horizont ab und lassen es plausibel erscheinen, daß in Europa der Telekommunikationssektor in volkswirtschaftlicher Hinsicht den Automobilsektor bis zum Ende dieses Jahrzehnts überholen wird. Gesichert ist dies jedoch keineswegs. Selbst wenn ein Markt für neue Netze und Dienste existiert, kann es sich als äußerst schwierig erweisen, ihn zu erschließen. Die hier liegenden spezifischen Probleme und einige Möglichkeiten, sie zu lösen, werden in diesem Beitrag diskutiert.

Ausgehend vom Wechselspiel technischer und organisatorischer Interdependenz in größeren technischen Systemen wird zunächst kurz die zentrale Bedeutung der Handlungskoordination der beteiligten Akteure für einen erfolgreichen Innovations- und Diffusionsprozeß aufgezeigt. Speziell für Netzwerktechniken, die für den Telekommunikationsbereich typisch sind, wurde, wie anschließend gezeigt wird, mit verschiedenen Ansätzen nachgewiesen, daß hier Konkurrenzmärkte die notwendige Koordination oft nur unzureichend gewährleisten. Um die Frage zu beantworten, unter welchen Bedingungen externe Interventionen in das Marktgeschehen bzw. eine Lockerung der Prinzipien der Marktkonkurrenz erforderlich sind, um die Erfolgsbedingungen neuer Telekommunikationsnetze oder -dienste zu verbessern, werden schließlich unterschiedliche Probleme bzw. Dilemmata der Handlungskoordination spieltheoretisch modelliert und Problemlösungen beispielhaft diskutiert.

2 Diffusionserfolg als gelungene Handlungskoordination

Ein schon fast klassisches Prozeßmodell der Verbreitung von Neuerungen unterscheidet die Phasen der Invention, der Innovation und der Diffusion. In jeder Phase gibt es spezifische Probleme, und es ist alles andere als selbstverständlich, daß eine Erfindung in eine brauchbare und vermarktbare Innovation umgesetzt wird und diese Innovation dann tatsächlich diffundiert. Neuere Studien, die vor allem Innovation oder Diffusion analysieren, zeigen: Ein Innovationsprozeß kann rekursiv verlaufen (Asdonk, Bredeweg, Kowol 1991), in dieser Phase werden oft weitere Erfindungen gemacht (Rice, Rogers 1980), und selbst die Diffusion stellt in vielen Fällen keine passive Adoption einer Neuerung dar, sondern ist selbst ein innovativer Lernprozeß im Hinblick auf Verwendungstechniken und Nutzungsmöglichkeiten (Rosenberg 1985).

Betrachtet man speziell technische Innovationen, so erscheint es schon im Hinblick auf Erfindungen, noch mehr aber bezüglich des Innovations- und insbesondere des Diffusionsprozesses zweckmäßig, bestimmte Aspekte der Technik ins Kalkül zu ziehen. Im hier interessierenden Zusammenhang ist in erster Linie die Unterscheidung zwischen Einzeltechniken und technischen Systemen von Bedeutung. Dabei geht es nicht um eine völlig trennscharfe Differenzierung, kann man doch die meisten technischen Artefakte als Systeme betrachten, die aus vielen Einzelteilen zusammengesetzt sind. Vielmehr soll das Augenmerk auf einige Aspekte gelenkt werden, die vor allem bei größeren technischen Systemen deutlich werden (Schneider 1992; Schmidt, Werle 1994). Solche Systeme bestehen aus Modulen, die oft von verschiedenen unabhängigen Produzenten hergestellt und angeboten werden und deren Nutzung darauf beruht, daß die im Systemzusammenhang benötigten Komponenten zu einem bestimmten Zeitpunkt zur Verfügung stehen und von speziellen Agenturen oder auch den Nutzern so kombiniert werden, daß sie einen Nutzen entfalten können (Langlois, Robertson 1992). Insbesondere bei interaktiven Techniken hängt der

Systemnutzen zudem noch davon ab, daß immer mehrere Nutzer sie gleichzeitig gebrauchen. Der Käufer einer Brotschneidemaschine wird diese typischerweise als ein Einzelgerät betrachten, dessen Kauf und Nutzung in keiner Weise davon abhängig ist, ob andere auch ein solches Gerät besitzen. Anders ist das bei Telefaxgeräten und mehr noch bei bildschirmtextfähigen Fernsehgeräten oder Personal Computern. Zudem muß hier ein Netz existieren, an das man die Geräte anschließen kann. Es müssen Dienste angeboten werden, die man nutzen kann, und es müssen im Einzelfall weitere technische und organisatorische Bedingungen erfüllt sein, damit ein Systemnutzen entsteht.

Die Komponenten in einem technischen System sind interdependent, und auf seiten der Produzenten, Betreiber und Nutzer solcher Systeme entspricht der technischen eine gegenseitige soziale Abhängigkeit. Isoliertes oder auch sachlich oder zeitlich nicht aufeinander abgestimmtes Handeln der Akteure kann das Scheitern einer technischen Innovation zur Folge haben. Bei größeren technischen Systemen, insbesondere bei Netzwerktechniken, sind die Innovations- und die Diffusionsphase eng aneinander gekoppelt. Hier ist es neben der Lösung einzelner technischer Probleme konstitutive Erfolgsbedingung, daß die Koordination der Handlungen der Akteure gelingt. Diese handeln prinzipiell eigeninteressiert und werden als Produzenten, Betreiber oder Nutzer nur dann in eine Innovation einsteigen, wenn sie sich daraus einen Nutzen versprechen können. Ihr Nutzen ist allerdings nicht nur von ihrem eigenen Handeln, sondern auch davon abhängig, was andere tun. Entsprechend ist die Rationalität ihres Handelns keine "parametrische", sondern eine "strategische" (Elster 1983, 187). Bei größeren technischen Systemen, die aus einer Vielzahl komplementärer Komponenten bestehen, kann es also leicht geschehen, daß der Prozeß der Umsetzung einer Invention in eine Innovation, die sich dann auch im Markt durchsetzt, scheitert, obwohl die Erfindung zukunftsträchtig erscheint.

3 Probleme der Handlungskoordination durch den Markt

Gemäß den Annahmen der neoklassischen Ökonomie stellt in der einfachsten Betrachtungsweise der Preis der Güter und Dienste auf einem Wettbewerbsmarkt das einzige Signal dar, das Produzenten und Konsumenten benötigen, um ihr Handeln zu orientieren. Entsprechend ihren Produktions- bzw. Nutzenfunktionen passen sie die angebotene bzw. nachgefragte Menge von Gütern oder Diensten dem Preis an. Der Markt wird geräumt, die Produktionsfaktoren werden optimal alloziert, kurz: Wir haben es mit einem effizienten wohlfahrtsteigernden Modus der Handlungskoordination zu tun. Auch wenn solche idealen

Märkte in der Realität praktisch nie existieren, läßt sich doch feststellen, daß manche, z.B. Börsen, dem Ideal näher kommen als andere. Zu diesen anderen werden die Telekommunikationsmärkte gezählt, für die wiederholt einige Faktoren angeführt worden sind, die zu einem Marktversagen führen können.

Historisch am frühesten wurde die Tendenz zur Monopolbildung bei den Telekommunikationsnetzen thematisiert. In der Theorie des natürlichen Monopols werden die Konzentrationsprozesse als eine Folge produktionstechnischer Gegebenheiten erklärt (Baumol, Panzar, Willig 1982, 169-242; Antonelli 1994). Technische Unteilbarkeiten verbunden mit Größendegression und Verbundvorteilen führen in den Modellbetrachtungen dazu, daß ein einzelnes Unternehmen ein Produkt immer kostengünstiger als mehrere konkurrierende Unternehmen erstellen kann (Subadditivität). Die vor allem aus wettbewerbspolitischer Perspektive immer wieder geübte Kritik an der empirischen Validität der Annahmen dieser Theorie hat angesichts des raschen technischen Wandels an Plausibilität gewonnen. So läßt sich der Umfang der immer noch existierenden Monopole in der Telekommunikation nicht mehr mit dieser Theorie rechtfertigen, auch wenn es einleuchtet, daß es z.B. zumindest in der statischen Betrachtungsweise effizienter ist, eine Region mit einem einzigen Telefonnetz zu versorgen, als zwei oder mehrere konkurrierende Netze zu haben, wenn ein bestimmter Benutzerkreis angeschlossen werden soll. Nachdem sich über ein Jahrhundert in den meisten Ländern der Welt monopolartige Verhältnisse herausgebildet haben, werden sich ohne erhebliche Steuerungseingriffe die Verhältnisse von Konkurrenzmärkten nicht so schnell, wenn überhaupt, einstellen. Schon transaktionskostentheoretische Überlegungen lassen es vielmehr als wahrscheinlich erscheinen, daß die alten Monopole aufgrund spezifischer Investitionen, die gleichzeitig "versunkene" Kosten darstellen (Williamson 1985), den Markteintritt von potentiellen Wettbewerbern behindern oder sich mit diesen zusammenschließen werden, wenn nicht regulativ gegengesteuert wird (Weyhenmeyer 1994, 13-34). Unter dem Gesichtspunkt der Handlungskoordination auf der Anbieterseite bietet die Strategie vertikaler und horizontaler Integration die - im nächsten Kapitel ausführlicher zu behandelnde - Möglichkeit, bestimmte Koordinationsrisiken des Marktes zu verringern und damit nicht nur bestehende Monopole abzusichern, sondern auch eine sicherere Basis für die erfolgreiche Einführung neuer Netze oder Dienste zu schaffen (Teece 1988). Marktkoordination wird durch hierarchische Koordination ersetzt (Scharpf 1992).

Nicht nur beim Angebot, sondern auch auf der Seite der Nachfrage nach Telekommunikationsdiensten gibt es Anhaltspunkte für ein Marktversagen. Hier ist in erster Linie das bekannte Konzept der Netzexternalitäten zu nennen. Wenn der

Nutzen, den ein Teilnehmer daraus zieht, ein Telefon zu besitzen, mit der Zahl weiterer Teilnehmer steigt, dann wird das Netz mit wachsender Größe auch für solche Personenkreise attraktiv, die zunächst an einer Nutzung nicht interessiert waren (Rohlfs 1974; Katz, Shapiro 1985). Der positive externe Effekt (Nutzungsexternalität) löst eine sich beschleunigende Wachstumsdynamik des Dienstes aus. Für potentielle neue Konkurrenten im Markt für den Telefondienst wird die Situation mit dem Wachstum des bereits im Markt befindlichen Angebots immer hoffnungsloser, wenn es keinen Übergang in den bestehenden Dienst gibt. Für die Benutzer konkurrierender Dienste bedeutet die positive Externalität des Dienstes des Marktführers eine negative Externalität, wenn kein Dienstübergang möglich ist. Zudem entstehen zusätzliche Kosten, will man zu einem nicht verbundenen Dienst wechseln. All dies fördert die Monopolbildung oder auch, wie im obigen Beispiel, den wettbewerbshemmenden Zusammenschluß potentieller Konkurrenten mit Blick auf einen bestimmten Benutzerkreis, wenn nicht ein Dienst- bzw. Netzübergang garantiert ist. Man stelle sich die Diffusionsprobleme der Mobilfunknetze D2 oder E-plus vor, wenn es in Deutschland keinen (vom Regulierer garantierten) Übergang in das Netz der Telekom gäbe. In der Regel müssen Dienste, bei denen Netzexternalitäten auftreten, wegen der Interdependenz der Nachfrage immer erst einen Schwellenwert überschreiten bzw. eine kritische Masse erreichen, bevor ein sich selbst tragender Wachstumsprozeß einsetzt, der schließlich zu einem Monopol führen kann (Allen 1988; Blankart, Knieps 1992). Mit dem Problem der kritischen Masse ist also auch ein einzelner konkurrenzloser Anbieter in einem neuen Markt konfrontiert.

Während die Theorie des natürlichen Monopols eher von der Angebotsseite und das Konzept der Netzexternalitäten eher von der Nachfrageseite her argumentiert, bezieht sich ein dritter Ansatz schwerpunktmäßig auf die Wechselwirkung von Angebot und Nachfrage bei Netzwerktechniken. Mit den Begriffen des lock-in und der Pfadabhängigkeit wird das Phänomen bezeichnet, daß gerade auch unter Wettbewerbsbedingungen bestimmte technische Lösungen dazu tendieren, sich im Markt festzusetzen und nur auf ihnen aufsetzende Weiterentwicklungen zuzulassen (Arthur 1989). Aufgrund von positiven Lerneffekten oder auch von positiven Netzexternalitäten steigen hier - entgegen den verbreiteten Annahmen der Ökonomie - die Grenzerträge der Produktion und/oder der Nutzung, so daß ein Abweichen vom einmal eingeschlagenen Entwicklungspfad mit hohen Kosten verbunden wäre. Dieser Wirkungsmechanismus, der am Beispiel der Schreibmaschinentastatur ausführlich dargestellt (David 1985), später aber auch kritisiert wurde (Liebowitz, Margolis 1990), unterstützt "alte" Techniken und deren Weiterentwicklung gegenüber "neuen" Techniken, auch wenn letztere effizienter sind. Gerade in Konkurrenzmärkten ist es nach dieser Theorie für den potentiellen Anbieter wie für den potentiellen Nutzer einer völlig neuen Technologie sehr riskant, auf diese umzusteigen, wenn im Markt bereits eine Technologie vergleichbarer Funktionalität vorhanden ist. Der notwendige konzertierte Übergang aller Beteiligten auf die neue Technologie erfordert einen Koordinationsaufwand, den in Wettbewerbsmärkten unter normalen Bedingungen niemand zu leisten bereit ist. Selbst bei stark eingeschränktem Wettbewerb sind die Probleme des Übergangs noch beträchtlich, wie das noch zu diskutierende Beispiel des ISDN zeigt.

Die drei skizzierten Ansätze zeigen, daß die Bedingungen reiner Marktkoordination erstens in den Märkten für "Kommunikationsgüter" (Blankart, Knieps 1994) oft nicht gegeben sind und zweitens dieser Koordinationsmechanismus immer wieder versagen kann, wenn es darum geht, neue Netze oder Dienste der Telekommunikation zu etablieren. Dies kann sogar dazu führen, daß technisch hoch effiziente Innovationen, für die eigentlich eine Nachfrage existieren "müßte", auf der Strecke bleiben, weil die erforderliche Handlungskoordination nicht gelingt. Solche Situationen werden als Dilemmata bezeichnet. Die Fragen, ob es Auswege gibt und welche Rolle hierbei staatliche Hilfen spielen können, werden im folgenden Kapitel untersucht.

4 Typische Koordinationsdilemmata bei Netzen und Diensten der Telekommunikation und Möglichkeiten ihrer Überwindung

Um die in den drei komplementären Theorien des Marktversagens bei Kommunikationsgütern angesprochenen Probleme zu spezifizieren und aus der Perspektive der Marktteilnehmer, also auf der Handlungsebene, zu konkretisieren, werden drei einfache spieltheoretische Grundmodelle benutzt, die typische Problemsituationen bei neuen Netzen und Diensten der Telekommunikation kennzeichnen. Die Spieltheorie modelliert Situationen interdependenter Entscheidungen und identifiziert dominante Strategien rationaler nutzenmaximierender Akteure in Abhängigkeit von den Auszahlungen unterschiedlicher strategischer Optionen. Die hier gewählte sehr vereinfachte Betrachtung nichtkooperativer Spiele mit nur zwei Spielern kann die Komplexität realer Handlungssituationen natürlich nicht abbilden, sie hat aber einen erheblichen heuristischen Nutzen.

4.1 Das Gefangenendilemma

Die Diffusion eines neuen Dienstes oder Netzes kann unter bestimmten Bedingungen mit Problemen behaftet sein, die von öffentlichen Gütern bekannt sind. Sie ergeben sich speziell im Zusammenhang mit der Entscheidung von Nutzern, von einem Netz oder Dienst zu einem anderen zu wechseln, wenn Nutzungsexternalitäten auftreten und eine kritische Masse von Nutzern erreicht werden muß, damit die Entscheidung für den Wechsel einen größeren Nutzen stiftet als der Verbleib im alten Zustand. Wenn das neue Angebot erst einmal die kritische Masse von Nutzern erreicht hat, ist der Einstieg für jeden Akteur lohnend.

Ein Blick auf die Abbildung 1 zeigt, daß jeder Spieler seinen Nutzen vergrößert, wenn man gemeinsam wechselt und jeder die dazu notwendigen Vorleistungen erbringt. Statt der Auszahlung zwei erhält jeder den größeren Betrag drei. Für jeden einzelnen Akteur ist es allerdings unsicher, ob die anderen wechseln. Wechselt Spieler A, während andere nicht wechseln, muß er fürchten, auf seiner Vorleistung sitzen zu bleiben, was ihm die ungünstigste Auszahlung eins einbringt. Am besten wäre es für A, daß B bzw. genügend viele andere zunächst wechseln, dann könnte er oder sie ohne Vorleistung nachziehen und erreichte die maximale Auszahlung von vier. Diese für jeden Spieler attraktivste (dominante) Strategie führt jedoch dazu, daß der Übergang zu einem neuen Netz oder Dienst unterbleibt, die Innovation die kritische Masse nicht erreicht und scheitert. Dieses in der Literatur unter dem Begriff der "adoption externalities" diskutierte Problem wird noch zugespitzt, wenn man unterstellt, daß sich für bestimmte Akteure der Einstieg in ein neues Netz oder einen neuen Dienst zu einem bestimmten Zeitpunkt oder sogar prinzipiell nicht lohnt, die bereits im Netz befindlichen Teilnehmer aber vom Einstieg dieser Gruppe so stark profitieren würden, daß insgesamt ein positiver Nettonutzen bliebe (Dybvig, Spatt 1983). Spätestens hier liegt ein echtes Gefangenendilemma vor, wobei man sich die Darstellung in Abbildung 1 als eine Menge simultan gespielter dyadischer miteinander verbundener Spiele vorstellen kann (Ullmann-Margalit 1977, 18-73).

Abbildung 1: Gefangenendilemma

Spieler B

Spieler A	früher Wechsel ins ISDN	Abwarten
früher Wechsel ins ISDN	3 3	4 1
Abwarten	1 4	2 2

Werte rechts oben = Auszahlung von B
Werte links unten = Auszahlung von A

Die Frage nach dem Ausweg aus dem Dilemma, das in diesem Falle bei den potentiellen Benutzern neuer Dienste oder Netze liegt, muß die Anbieterseite einbeziehen. Konkurrieren mehrere Anbieter mit unverbundenen, aber gleichwertigen Netzen oder Diensten, so verschärft sich zunächst einmal das Dilemma bei den Nutzern. Plötzlich steht nicht nur der Übergang von einem alten zu einem neuen Netz oder Dienst zur Debatte, sondern auch noch die Frage, für welches der konkurrierenden Angebote man sich entscheidet. Dies spricht dafür, daß nur ein Anbieter am Markt auftritt oder die Anbieter kooperieren. Solche gemeinsamen Angebote aus wettbewerbspolitischen Gesichtspunkten zu untersagen, wie dies die Kommission der Europäischen Union im Falle der Media Service GmbH (Telekom, Kirch, Bertelsmann) im Herbst des Jahres 1994 getan hat, birgt in diesem Falle das Risiko in sich, daß der Aufbau einer Service-Infrastruktur für multimediale Dienste-Angebote noch längere Zeit auf sich warten läßt oder gänzlich unterbleibt. Doch auch wenn nur ein Anbieter auftritt, bleibt das Problem der "adoption externalities" bei den Nutzern. Wenn das neue Angebot zudem eine starke infrastrukturelle Komponente hat, was eher für Netze als für Dienste zutrifft, kann ein echtes Gefangenendilemma vorliegen, das den Anbieter möglicherweise schon davon abhält, überhaupt den neuen Markt zu erschließen. Das Beispiel des diensteintegrierenden digitalen Netzes ISDN soll als Folie dienen, auf der einige Möglichkeiten der Problemlösung skizziert werden.

Das ISDN, das sich technisch erheblich vom alten analogen Telefonnetz, aber auch von den Datennetzen in Deutschland unterscheidet, mußte von der Deutschen Bundespost zunächst so konzipiert werden, daß es keine isolierte Insel in der Telekommunikation darstellte, sondern Übergänge zu den anderen Netzen und Diensten ermöglichte. Solche Übergänge reduzieren die Kosten bzw. das Risiko des Wechsels zum ISDN für alle potentiellen Benutzer. Werbemaßnahmen, die das Vertrauen in eine erfolgreiche Zukunft des ISDN stärken sollen, gehören ebenso zum strategischen Repertoire des Anbieters wie niedrige Einführungspreise (Rohlfs 1974) oder die Förderung bzw. Subventionierung bestimmter Anwendungen im ISDN, wie dies die Telekom seit Jahren praktiziert (Claus, Schön 1990). Solche Maßnahmen verändern die Auszahlungsmatrix der potentiellen Benutzer des ISDN. Im günstigsten Falle würden die frühen Einsteiger in das ISDN auch dann noch mit der Auszahlung zwei (statt eins) rechnen können, wenn die meisten anderen nicht ebenfalls frühzeitig überwechselten. Die wichtigste Voraussetzung hierfür ist wohl, daß die Gebühren für die Benutzung des ISDN nicht höher liegen als für das Telefonnetz, das sich pfadabhängig entwickelt hat und inzwischen ein multifunktionales, nicht mehr nur auf die Sprachkommunikation reduziertes preisgünstiges Nutzungsspektrum umfaßt (Plank, Kaderali 1993). Aus der Sicht der Nutzer wäre das Gefangenendilemma damit aufgelöst. Die Frage ist, ob der Anbieter des ISDN die zusätzlichen Kosten und Risiken dieser Strategie tragen kann und will. Offen ist aber auch, ob der Regulierer solche Maßnahmen zuläßt.

Damit ist die Aufmerksamkeit auf den Staat gelenkt, dessen aktive Rolle zumindest bei echten öffentlichen Gütern weitgehend unbestritten ist. Er kann der Telekom Lasten abnehmen, indem er die Fördermaßnahmen übernimmt oder finanziert, die soeben angesprochen wurden. In geringerem Umfang ist dies auch geschehen. Daneben könnten staatliche Agenturen als massenhafte Nutzer des ISDN auftreten und es sozusagen anschieben, bis es sich aus eigener Kraft weiterentwickelt. Zudem könnte der Staat bei der Entwicklung und Standardisierung von neuen Diensten im ISDN behilflich sein und z.B. "Organisationslücken" (Kubicek 1993) schließen, die bislang die Koordination standardisierter Diensteangebote durch Dritte im ISDN erschwert haben. Eine erheblich weitergehende Forderung an den Staat stand in der Mitte der 1980er Jahre zur Debatte, als ein Gutachten im Auftrag der Regierungskommission Fernmeldewesen den besonderen Infrastrukturcharakter von ISDN betonte und als öffentliche Vorleistung dessen massive Subventionierung, zum Teil als interne Quer- und Längssubventionierung innerhalb der Bundespost, anregte (Arnold 1986). Ein derart weitgehendes Engagement des Staates wäre heute in der gewandelten Telekommunikationslandschaft (Werle 1994) ordnungspolitisch wohl nicht durchsetzbar, falls die Idee jemals eine Chance hatte. Prinzipiell ergeben sich zudem, wie am Beispiel der staatlichen Förderung der Kernenergie gezeigt wurde, im Zusammenspiel zwischen den staatlichen Agenturen und der Industrie Informationsdilemmata vom Typ des Gefangenendilemmas, die zu einer kollektiv suboptimalen Technikwahl führen (Keck 1993, 41-82). Das Dilemma würde also, setzte man zu sehr auf den Staat, nicht ausgeräumt, sondern nur in eine andere Arena verschoben.

Die Diskussion des Gefangenendilemmas hat gezeigt, daß es zu seiner Überwindung zwar kein Patentrezept, doch eine Reihe einzelner Maßnahmen gibt, die Abhilfe schaffen können. Dabei sind natürlich auch auf der Seite der potentiellen Nutzer neuer Netze und Dienste Maßnahmen, z.B. der gegenseitigen vertraglichen Bindung, denkbar, die das Dilemma entschärfen. Letztlich laufen sie darauf hinaus, das nichtkooperative in ein kooperatives Spiel zu transformieren. Vieles spricht aber auch dafür, daß zumindest außerhalb der großen Infrastrukturprojekte, wie der Information Highways und des breitbandigen ISDN, echte Gefangenendilemmata die Ausnahme sind und andere Typen von Koordinationsproblemen häufiger auftreten.

4.2 Das Versicherungsspiel

In einem Markt, der wie der Telekommunikationsmarkt insgesamt hohe Wachstumsraten verspricht, wenn man zu entsprechenden investiven Vorleistungen bereit ist, gleicht die Situation der Entscheidung für eine bestimmte Handlungsstrategie speziell auf der Seite der Anbieter von Netzen und Diensten eher einem Versicherungsspiel als einem Gefangenendilemma.

Die Geschichte der deutschen Telekommunikation bietet hier mit dem Bildschirmtext (Btx) ein Beispiel, das unter diesem Aspekt analysiert worden ist (Schneider 1993). Mitte der 1970er Jahre entstand der Plan, mit dem Btx ein Informations- und Kommunikationssystem einzuführen, das Millionen Teilnehmern den Zugang zu Datenbanken und auch die Durchführung von geschäftlichen Transaktionen (Telebanking, Teleshopping) ermöglichen sollte. Die Idee der Bundespost basierte technisch auf einer Kombination des weit verbreiteten Telefons mit dem ebenfalls in den meisten Haushalten verfügbaren Fernsehgerät, das mit einem Dekoder zu einem Btx-Endgerät aufgerüstet werden mußte. Zusätzlich wurde für den Zugang zum Telefonnetz ein Modem benötigt. Ein Netz von Großrechnern, den Btx-Zentralen, enthielt die Datenbanken der Informationsanbieter und diente der Abwicklung der Transaktionen (Schneider 1989).

Der Erfolg des Dienstes war unter anderem davon abhängig, daß die Hersteller der verschiedenen technischen Komponenten bereit waren, in die Systementwicklung zu investieren und ihre Aktivitäten zu koordinieren, und daß sich Informationsanbieter fanden, die ihre Angebote in den Datenbanken der Btx-Zentralen den technischen Bedingungen entsprechend speicherten und dem erhofften großen Nutzerkreis unterbreiteten. Aus der Sicht der Investoren lohnte sich ein Engagement beim Btx erst, wenn eine genügend große Zahl von Teilnehmern diesen Dienst wirklich nutzte. Eine notwendige Bedingung hierfür war es, daß alle Komponenten des Systems gleichzeitig verfügbar und möglichst preisgünstig waren. Jeder Akteur mußte sich also darauf verlassen können, daß sich auch die anderen gleichermaßen engagierten, da sonst die eigenen Investitionen verloren gewesen wären. Die Fernsehgeräteproduzenten etwa waren nur bereit, neue Produkte mit Dekodern auszustatten, wenn sie darauf vertrauen konnten, daß genügend viele Firmen hinreichend interessante Informationen für die Btx-Teilnehmer anboten. Um dies zu ermöglichen, mußte die Bundespost rechtzeitig funktionsfähige Btx-Zentralen und ein Netzmanagement einrichten. Die Informationsanbieter mußten hierauf ebenso vertrauen können wie auf ein großes Angebot preisgünstiger mit Dekodern ausgestatteter Fernsehgeräte. Jeder Akteur mußte sich also darauf verlassen können, daß sich auch die anderen gleichermaßen engagierten. Hier lag ein Risiko. Andererseits war ein Einstieg in Btx für die meisten Akteure unmittelbar attraktiv, da dieses System im wesentlichen vorhandene Technik kombinierte (Mayntz, Schneider 1988). Entwicklungskosten fielen also nur in begrenztem Umfang an, und die zusätzliche Aktivität versprach eine bessere Auslastung der Kapazitäten.

Aus der Sicht der Produzenten glich die strategische Entscheidungssituation also einem Versicherungsspiel. Hier ist es für jeden Spieler prinzipiell attraktiv zu kooperieren, also seinen investiven Beitrag zu leisten. In der Abbildung 2 wird dies daran deutlich, daß die beiderseitige Wahl der Kooperation den Spielern jeweils die Auszahlung vier einbringt. Jedoch wäre der Verlust für jeden Spieler schmerzhaft, wenn nur er und nicht auch die anderen investierten. Ihm bliebe dann nur die Auszahlung eins. Risikoscheue Spieler, die lieber den potentiellen Verlust minimieren als den möglichen Gewinn maximieren, werden nur dann in ein neues Netz oder einen neuen Dienst investieren, wenn sie sicher sein können, daß dies auch die anderen tun. Anderenfalls ziehen sie es vor, untätig zu bleiben bzw. nicht zu kooperieren, da ihnen dies ganz unabhängig davon, was die anderen tun, die Auszahlung zwei garantiert. Die Auszahlung vier können sie allerdings ohne Risikobereitschaft nicht erreichen. Anders als das Gefangenendilemma weist das Versicherungsspiel keinen inhärenten

Anreiz zur Nichtkooperation auf. Sie ist also nicht dominante Strategie, jedoch ist auch Kooperation dies nicht.

Abbildung 2: Versicherungsspiel

		Spieler B	
		Investition in Btx	keine Investition in Btx
Spieler A	Investition in Btx	4 4	2 1
	keine Investition in Btx	1 2	2 2

Werte rechts oben= Auszahlung von B
Werte links unten = Auszahlung von A

Die Frage beim Versicherungsspiel ist, ob und wie Garantien gegeben werden können, um risikoaverse Spieler zur Kooperation zu bewegen. Im Falle von Btx konnte die Bundespost als zentraler Promotor und einflußreichster Akteur durch ihr Verhalten noch am ehesten die notwendigen Signale geben, um risikoscheue Akteure davon abzuhalten, im Zweifel auszusteigen. Die Post bemühte sich, die positiven Erwartungen, die mit diesem Dienst verknüpft waren, für die gesamte Dauer des Einführungsprozesses zu stabilisieren. Sie investierte sichtbar und erheblich in die Hintergrundtechnik von Btx, vergab Forschungs- und Entwicklungsaufträge z.B. an die Hersteller Btx-fähiger Fernsehgeräte und finanzierte breit angelegte Werbeaktionen für den neuen Dienst. Allerdings erwiesen sich die routinisierten Verfahren der Post im Hinblick auf Planungszeiträume (sehr lang), technische Gestaltungsprinzipien (Perfektionismus) oder den Umgang mit Geschäftspartnern, die sich in vielen anderen Feldern bewährt hatten, im Falle von Btx als problematisch. Die geringe Erfahrung mit den Techniken der Datenverarbeitung und der Unterhaltungselektronik und zum Teil daraus resultierende technische Fehlentscheidungen sowie der ungewohnte Umgang mit einer Vielzahl von neuen Akteuren, mit denen die Post traditionell nicht interagierte, führten zu erheblichen Zeitverzögerungen und Kostenerhöhungen bei der Einführung von Btx. Dies unterminierte die Koordinationsbemühungen der Bundespost und ließ Zweifel an der positiven Entwicklungsperspektive aufkommen, was in einem Versicherungsspiel zur Folge haben kann, daß die Akteure eine Strategie der Risikominimierung einschlagen. Folglich werden Investitionen unterlassen oder auf möglichst niedrigem Niveau gehalten. Wenn dieser Prozeß einsetzt, ist, wie Abbildung 2 zeigt, Nichtkooperation dann in der Tat günstiger (Auszahlung zwei) als einseitige Kooperation bei Nichtkooperation der anderen Seite (Auszahlung eins). So war es, sehr vereinfacht dargestellt, beim Btx (Schneider 1993).

Der Fall Btx hat bereits gezeigt, daß im Versicherungsspiel eine Problemlösung darin liegen kann, daß ein ressourcenstarker Akteur durch sein Verhalten den Partnern die nötigen Garantien gibt (Katz, Shapiro 1994). Dies kann durch ein System von Verträgen festgeschrieben werden. In der Telekommunikation wie auch in anderen Sektoren sind solche Optionen jedoch oft regulativ eingeschränkt. So konnte die Bundespost anders als France Télécom den Benutzern von Btx nicht Terminals kostenlos zur Verfügung stellen und so für gesicherten Geräteabsatz und eine kritische Masse von Teilnehmern sorgen. Sie wollte es allerdings auch nicht.

Auch der Staat kann die Rolle des Versicherers übernehmen. Er kann z.B., um risikoaverse Akteure für ein Engagement in einem innovativen Projekt zu gewinnen, Kompensationszahlungen für den Fall des Scheiterns anbieten oder Kredite gewähren, die nur im Erfolgsfalle zurückgezahlt werden müssen. So würden sich die Beteiligten niemals schlechter stellen, als wenn sie sich nicht engagiert hätten. Sie bekämen also immer mindestens eine Auszahlung von zwei. Wie auch beim Gefangenendilemma dürfte die Wettbewerbspolitik nicht vorschnell eine enge Kooperation oder den Zusammenschluß von Unternehmen verbieten, wenn dies dazu dient, die Risiken der Markteinführung von Innovationen zu verringern. Solche Strategien könnten toleriert, aber auch reguliert werden, um monopolistischen Machtmißbrauch zu verhindern. Staatliche Hilfen sind im Versicherungsspiel weniger dringlich als beim Gefangenendilemma. Es ist eher damit zu rechnen, daß Unternehmen von sich aus anderen in begrenztem Umfang Versicherungen gewähren. Wenn bei einem neuen Netz oder Dienst in der Telekommunikation jedoch kein anderes Risiko als das im Versicherungsspiel dargestellte existiert, dann ist es risikolos, Versicherungen zu gewähren, denn mit der Kooperation aller Beteiligten wird das jeweilige Projekt schließlich auch erfolgreich enden (Dybvig, Spatt 1983).

4.3 Der Kampf der Geschlechter

Ein im Vergleich zum Gefangenendilemma und zum Versicherungsspiel wiederum etwas anders gelagertes Koordinationsproblem läßt sich als Kampf der Geschlechter modellieren. Es ist typisch für die Aushandlung von Kompatibilitätsstandards in Komitees (Farrell, Saloner 1988; Schmidt, Werle 1995), findet sich aber auch bei Netzen und Diensten der Telekommunikation, bei denen das technische Kompatibilitätsproblem gelöst ist. Ein aktuelles Beispiel zeigt, wie sich als Folge von marktstrategischen Zügen der Anbieter für die Nutzer die Problemsituation des Kampfes der Geschlechter ergeben kann. In generalisierter Form beweist es zugleich, daß auch diese Problemsituation die Diffusion von Innovationen behindern kann.

Seit kurzer Zeit bieten die Betreiber der Mobilfunknetze D2 und D1 ihren Kunden einen um rund 50% unter dem Normaltarif liegenden Preis für Telefongespräche an, die innerhalb des jeweiligen Netzes geführt werden. Wenn man als Teilnehmer im D2-Netz einen anderen Teilnehmer desselben Netzes anruft, zahlt man weniger, als wenn der andere Teilnehmer sich im D1-Netz oder im konventionellen Telefonnetz der Telekom befindet. Entsprechendes gilt für die Teilnehmer von D1. Benutzer des Mobilfunks können also ihren Aufwand dadurch optimieren, daß sie sich dem Netz anschließen, in dem sich die meisten ihrer Kommunikationspartner befinden. Nun ist der Fall denkbar, daß zwei Firmen in eine enge Geschäftsbeziehung eintreten, in der der Mobilfunk eine wichtige Rolle spielt. Wenn die Firmen Teilnehmer in verschiedenen Netzen sind, besteht für beide Seiten ein Kostennachteil, der dadurch beseitigt werden kann, daß einer von beiden in das andere Netz wechselt. Beide würden es gern sehen, daß der andere zu ihnen wechselt, weil das für sie den größten Nutzen bringt.

Die Abbildung 3 veranschaulicht das Problem. Verbleibt jeder Spieler in seinem Netz, so erzielt er die Auszahlung zwei. Noch ungünstiger wäre es, wenn jeder unkoordiniert in das Netz des anderen wechselte, denn dann wäre man weiterhin getrennt und hätte gleichzeitig das im Hinblick auf die übrige Kommunikation kostengünstigere Netz verlassen (Auszahlung eins). Wenn ein Spieler in das Netz des anderen wechselt, verbessert er zwar seine Auszahlung auf drei, die Auszahlung des anderen steigt jedoch sogar auf vier, weil er nicht die Nachteile des Wechsels tragen muß. Für beide Seiten ist Kooperation also günstiger als Nichtkooperation, umstritten sind jedoch die Bedingungen, da die Präferenzen verschieden sind. Ähnliche Probleme können sich auch bei der Standortwahl von Unternehmen im Hinblick auf Kunden, Zulieferer usw. ergeben (Carlton,

Klamer 1983). Die Lösung des Kampfes der Geschlechter ist dann schwierig, wenn jeder Spieler nicht nur auf seinen eigenen Nutzenzuwachs schaut, sondern diesen daran mißt, was der andere hinzugewinnt. Obwohl das Spiel keinen inhärenten Anreiz zur Nichtkooperation enthält, kann eine starke Fixierung auf die relativen Gewinne und die Abneigung, relativer Verlierer zu werden, eine Einigung verhindern (Snidal 1991). In diesem Falle verbleiben die Spieler im für beide suboptimalen Zustand mit der Auszahlung zwei.

Abbildung 3: Kampf der Geschlechter

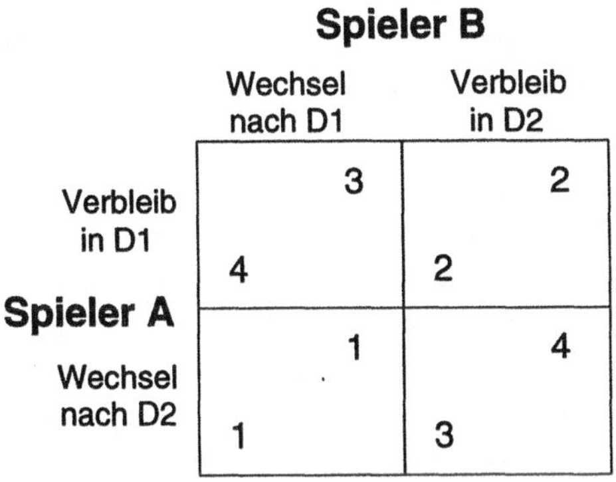

Werte rechts oben = Auszahlung von B
Werte links unten = Auszahlung von A

Anders als beim Gefangenendilemma und beim Versicherungsspiel, wo es jeweils denkbar ist, durch vertragliche Vereinbarung unmittelbar eine für beide Seiten gleich günstige kooperative Lösung zu erreichen, ist dies beim Kampf der Geschlechter schwieriger, weil nicht automatisch beide gleichviel hinzugewinnen, sondern ein Verteilungsproblem besteht (Scharpf 1988). Im Beispiel könnte eine Ausgleichszahlung vereinbart werden. Der Spieler mit der Auszahlung vier gibt dem Partner mit der Auszahlung drei etwas ab, so daß schließlich beide die Auszahlung dreieinhalb haben. Eine staatliche Intervention in die Prozesse erscheint daher beim Kampf der Geschlechter nicht erforderlich. Hinzu kommt, daß sich das Beispiel zumindest nicht unmittelbar auf die grundsätzliche Problematik der Diffusion neuer Netze oder Dienste bezieht. Allerdings läßt es sich zeigen, daß Chancen der Diffusion durch die Problemsituation des Kampfes der Geschlechter durchaus beeinflußt werden können. Negativ betroffen sind vor allem noch neue relativ kleine Netze.

Die deutliche preisliche Begünstigung der netzinternen gegenüber der netzübergreifenden Kommunikation verschafft bei gleichem Niveau und bei gleicher Struktur der Differenzierung der Preise den größeren Netzen einen Wettbewerbsvorteil. Wenn das neue Mobilfunknetz E-plus genauso tarifiert wie D1 und D2, dann hat dies im Spiel Kampf der Geschlechter zur Folge, daß E-plus Teilnehmer mit attraktiven Ausgleichszahlungen in die anderen Netze abgeworben werden, es sei denn, die Kosten des Wechsels sind prohibitiv. Für die beiden Spieler bringt die Wahl des größeren Netzes den größeren gemeinsamen Nutzen, und damit kann die Ausgleichszahlung an den Spieler, der das kleine Netz verläßt, auch höher ausfallen. Hieraus folgt, daß das neue Netz E-plus nicht diffundieren, sondern im Extremfall ganz vom Markt verschwinden würde. Der Wettbewerb würde reduziert, und ein Monopol könnte entstehen, zumal auch jeder neue Kunde des Mobilfunks infolge der verschieden großen Netzexternalitäten das größere Netz präferiert. Der Betreiber des Netzes E-plus muß, um die Diffusionschancen zu wahren, die interne ebenso wie die Kommunikation über Netzgrenzen hinweg deutlich billiger als die Konkurrenten anbieten. Staatliche Intervention mit dem Ziel, die Diffusion neuer Netze und Dienste zu fördern, kann mit regulativen Mitteln verhindern, daß die Preisdifferenzen zwischen netzinterner und netzübergreifender Kommunikation zu groß werden, was wohl auch bei weitgehend einheitlich standardisierten Netzen von der Kostenseite her nicht gerechtfertigt wäre. Soweit die aus der Theorie des natürlichen Monopols bekannten Faktoren den großen Netzen eine aggressive Preispolitik ermöglichen, müßte der Staat auch hier zum Schutz kleinerer Wettbewerber intervenieren, bis diese eine kritische Masse an Teilnehmern erreicht haben.

5 Konklusion

Einige Faktoren, die die Diffusion neuer Netze und Dienste in der Telekommunikation behindern können, wurden diskutiert. Zusätzlich zu den üblichen Marktrisiken (Stoetzer 1992), mit denen jede Innovation konfrontiert ist, gibt es in der Telekommunikation Probleme, die mit dem System- und Netzwerkcharakter dieser Technik und der daraus resultierenden Notwendigkeit der Handlungskoordination zusammenhängen. Die allgemein als Phänomene des Marktversagens bekannten Probleme in der Telekommunikation wurden skizziert und auf der Handlungsebene als Dilemmata spieltheoretisch spezifiziert. Obwohl Koordination bzw. Kooperation einen Nutzenzuwachs für alle Akteure verspricht, also Positivsummenspiele gespielt werden, gibt es typischerweise Koordinationshemmnisse, wobei im Falle des Gefangenendilemmas Nichtkooperation sogar die dominante Strategie darstellt. Oft stehen den Akteuren Möglichkeiten offen, mit eigenen Mitteln Auswege aus den Dilemmata zu finden. Daher sollte die Rolle des Staates bei neuen Netzen und mehr noch bei neuen Diensten der Telekommunikation subsidiär bleiben. Auch Interventionen in vermeintliche Monopolbildungsprozesse sollten nicht vorschnell erfolgen, sondern es wäre zunächst zu prüfen, ob Zusammenschlüsse der Diffusion von Innovationen nützen können. Umgekehrt gibt es für manche Produkte einfach keinen Markt, und manche Unternehmen sind einfach auch zu wenig effizient, um einen Markt zu erschließen. Daran kann auch der Staat nichts ändern.

Literaturverzeichnis

Allen, David, New Telecommunications Services, Network Externalities and Critical Mass, in: Telecommunications Policy, Jg. 12, 1988, S. 257-271.

Antonelli, Cristiano, Increasing Returns: Networks Versus Natural Monopoly. The Case of Telecommunications, in: Pogorel, Gérard (Hrsg.), Global Telecommunications Strategies and Technological Changes, Amsterdam 1994, S. 113-134.

Arnold, Franz, Leistungsstand, Tarife und Innovationsförderung im Fernmeldewesen. SCS-Studie im Auftrag der Regierungskommission Fernmeldewesen, Bonn 1986.

Arthur, Brian W., Competing Technologies, Increasing Returns, and Lock-In by Historical Events, in: The Economic Journal, Jg. 99, 1989, S. 116-131.

Asdonk, Jupp, Bredeweg, Udo, Kowol, Uli, Innovation als rekursiver Prozeß, in: Zeitschrift für Soziologie, Jg. 20, 1991, S. 290-304.

Baumol, William J., Panzar, John C., Willig, Robert D., Contestable Markets and the Theory of Industry Structure, New York 1982.

Blankart, Charles B., Knieps, Günter, The Critical Mass Problem in a Dynamic World: Theory and Applications to Telecommunication, in: Klaver, Franca, Slaa, Paul (Hrsg.), Telecommunication - New Signposts to Old Roads, Amsterdam 1992, S. 55-64.

Blankart, Charles B., Knieps, Günter, Kommunikationsgüter ökonomisch betrachtet, Diskussionspapier Nr. 13 des Instituts für Verkehrswissenschaft und Regionalpolitik der Universität Freiburg, 1994.

Carlton, Dennis W., Klamer, Mark, J., The Need for Coordination Among Firms, with Special Reference to Network Industries, in: University of Chicago Law Review, Jg. 50, 1983, S. 446-465.

Claus, Joachim, Schön, Helmut, ISDN im Herbst 1990. Netzausbau, Dienste, Endgeräte, Vertrieb und Anwendungsförderung, in: Jahrbuch der Deutschen Bundespost, Jg. 41., 1990, S. 147-187.

David, Paul A., Clio and the Economics of QWERTY, in: American Economic Review, Jg. 75, 1985, S. 332-337.

Dybvig, Philip H., Spatt, Chester S., Adoption Externalities as Public Goods, in: Journal of Public Economics, Jg. 20, 1983, S. 231-247.

Elster, Jon, Explaining Technical Change, Cambridge 1983.

Farrell, Joseph, Saloner, Garth, Coordination Through Committees and Markets, in: Rand Journal of Economics, Jg. 19, 1988, S. 235-252.

Katz, Michael L., Shapiro, Carl, Network Externalities, Competition, and Compatibility, in: American Economic Review, Jg. 75, 1985, S. 424-440.

Katz, Michael L., Shapiro, Carl, Systems Competition and Network Effects, in: Journal of Economic Perspectives, Jg. 8, 1994, S. 93-115.

Keck, Otto, Information, Macht und gesellschaftliche Rationalität, Baden-Baden 1993.

Kubicek, Herbert, Organisatorische Voraussetzungen des branchenübergreifenden elektronischen Datentausches. Neue Aufgaben für Wirtschaftsverbände? in: Kubicek, Herbert, Seeger, Peter (Hrsg.), Perspektive Techniksteuerung, Berlin 1993, S. 143-168.

Langlois, Richard N., Robertson, Paul L., Networks and Innovation in a Modular System: Lessons from the Microcomputer and Stereo Component Industries, in: Research Policy, Jg. 21, 1992, S. 297-313.

Liebowitz, S.J., Margolis, Stephen E., The Fable of the Keys, in: Journal of Law & Economics, Jg. 23, 1990, S. 1-25.

Mayntz, Renate, Schneider, Volker, The Dynamics of System Development in a Comparative Perspective: Interactive Videotex in Germany, France and Britain, in: Mayntz, Renate, Hughes, Thomas P. (Hrsg.), The Development of Large Technical Systems, Frankfurt a.M., 1988, S. 263-298.

Plank, Karl-Ludwig, Kaderali, Firoz, Informations- und Kommunikationstechniken. Entwicklungstrends und Nutzungspotentiale, Braunschweig 1993.

Rice, Ronald, Rogers, Everett, Reinvention in the Innovation Process, in: Knowledge, Jg. 1, 1980, S. 499-514.

Rohlfs, Jeffrey, A Theory of Interdependent Demand for a Communications Service, in: Bell Journal of Economics, Jg. 5, 1974, S. 16-37.

Rosenberg, Nathan, Inside the Black Box. Technology and Economics, Cambridge 1985.

Scharpf, Fritz W., Verhandlungssysteme, Verteilungskonflikte und Pathologien der politischen Steuerung, in: Politische Vierteljahresschrift, Sonderheft 19, 1988, S. 61-87.

Scharpf, Fritz W., Koordination durch Verhandlungssysteme: Analytische Konzepte und institutionelle Lösungen, in: Benz, Arthur, Scharpf, Fritz W., Zintl, Reinhard, Horizontale Politikverflechtung: Zur Theorie von Verhandlungssystemen, Frankfurt a.M. 1992, S. 51-96.

Schmidt, Susanne K., Werle, Raymund, Koordination und Evolution: Technische Standards im Prozeß der Entwicklung technischer Systeme, in: Rammert, Werner, Bechmann, Gotthard (Hrsg.), Technik und Gesellschaft. Jahrbuch 7: Konstruktion und Evolution von Technik, Frankfurt a.M. 1994, S. 95-126.

Schmidt, Susanne K., Werle, Raymund, Die Entwicklung von Kompatibilitätsstandards in der Telekommunikation, in: Homo Oeconomicus, Bd. XI, Heft 3, 1995.

Schneider, Volker, Technikentwicklung zwischen Politik und Markt: Der Fall Bildschirmtext, Frankfurt a.M. 1989.

Schneider, Volker, Kooperative Akteure und vernetzte Artefakte: Überlegungen zu den Formen sozialer Organisation großtechnischer Systeme, in: Bechmann, Gotthard, Rammert, Werner (Hrsg.): Technik und Gesellschaft, Jahrbuch 6: Großtechnische Systeme und gesellschaftliche Entwicklung, Frankfurt a.M. 1992, S. 113-139.

Schneider, Volker, Networks and Games in Large Technical Systems: The Case of Videotex, in: Scharpf, Fritz W. (Hrsg.), Games in Hierachies and Networks, Frankfurt a.M. 1993, S. 251-286.

Snidal, Duncan, Relative Gains and the Pattern of International Cooperation, in: American Political Science Review, Jg. 85, 1991, S. 702-726.

Stoetzer, Matthias-W., New Telecommunication Services in Europe: Which Factors Influence their Adoption, in: Telecommunications & Strategies, Jg. 8 Nr. 4, 1992, S. 13-32.

Teece, David J., Technological Change and the Nature of the Firm, in: Dosi, Giovanni u.a. (Hrsg.), Technical Change and Economic Theory, London 1988, S. 256-281.

Ullmann-Margalit, Edna, The Emergence of Norms, Oxford 1977.

Werle, Raymund, Transformation der Telekommunikation, in: Beckenbach, Niels, van Treeck, Werner (Hrsg.), Umbrüche gesellschaftlicher Arbeit, Soziale Welt, Sonderband 9, 1994, S. 343-358.

Weyhenmeyer, Stefan, Integrierte Unternehmensstrukturen in der Telekommunikation und staatliche Industriepolitik, Baden-Baden 1994.

Williamson, Oliver E., The Economic Institutions of Capitalism. Firms, Markets, Relational Contracting, New York 1985.

7

Internationale Standardisierung in der Telekommunikation. Empirische Ergebnisse aus der Sicht des akteurbezogenen Institutionalismus

Susanne K. Schmidt

1 Einleitung

Standards sind eine notwendige, wenn auch selbstverständlich keine hinreichende Bedingung für die erfolgreiche Diffusion von Telekommunikationsdiensten. Denn nur auf der Basis gesicherter technischer Kompatibilität können Diensteangebote realisiert werden. Darüber hinaus bietet standardisierte Technik weitere Vorzüge, wie Größen- und Preisvorteile, die die Dienstediffusion erheblich erleichtern können. Die Bedeutsamkeit von Standards soll Anlaß sein, im Folgenden den Prozeß der Telekommunikationsstandardisierung näher zu erörtern.

Hierfür wird auf Ergebnisse eines gemeinsam mit Raymund Werle am Max-Planck-Institut für Gesellschaftsforschung durchgeführten dreijährigen Forschungsprojektes zurückgegriffen, in dem einzelne internationale Standardisierungsprozesse in der Telekommunikation untersucht wurden (Schmidt, Werle 1992, 1994, 1995). Als analytischer Rahmen diente der akteurbezogene Institutionalismus, der analytische Ansatz des Kölner Max-Planck-Instituts, der versucht, akteurbezogene und institutionelle Erklärungsfaktoren gleichberechtigt zu verbinden (Mayntz, Scharpf 1994).

Nach einigen allgemeineren Bemerkungen zur Standardisierung sollen im Folgenden Ergebnisse des Forschungsprojektes vorgestellt werden. Abschließend wird die Relevanz der untersuchten Fallstudien für die Frage der Diffusion von TK-Diensten zu erörtern sein.

2 Standards und das Standardisierungsproblem

Es existieren viele unterschiedliche Arten von Standards (beispielsweise Informations-, Sicherheits- und Umweltschutzstandards), was die Diskussion über Standardisierung oft erheblich erschwert (Swann 1990). Es läßt sich jedoch eine sinnvolle Unterscheidung zwischen regulativen und koordinativen Standards treffen (Werle 1993): Während regulative Standards negative Externalitäten vermeiden helfen, sollen koordinative Standards positive Externalitäten, z.B. Netzwerkexternalitäten (Katz, Shapiro 1986), ermöglichen. Obwohl auch regulative Standards in der Telekommunikation eine Rolle spielen (z.B. Sicherheitsstandards), sind doch koordinative Standards oder Kompatibilitätsstandards entscheidend.

Diese Standards erfüllen eine wichtige Koordinationsfunktion, indem sie die Kompatibilität komplementärer technischer Komponenten ermöglichen (Knorr, 1993, S. 27-32). Die Kompatibilität der einzelnen Komponenten ist für die Existenz und das Funktionieren von großtechnischen Systemen wie der Telekommunikation grundlegend. Der Koordinationsbedarf, der sich hinter dem Kompatibilitätserfordernis verbirgt, ergibt sich aus der technisch vermittelten Interdependenz von Handlungszusammenhängen: Standards ermöglichen das koordinierte Zusammenwirken der in der nationalen und internationalen Telekommunikation involvierten Betreiber, Hersteller und Anwender. Dieser Koordinationsaspekt macht verständlich, warum mit zunehmendem technischen Wandel und technischer Heterogenität sowie der mit der Liberalisierung steigenden Anzahl der im Telekommunikationssystem involvierten Akteure die Bedeutung von Standards steigt.

Es gibt verschiedene Möglichkeiten, Standards zu setzen und den Koordinationsbedarf zu bewältigen (Rosen, Schnaars, Shani 1988). Eine neben der Komiteestandardisierung, mit der dieser Aufsatz sich befaßt, lange Zeit für die Telekommunikation zentrale Option ist die verbindliche hierarchische Festschreibung von technischen Spezifikationen. Sie wurde zu Zeiten der umfassenden Fernmeldemonopole von den nationalen Administrationen genutzt, um Kompatibilität zu sichern. Die Durchsetzung am Markt ist eine andere Möglichkeit der Standardsetzung. Hierbei konkurrieren zunächst Firmen mit verschiedenen Standards, bis sich einer von diesen aufgrund von positiven Feed-back-Prozessen am Markt etabliert (Arthur 1989; David 1985). Ein bekanntes Beispiel ist die Durchsetzung des VHS-Standards für Videorecorder gegen den Betamax-Standard (Besen, Saloner 1989). Die Existenz einer eindeutigen Marktführerschaft ist eine weitere Möglichkeit, Koordination zu erzielen. Hier richten die Akteure ihre Aktivitäten am beobachteten Verhalten des "Hegemons" aus. Im Computerbereich hat IBM lange diese Rolle gespielt (Adams, Brock 1982).

Die oben angeführten Alternativen der Standardisierung setzen immer auch die Definition eines technischen Systems als Ganzes voraus. Je größer und von ihrer Funktionalität her komplexer technische Systeme jedoch werden, desto schwieriger wird es für ein einzelnes Unternehmen, eine solche Definition zu finden. Eine Möglichkeit, größere technische Systeme zu standardisieren, sind Konsortien, die den Rückgriff auf das technische Know-how einer begrenzten Zahl von Firmen erlauben. Weil die so definierten Standards aus dem Interesse entstehen, auf diese Weise Marktvorteile zu erringen, und andere Firmen oft faktisch von der Konkurrenz ausgeschlossen werden, sind Konsortien jedoch teils kartellrechtlich bedenklich.

Letztlich sind Standardisierungsorganisationen zu nennen. Im Vergleich zu den anderen Arten der Standardsetzung ist hier die Erarbeitung der Standards von ihrer Umsetzung in konkrete, technische Produkte abgetrennt. Die Standards werden von der Organisation empfohlen, ihre anschließende Umsetzung ist freiwillig. Allerdings schreiben Regierungsstellen (und nicht die Standardisierungsorganisationen) die Einhaltung in bestimmten Bereichen zwingend vor, beispielsweise im öffentlichen Beschaffungswesen. Standardisierungsorganisationen stehen typischerweise allen "interessierten Kreisen" zur Mitarbeit offen, und es besteht ein Interesse an der möglichst breiten Verwendung der unverbindlichen Standards, um ihre faktische Geltung zu sichern.

Die große Relevanz der Standards für alle in der Telekommunikation Beteiligten koinzidiert in den Standardisierungsorganisationen mit der Schwierigkeit, Standards zu "produzieren". Zunächst ist dies der Tatsache geschuldet, daß für fast alle technischen Probleme verschiedene Lösungen existieren. Die getrennte historische Entwicklung nationaler Telekommunikationsnetze, aber auch firmenspezifische technische Traditionen, führen immer wieder zur Wahl unterschiedlicher technischer Lösungen und damit zu verschiedenen Präferenzen bei der Standardisierung.

Das Standardisierungsproblem läßt sich präziser fassen, wenn man die "zwei Seiten der Kompatibilität" gesondert betrachtet (Schmidt, Werle 1994, S. 52, Knorr 1993, S. 29, Pfeiffer, 1989, S. 23). Standards ermöglichen Kompatibilität zwischen komplementären Komponenten. Weil jeder Akteur auf diese Kompatibilität angewiesen ist, ergibt sich hieraus eine gemeinsame Abhängigkeit von einem Standard und das verbindene Interesse, einen Kompromiß zu finden. Dies ist die unproblematische Seite der Komplementarität. Problematischer hingegen erscheint der Aspekt der Substitutivität. Sie ist darauf zurückzuführen, daß technische Komponenten oft in Konkurrenz zu alternativen, substitutiven Komponenten stehen. Denn für die konkurrierenden Hersteller einer bestimmten Komponente kann die genaue Gestalt eines Standards ein wichtiges Kriterium sein, das über den künftigen Markterfolg entscheidet. Entsprechend schwierig gestaltet sich dann die Einigung auf einen Standard in Standardisierungsorganisationen.

Abbildung 1: Die zwei Seiten der Kompatibilität

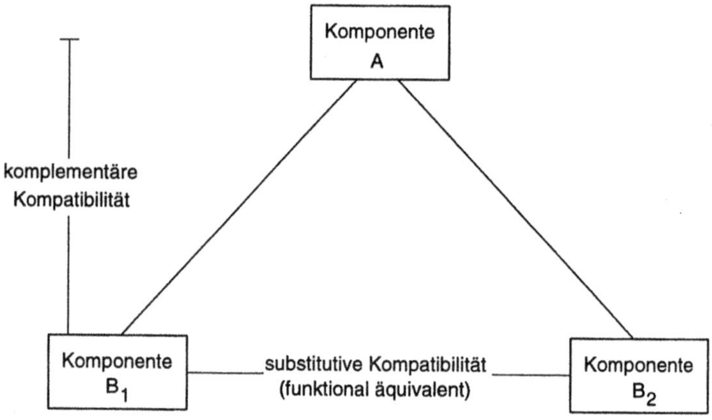

3 Die internationale Telekommunikationsstandardisierung

Aufgrund des historisch herausgebildeten hoheitlichen Charakters des Fernmeldewesens und seiner national segmentierten Struktur wurde für die internationale Kommunikation bereits im letzten Jahrhundert eine supranationale Organisation benötigt, um die anfallenden technischen Koordinationsprobleme zu lösen (Genschel, Werle 1993). Alternative Möglichkeiten der Standardsetzung waren von vornherein ausgeschlossen. Das CCITT (Comité Consultatif International Télégraphique et Téléfonique), kürzlich unbenannt in Telecommunications Standardization Sector, das Teil der Internationalen Fernmeldeunion (ITU) ist, ist die internationale Organisation, die deshalb große Bedeutung erlangte.

In der Analyse von drei internationalen Standardisierungsprozessen im CCITT (Facsimile, Videotex und X.400 (= electronic mail)) interessierten nicht nur die rein dienstebezogenen Standards, sondern der Standardisierungsprozeß als Ganzes, der überwiegend von der Definition der Terminalstandards geprägt wird. Letztere sind jedoch für die Diffusion von Diensten nicht weniger grundlegend.[1] Auf der Basis des akteurbezogenen Institutionalismus galt es zu untersuchen, wie die institutionellen Regeln der Standardisierungsorganisation kombiniert mit der jeweiligen Akteurkonstellation, den Akteurinteressen, ihren Strategien und Perzeptionen sowie der spezifischen technischen Gegebenheiten, das Resultat des Standardisierungsprozesses (den Standard) beeinflussen. Die nachfolgende Implementation der Standards war nicht mehr Teil der Analyse. Eine Graphik veranschaulicht das Untersuchungsdesign im Detail:

1 Als Beispiel mag die Facsimile-Standardisierung dienen. Die verschiedenen Generationen der Terminals sind als Gruppe 1, 2, 3 und 4 standardisiert. Zusätzlich gibt es den Dienstestandard für "Telefax". Er legt bestimmte, vom Betreiber zu erfüllende Dienste- und Qualitätsmerkmale fest, beispielsweise bestimmte Übertragungsstandards und die Erstellung eines Teilnehmerverzeichnisses. Nun ist der Telefaxdienst nur von wenigen Betreibern je angeboten worden, und der größte Teil der verwandten Terminals wird außerhalb dieses speziellen Dienstes genutzt.

Abbildung 2: Der Prozeß der Standardisierung

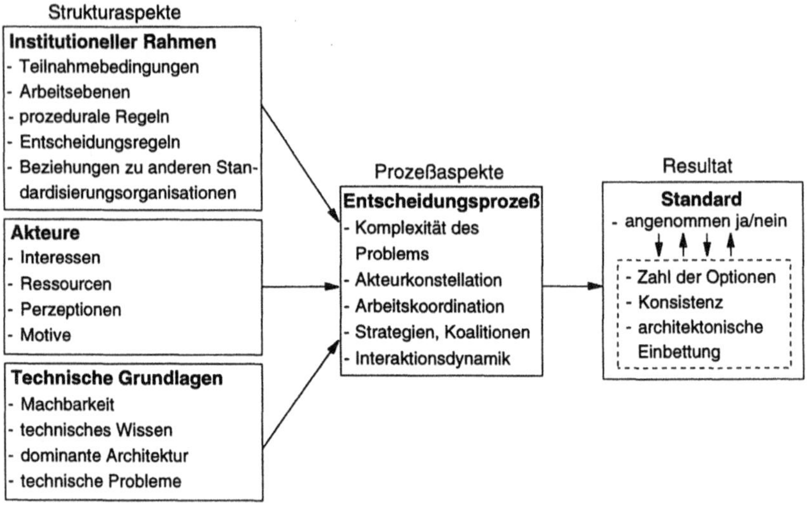

Es sollen hier nicht alle Einzelheiten der Graphik diskutiert werden. Auf der linken Seite sind die drei Strukturaspekte mit ihren wichtigsten Elementen aufgeführt. Der institutionelle Rahmen, die Akteure und die technische Basis kommen im konkreten Standardisierungsprozeß ganz unterschiedlich zum Tragen. Diese besonderen Prozeßaspekte mit ihrer jeweiligen Dynamik sind dann ursächlich für die Gestalt des verabschiedeten Standards, der abhängigen Variable.

Nur die wichtigsten institutionellen Besonderheiten des CCITT sollen kurz angesprochen werden (Codding, Rutkowski 1982). Die Mitarbeit im CCITT steht allen Mitgliedern der Organisation, und damit den "interessierten Kreisen" offen. Es bestehen allerdings immer noch Statusunterschiede zwischen privaten und nationalen Delegierten aufgrund des intergouvernementalen Charakters des CCITT und des nationalen Abstimmungsmodus. Die Mitarbeit ist gänzlich freiwillig und unbezahlt und damit aufgrund des Zeitaufwandes und der anfallenden Reisen sehr kostenträchtig.

Die Arbeit selbst findet in verschiedenen Studienkommissionen und ihren Untergruppen statt, in denen Aufgaben in Form von Studienfragen innerhalb der vierjährigen Studienperioden zu beantworten sind. Die Standards als Arbeitsergebnis werden in der im Anschluß an jede Studienperiode stattfindenden Plenarversammlung formell von den teilnehmenden nationalen Delegationen beschlossen (je Land eine Stimme).

Die Standards haben den Charakter von Empfehlungen, und ihre Umsetzung bleibt deshalb unverbindlich. Dies ist in der allgemeinen mangelnden Bindungswirkung internationaler Organisationen begründet, die sich für das CCITT in der freiwilligen Mitarbeit und Umsetzung der Standards ausdrückt. Hieraus erklärt sich, warum trotz der formalen Mehrheitsregel Beschlüsse generell im Konsens gefaßt werden, in der Vollversammlung meist sogar einstimmig. Denn nur durch die größtmögliche Zustimmung läßt sich die Durchsetzungskraft der unverbindlich empfohlenen Standards stärken.

Angesichts dieses hohen Konsenserfordernisses fällt auf, daß das CCITT wenig institutionalisierte Möglichkeiten bereithält, um Konflikte zwischen den Akteuren zu schlichten und in schwierigen Situationen zu verbindlichen Lösungen zu kommen. Hieraus ergibt sich eine Tendenz zu Standards mit mehreren alternativen, gleichberechtigten Optionen, weil diese Formelkompromisse eine Möglichkeit sind, Konflikte zu bewältigen und die Verhandlungen zu einem Abschluß zu führen.

Institutionelle Regeln prägen den Entscheidungsprozeß, determinieren ihn aber nicht und können ebensowenig einen erfolgreichen Abschluß des Prozesses garantieren. Während ein ausreichendes Interesse der Beteiligten an Kompatibilität einen Standardisierungsprozeß zu initiieren vermag, hängt der Abschluß davon ab, inwieweit sich die Akteure auf eine gemeinsame Lösung zu einigen vermögen. Das Einigungsproblem ist besonders schwerwiegend, wie der obige Hinweis auf die zwei Seiten der Kompatibilität gezeigt hat, wenn der Substitutionsaspekt eine Rolle spielt. Eine analytische Hilfe bei den hieraus entstehenden Entscheidungsdilemmata kann die Spieltheorie sein. Die Spiele charakterisieren unterschiedliche, interdependente Entscheidungssituationen, in denen die Akteure - wie bei der Standardisierung typisch - nicht allein durch ihr eigenes Handeln ihren jeweiligen Nutzen bestimmen, sondern ebenso sehr von der Wahl der anderen Spieler abhängig sind (Colman 1982; Schelling 1984).

Nur selten entspricht der Standardisierungsprozeß dem Idealfall eines reinen Koordinationsspiels, in dem die Beteiligten ähnlich der Wahl des Rechts- oder Linksverkehrs sich lediglich auf eine der möglichen Optionen einigen müssen, mit denen sie keine unterschiedlichen Präferenzen verbinden (Tietzel 1990). Dies würde verlangen, daß ausschließlich die komplementäre Seite der Kompatibilität betrachtet würde und darüber hinaus die beteiligten Akteure, quasi "geschichtslos", von allen ihren unterschiedlichen technischen Fähigkeiten und Traditionen absähen.

Für die Standardisierung typischer ist der Fall, in dem der gemeinsame Wunsch nach einem Standard zwar die Akteure verbindet, aber unterschiedliche Optionen für einen Standard präferiert werden. Spieltheoretisch ist dies die Konstellation des "Kampfes der Geschlechter"[2]: Alle Akteure profitieren von der Standardisierung, aber je nach gewählter Option werden einige Akteure relativ zu den anderen bessergestellt (Farrell, Saloner 1988). Die Häufigkeit bereits getätigter Vorinvestitionen in technische Entwicklungen parallel zur Standardisierung und die durch Standards erreichbaren Wettbewerbsvorteile verdeutlichen die Relevanz dieser Dilemma-Situation, die die Standardisierung erheblich erschwert. Damit bezieht dieses Spiel sowohl die komplementäre als auch die substitutive Seite der Kompatibilität ein. Denn auch von den in einem Substitutionsverhältnis stehenden Akteuren kann Einigung hoch bewertet werden: sei es als notwendige Voraussetzung für die Übereinkunft mit dem komplementären Akteur oder aus der Überzeugung einer größeren Nachfrage nach einer einheitlich standardisierten Technik.

Dieses Spiel erklärt die Bedeutung, die einer möglichst frühzeitigen (ex ante) Standardisierung zukommt (Cowan 1992). Denn auf der Basis fehlender oder geringer technischer Entwicklungen und damit einhergehenden wenig ausgeprägten Präferenzen kann der Standardisierungsprozeß einem reinen Koordinationsspiel angenähert werden, während bestehende Entwicklungen distributive Konflikte nahelegen.

Letztlich können in Standardisierungsprozessen diese relativen Vor- und Nachteile auch zu absoluten werden: Der Standardisierungsprozeß wird dann in einen "Kampf der Systeme" transformiert, in ein Nullsummenspiel, bei dem das gemeinsame Interesse an einem Standard gänzlich überschattet wird von dem Versuch der Akteure, ihr jeweiliges System als Standard verabschiedet zu sehen und damit alleine durch die Standardisierung Vorteile zu erzielen. Die komplementäre Seite der Standardisierung spielt dann keinerlei Rolle mehr, und nur der Substitutionswettbewerb kommt zum Tragen.

---

2 Die zu diesem Spiel gehörende Geschichte mag dieses Dilemma näher verdeutlichen: Ein Paar möchte zusammen den Abend verbringen, ist aber uneinig. Während er lieber einen Boxkampf sehen möchte, möchte sie ins Theater. Für beide ist ein allein verbrachter Abend weniger attraktiv, als sich dem Wunsch des Partners zu beugen. Das schlechteste Ergebnis wäre, wenn beide gleichzeitig dem Partner nachgäben und so alleine die weniger gewünschte Veranstaltung besuchten. Für beide ist also die Einigung am besten, aber nur einer wird sich hierbei mit seinem Wunsch durchsetzen können (Colman 1982, 97).

4 Standardisierungsprozesse im CCITT

Die untersuchten Standardisierungsprozesse geben Beispiele für die vorgestellten Entscheidungssituationen und verdeutlichen die Möglichkeiten und Grenzen der institutionellen Regeln des CCITT, die Einigung auf einen Standard zu erleichtern.

Besonders deutlich wurden diese Grenzen bei der Standardisierung von Videotex (in Deutschland: Bildschirmtext) demonstriert. Dieses Konzept eines Massendienstes war von Anfang an mit sehr hohen wirtschaftlichen Erwartungen versehen, und die Standardisierung begann relativ spät. Großbritannien brachte 1978 sein System Prestel, das national kurz vor der Implementation stand, als Vorschlag für einen Standard in den CCITT ein. Es folgte kurz darauf Frankreich mit seinem System Antiope und 1979 Kanada mit dem Telidon-System. Alle Systeme waren auf der Idee gegründet, mit relativ wenig neuer Technik beim Teilnehmer (Decoder) vorwiegend durch eine Rekonfiguration existierender Geräte (Telefon, Fernseher) einen neuen Massendienst zu etablieren, der sowohl das Telefonnetz besser auslasten als auch den Geräteabsatz stimulieren würde. Trotz der gemeinsamen Konzeption gab es einige technische Unterschiede, die jedoch nicht so gravierend waren, als daß sie den folgenden, schwierigen Standardisierungsprozeß hätten begründen können.

Man erzielte wenig Fortschritt im CCITT: 1980 konnte man sich nur auf den Formelkompromiß einigen, alle drei Systeme als Optionen des Standards zu empfehlen. In der folgenden Studienperiode gab es europäische Bemühungen zur Einigung im Rahmen der CEPT[3], die wiederum nur zu einer Ansammlung verschiedener Optionen führten, inklusive des sehr elaborierten CEPT-Standard-Profils, das in der Bundesrepublik als Btx (Bildschirmtext) implementiert wurde (Schneider 1989). Gleichzeitig einigte sich Kanada mit den USA erfolgreich auf einen gemeinsamen Standard (genannt NAPLPS[4]), der dann 1984 gemeinsam mit dem CEPT-Standard und dem japanischen System Captains erneut als verschiedene Optionen vom CCITT verabschiedet wurde (Savage 1989). Auch hiernach ging die Standardisierung noch weiter, jedoch hatten mittlerweile erste Erfahrungen mit der Implementation des Dienstes die anfänglich großen Erwartungen sehr abgekühlt. Auf der Basis dieser Ernüchterung verlief der Standardisierungsprozeß weit weniger konflikthaft.

---

3 Conférence Européenne des Administrations des Postes et de Télécommunications.
4 North American Presentation Layer Protocol.

Wie läßt sich das schlechte Abschneiden des CCITT in diesem Fall erklären? Bereits zum Zeitpunkt des Standardisierungsbeginns waren erhebliche Investitionen in die Entwicklung der verschiedenen Systeme geflossen, weshalb eine Einigung auf einen internationalen Standard von den beteiligten Akteuren finanzielle Abschreibungen verlangt hätte. Die Situation war also von Anfang an zumindest die eines "Kampfes der Geschlechter". Mit wachsender Einsicht in die Unabwendbarkeit der mit einer Einigung verknüpften relativen Verluste, die sich durch die parallel erfolgenden Implementationsentscheidungen in Großbritannien, Frankreich und Deutschland noch beträchtlich erhöhten, verschlechterte sich die Entscheidungssituation bald zu einem Nullsummenspiel. Denn je mehr man sich national auf die Implementation eines Systems festlegte und von dieser Entscheidung nicht mehr abrücken konnte, desto eindeutiger mußte im CCITT auf die Empfehlung dieses Systems als Standard gedrungen werden. War die Empfehlung eines einzelnen nationalen Systems als Standard seit der ersten Verabschiedung eines Formelkompromisses 1980 auch unwahrscheinlich, mußte jedes Land zumindest danach trachten, daß es als eine Option mit den Systemen der anderen Länder gleichgestellt wurde, um hiermit die Exportchancen der Entwicklung und die Gesamtnachfrage zu verbessern.

Die verschiedenen Akteure verhielten sich also bald im CCITT analog zur Konkurrenzsituation auf dem Markt, wodurch das CCITT an die Grenzen seiner Leistungsfähigkeit stieß. Es hätte bei Videotex von Anfang an sehr leistungsfähiger institutioneller Vorkehrungen für die Lösung des Verteilungskonfliktes bedurft. Ohne einen prinzipiellen, im Interesse an Kompatibilität wurzelnden Einigungswillen der Akteure kann die Organisation internationale Standardisierung nicht erleichtern.

Konflikte ähnlich der Videotex-Standardisierung sind im CCITT selten. Meistens obsiegt das für die Telekommunikation konstitutive, gemeinsame Interesse an Kompatibilität, dem die Organisation ihren Ursprung verdankt. Die beiden anderen Fallstudien, zur Standardisierung von Facsimile und X.400 geben dazu Beispiele. Insbesondere die Standardisierung von X.400 verlief außerordentlich konfliktarm, so daß man sie am ehesten dem so unwahrscheinlichen Fall eines reinen Koordinationsspiel zuordnen kann; und dies trotz der Tatsache, daß zu dem Zeitpunkt, als die Standardisierung 1980 begann, bereits vielzählige electronic mail-Systeme existierten, so daß Konflikte der Art des "Kampfes der Geschlechter", begründet in unterschiedlichen technischen Traditionen und Investitionen der beteiligten Akteure, sehr wahrscheinlich waren.

Fragt man nach den Gründen für diesen reibungslosen und erfolgreichen Verlauf, so stößt man zunächst auf die anfänglich gefällte Entscheidung der beteiligten Akteure, für die internationale Standardisierung eines electronic mail-Systems vollkommen neu zu beginnen und bewußt auf die Übernahme von Elementen bereits existierender Systeme zu verzichten. Man entschied sich quasi zu einer ex ante-Standardisierung. Lediglich die gesammelten technischen Erfahrungen sollten den Standardisierungsprozeß positiv beeinflussen dürfen. Eine zweite wichtige Entscheidung war, das neue Standardisierungsprojekt in die eben definierte Standardarchitektur der "Open Systems Interconnection" (OSI) einzubetten. Hiermit gewann man einen allgemeinen technischen Orientierungsrahmen, der zudem den Willen zum Neuanfang unterstrich. Auf dieser Basis gelang es sehr frühzeitig, sich auf die Gestalt des zu standardisierenden Systems zu einigen, womit man die einzelnen Schritte des folgenden Standardisierungsprozesses festgelegt hatte, die im folgenden nur noch abgearbeitet werden mußten.

Auch die Standardisierung von Facsimile verlief lange Zeit sehr stetig und zufriedenstellend. Die Standardisierung der Bürogeräte begann in den sechziger Jahren, nachdem die zugrundeliegende Technik bereits seit dem letzten Jahrhundert bekannt war. Zu Beginn der Standardisierung der "Gruppe 1"-Terminals existierten firmenspezifische Geräte mit proprietären Standards, so daß Kommunikation nur zwischen den Geräten einer Firma möglich war.

Die Standardisierung von Facsimile, einschließlich des "Gruppe 3"- Standards, der 1980 empfohlen wurde, war von einem engen Wechselspiel der firmenspezifischen Fortentwicklung von Funktionen und ihrer internationalen Standardisierung gekennzeichnet. Unterschiedliche Interessen der beteiligten Akteure blieben angesichts dessen nicht aus, weil die Standardisierung oft die Wahl zwischen verschiedenen, firmenspezifischen Optionen beinhaltete. Nachdem jedoch bei der Gruppe 1 die resultierenden Probleme noch zu einer mangelnden Einigung und daher nur teilweiser Kompatibilität der Geräte geführt hatten, gelang es bei den Gruppen 2 und 3, das Einigungsproblem trotz der eigentlich dilemmatischen Situation erfolgreich zu bewältigen. Dabei verfuhr man typischerweise so: Einzelne technische Entscheidungen, wie beispielsweise die wichtige Wahl eines Kodierungsverfahrens, wurden getrennt bearbeitet. Hierfür wurden die verschiedenen Vorschläge der Firmen gesammelt und Tests unterworfen. Anhand vorher gemeinsam festgelegter Auswahlkriterien war es dann möglich, den technisch besten Vorschlag zu ermitteln und anzunehmen.

Ein ernsthafter Konflikt war erst in der letzten Studienperiode 1989-1992 zu bestehen. Hierbei ging es um den kontroversen Vorschlag, ob dem bisher erfolglosen "Gruppe 4"-Standard für digitale Netze ein erweiterter "Gruppe 3 digital"-Standard[5] als eine kostengünstigere und technisch pragmatischere Lösung für die nächste Gerätegeneration zur Seite gestellt werden sollte. Der Vorschlag wurde hauptsächlich von einem britischen und einem amerikanischen Delegierten betrieben und von diesen Delegationen unterstützt. Dagegen waren es insbesondere die deutsche, japanische und französische Delegation, die einen zusätzlichen Standard als Nachfrageverunsicherung ablehnten und sich auch dagegen wandten, daß auf diese Weise die getätigten Investitionen in die digitale Gruppe 4 gefährdet würden.

Der Konflikt beanspruchte die gesamte Studienperiode und hemmte die Arbeit an anderen wichtigen Themen. Als schwierig erwies sich die Verunsicherung über die mit dem Vorschlag verbundenen Intentionen, denn es blieb völlig unklar, inwieweit der Vorschlag mit Firmeninvestitionen verbunden war oder lediglich den zwei Individuen zur persönlichen Profilierung diente. Nachdem einige institutionelle Vorkehrungen für solche Fälle keinen Erfolg zeigten, wie beispielsweise die Anrufung der Studienkommission I[6] und die Beauftragung eines neutralen Special Rapporteurs, der die verschiedenen Argumente sammeln sollte, um so eine Entscheidung zu ermöglichen, entschied man sich unter den in der Studienkommission vertretenen Delegationsleitern, eine verbindliche Entscheidung per Mehrheitsabstimmung herbeizuführen. Bei diesem Treffen einigte man sich, sowohl den digitalen "Gruppe 3"-Standard als auch einen von der anderen Seite eingebrachten Kompromißvorschlag (einen vereinfachten "Gruppe 4"-Standard) als weitere Optionen zu empfehlen. Es wurde somit eine Entscheidung für Optionenvielfalt getroffen, die angesichts der notwendigen Kompatibilität als verfehlt erscheint, sich aber aus dem übergeordneten Ziel, den CCITT arbeitsfähig zu erhalten, erklären läßt.

Nach einer langen Zeit von nur durch geringe Auseinandersetzungen geprägten Arbeit war also auch die Standardisierung von Facsimile vor kurzem von einem Konflikt begleitet. Die mittlerweile entfaltete ökonomische Bedeutung der Terminals zusammen mit der Schwierigkeit, den Generationenwechsel von der ana-

---

5 Geräte des "Gruppe 3"-Standards arbeiten digital, sind aber für analoge Netze vorgesehen. Ein Modem übernimmt die notwendige Anpassung zwischen Gerät und Netz. Auf der Basis dieses Standards vollzog sich die erfolgreiche Diffusion von Facsimile.

6 Diese Studienkommission ist für die Definition von Diensten verantwortlich und soll den technischen Studienkommissionen in schwierigen Fällen auf der Basis dieses operativen Wissens Rat geben.

logen zur digitalen Netzumwelt zu meistern (angesichts der durchaus zufriedenstellenden Performance der "Gruppe 3"-Geräte), macht die auftretenden Probleme verständlich. Nach dem ersten Abflauen der Absatzexpansion und anfänglicher Marktsättigung war das Erringen von Kompatibilität ein immer weniger vordringliches Problem als die Suche nach Wegen, den Geräteabsatz zu steigern und damit die Produktionskapazität auszulasten. Anders als bei Videotex war es dem CCITT in diesem Fall aber möglich, den Konflikt beizulegen, wenn es auch nicht zu einer für alle befriedigenden Lösung kam.

5 Schlußbemerkung: Standardisierung und Diensteentwicklung

Abschließend soll die Relevanz der vorgestellten Standardisierungsprozesse für die Diensteentwicklung diskutiert werden. Während es bei Videotex unmöglich ist abzuschätzen, inwieweit die erfolglose anfängliche Entwicklung des Dienstes einem unglücklichen Diensteprofil geschuldet ist, läßt sich doch sagen, daß die gescheiterte Standardisierung des Dienstes beim CCITT die enttäuschende Entwicklung unterstützte. Denn ein einheitlicher internationaler Standard hätte aufgrund der realisierbaren Größenvorteile die Terminalkosten erheblich senken können. Zusätzlich verunsicherte der andauernde Standardisierungsprozeß alle Marktteilnehmer, da die Gefahr bestand, daß getätigte Investitionen mit einer internationalen Einigung wertlos würden. So wurde die kostbare Anfangszeit der hohen Erwartungen nicht ausreichend genutzt, was zur Enttäuschung eben dieser Hoffnungen führte.

Auch zu Beginn der Standardisierung von X.400 existierten bereits electronic mail-Systeme. Jedoch führte die Überzeugung, daß ein globaler electronic mail-Dienst sich nur auf der Basis eines Komiteestandards realisieren lassen würde, von Anfang an zu einer gemeinsamen Neuorientierung. Anstatt sich wie bei Videotex in Verteilungskonflikte zu begeben, einigte man sich hier also auf die grundsätzliche Abschreibung individueller Vorleistungen als Preis für die Erleichterung der gemeinsamen Standardisierung.

X.400 ist somit ein Idealfall der gemeinsamen Einsicht in die Vorteile eines abgestimmten, auf Standardisierung fußenden Vorgehens, weil sich wegen der in der Telekommunikation gegebenen Interdependenz nur so die für alle größten Gewinne realisieren lassen. Leider konnte bisher dieser größere Nutzen von Kooperation noch nicht realisiert werden, weil die Diensteentwicklung auf der Basis von X.400 hinter den Erwartungen zurückblieb. Hierfür gibt es sicherlich viele Gründe: So setzt sich die OSI-Standardarchitektur, auf der X.400 fußt, nur langsam durch. Darüber hinaus hat der Konkurrent von X.400, das Internet, eine beeindruckende Verbreitung gefunden, was sicherlich auch an der für die Telekommunikation untypischen, nicht kommunikationsgebundenen Tarifierung dieses Netzes liegt. Aufgrund der Langfristigkeit der Entwicklung von Telekommunikationsdiensten sollte man aber auf keinen Fall vorschnell von einem Scheitern des X.400 sprechen. Jedoch zeigt dieser Fall, daß selbst eine sehr vorteilhafte Lösung des Standardisierungsdilemmas nur den ersten Schritt zu einem möglichen späteren Diensteerfolg bildet.

Bei Facsimile ist die Frage nach den Voraussetzungen der anfänglich über lange Jahre erfolgreichen Kooperation besonders interessant. Ähnlich wie bei X.400 begann die Standardisierung zu einer Zeit, als die Akteure bereits Erfahrungen mit einem auf Firmenstandards basierenden Vorgehen gesammelt hatten. Jedoch erfolgte die Abkehr von einem firmenspezifischen Vorgehen bei Facsimile sehr viel langsamer als bei X.400, und die "Gruppe 1"-Terminals litten noch unter Inkompatibilitäten, die einem ungenügenden Abrücken firmenspezifischer Lösungen geschuldet waren. Die vorherigen langjährigen Erfahrungen mit den geringen Möglichkeiten eines proprietären Vorgehens und erste Erkenntnisse über die Vorteile der Kompatibilität führten zu einem Lernprozeß der Akteure: Sie realisierten, daß es sich bei der Standardisierung nicht um ein Nullsummenspiel handelt, bei dem einige technische Vorschläge Erfolg haben und andere scheitern, sondern um ein Positivsummenspiel, bei dem alle Beteiligten von den Vorteilen der Kompatibilität profitieren können. Die Tatsache, daß anders als bei Videotex keine übersteigerten ökonomischen Erwartungen mit der Standardisierung verknüpft waren, hat den Einigungswillen sicherlich gestärkt. Die sprunghafte Diffusion von Facsimile in den achtziger Jahren, die ohne Standardisierung nicht möglich gewesen wäre, hat letztlich die durch Standardisierung erzielbaren enormen Kooperationsgewinne verdeutlicht.

Aber auch der folgende Konflikt um die Standardisierung des digitalen "Gruppe 3"-Terminals verdient im Kontext der Diensteentwicklung Beachtung. Denn von allen Spekulationen über die individuellen Motive abgesehen, handelt es sich hier doch um eine Auseinandersetzung um die geeignete Vorgehensweise beim Übergang einer bestehenden Gerätegeneration auf die nächste. Damit ist das für die Diensteentwicklung typische Diffusionsproblem aufgrund der Netzwerkexternalitäten angesprochen, das in der Standardisierung zu besonders großer Prominenz in einem der Telekommunikation verwandten Bereich gelangt ist, nämlich bei der Frage der besten europäischen Übergangsstrategie zum hochauflösenden Fernsehen (HDTV).

Bei Facsimile ist das Problem ähnlich wie beim Fernsehen, da die bestehende Gerätegeneration der Gruppe 3 eine durchaus zufriedenstellende Leistung erbringt. Die gesamte Population der Facsimile-Benutzer würde zwar davon profitieren, wenn sie statt Gruppe 3 die schnelleren "Gruppe 4"-Terminals benutzte, jedoch ergibt sich das für Netze ganz typische Übergangsproblem der Adoption: Angesichts der Dominanz der Gruppe 3 lohnt es sich nicht für jeden individuellen Akteur, sich ein schnelleres und teureres "Gruppe 4"-Gerät zu kaufen. Der Vorteil der schnelleren Übertragung kann erst realisiert werden, wenn möglichst viele Partner selbst "Gruppe 4"-Terminals besitzen. Deshalb ist der Übergang für die meisten Akteure nur sehr langfristig rational, was durch die typischerweise sinkenden Gerätepreise noch verstärkt wird, so daß der Adoptionsprozeß überhaupt nicht in Gang kommt.

Konfrontiert mit diesem für die Telekommunikation typischen Problem und angesichts der sehr spärlichen Verkaufszahlen für "Gruppe 4"-Terminals wurde also die Frage der besten Übergangsstrategie in die Standardisierung getragen. Die Idee war, ob sich der Gerätegenerationenwechsel nicht einfacher würde meistern lassen, wenn man ihn als einfache Fortentwicklung deklarierte. Die Existenz einer solchen Option wurde von der anderen Seite aber bezweifelt, weil es sich ja faktisch um einen Generationenwechsel handelt: Auch ein digitaler "Gruppe 3"-Standard kann nicht ohne weiteres mit Gruppe 3 analog kommunizieren, und umgekehrt. Die neue Optionenvielfalt erschwert durch die damit verbundene Verunsicherung der Benutzer in der Frage der "richtigen Wahl" aber zusätzlich den Übergang. Inwieweit die neue Optionenvielfalt die Diffusion des digitalen Facsimile gefährdet, wird man bereits in einigen Jahren sehen.

Literaturverzeichnis

Adams, Walter, Brock, James W., Integrated Monopoly and Market Power: System Selling, Compatibility Standards, and Market Control, in: Quarterly Review of Economics and Business, Jg. 22, Nr. 4, 1982, S. 29-42.

Arthur, Brian W., Competing Technologies, Increasing Returns, and Lock-In by Historical Events, in: The Economic Journal, Jg. 99, 1989, S. 116-131.

Besen, Stanley M., Saloner, Garth, The Economics of Telecommunications Standards, in: Crandall, Robert W., Flamm, Kenneth (Hrsg.), Changing the Rules. Technological Change, International Competition, and Regulation in Communications, Washington DC 1989, S. 177-220.

Codding, George A., Rutkowki, Anthony M., The International Telecommunication Union in a Changing World, Washington 1982.

Colman, Andrew M., Game Theory and Experimental Games. The Study of Strategic Interaction, Oxford 1982.

Cowan, Robin, High Technology and the Economics of Standardization, in: Dierkes, Meinolf, Hoffmann, Ute (Hrsg.), New Technology at the Outset - Social Forces in the Shaping of Technological Innovations, Frankfurt a.M. 1992, S. 279-300.

David, Paul A., Clio and the Economics of QWERTY, in: American Economic Review, Jg. 75, 1985, S. 332-337.

Farrell, Joseph, Saloner, Garth, Coordination through Committees and Markets. In: RAND Journal of Economics 19 (2), 1988, S. 235-252

Genschel, Philipp, Werle, Raymund, From National Hierachies to International Standardization. Historical and Modal Changes in the Governance of Telecommunications, in: Journal of Public Policy, Jg. 13, 1993, S. 203-225.

Katz, Michael L., Shapiro, Carl, Technology Adoption in the Presence of Network Externalities, in: Journal of Political Economy, Jg. 94, 1986, S. 822-841.

Knorr, Henning, Ökonomische Probleme von Kompatibilitätsstandards, Baden-Baden 1993.

Mayntz, Renate, Scharpf, Fritz W., Akteurbezogener Institutionalismus als analytischer Ansatz, Köln 1994, Manuskript.

Pfeiffer, Günter, Kompatibilität und Markt, Baden-Baden 1989.

Rosen, Barry N., Schnaars, Steven P., Shani, David, A Comparison of Approaches for Setting Standards for Technological Products, in: Journal of Product and Innovation Management, Jg. 5, 1988, S. 129-139.

Savage, James G., The Politics of International Telecommunications Regulation, Boulder CO 1989.

Schelling, Thomas C., What is Game Theory?, in: Schelling, Thomas (Hrsg.), Choice and Consequence, Cambridge MA 1984, S. 213-242.

Schmidt, Susanne K., Werle, Raymund, The Development of Compatibility Standards in Telecommunications: Conceptual Framework and Theoretical Perspective, in: Dierkes, Meinolf, Hoffmann, Ute (Hrsg.), New Technology at the Outset - Social Forces in the Shaping of Technological Innovations, Frankfurt a.M. 1992, S. 301-326.

Schmidt, Susanne K., Werle, Raymund, Institutionalized Standardization in Telecommunications. Theory and Case Studies of International Coordination, überarbeitete Version des Abschlußberichts für den BMFT vom Juni 1994, erscheint 1995 unter dem Titel: Coordinating Technology. Theory and Case Studies of International Standardization in Telecommunications.

Schmidt, Susanne K., Werle, Raymund, Die Entwicklung von Kompatibilitätsstandards in der Telekommunikation, in: Homo Oeconomicus, Bd. XI, Nr. 3, 1995.

Schneider, Volker, Technikentwicklung zwischen Politik und Markt: Der Fall Bildschirmtext, Frankfurt a.M. 1989.

Swann, Peter, Standards in ICT: Consensus, Institutions and Markets. In: Locksley, Gareth (Hrsg.), The Single European Market and the Information and Communcation Technologies, London 1990, S. 101-110.

Tietzel, Manfred, Virtue, Vice, and Dr. Pangloss. On the Economics of Conventions, in: Lenel, Hans Otto u.a. (Hrsg.), Ordo (Jahrbuch für die Ordnung von Wirtschaft und Gesellschaft), Band 41, Stuttgart 1990, S. 251-268.

Werle, Raymund, Politische Techniksteuerung durch europäische Standardisierung?, in: Kubicek, Herbert, Seeger, Peter (Hrsg.), Perspektive Techniksteuerung: Interdisziplinäre Sichtweisen eines Schlüsselproblems entwickelter Industriegesellschaften, Berlin 1993, S. 129-142.

8

Schätzung von Diffusionsmodellen für den Dienst Btx / Datex-J

Sönke Albers und Kay Peters

1 Einleitung

Der Dienst Bildschirmtext (BTX) wird seit 1982 in der Bundesrepublik Deutschland als Telekommunikationsdienst angeboten. Die Ausbreitung der Nutzung dieses Dienstes ist seit dem Beginn der Pilotphase mehrfach prognostiziert worden. Aus ersten Anwendungen von Diffusionsmodellen zur Prognose der Nutzerentwicklung resultierten z.T. extrem überhöhte Schätzungen. Die diesbezüglich wohl bekannteste Veröffentlichung stammt von Hecheltjen (1985), bei der das Marktpotential mit ca. 20 Mio. Nutzern viel zu hoch unterstellt wurde, weil der Dienst als attraktiv für Privatnutzer unterstellt wurde, während er tatsächlich nur von Semiprofessionals genutzt wurde. Dagegen ist die Diffusionsgeschwindigkeit in einer realistischen Größenordnung angenommen worden.

Nach der Einführung des Dienstes und mit dem Vorliegen erster Daten wurden auf deren Basis die Parameter von Modellen der Diffusionstheorie statistisch geschätzt und Prognosen der zukünftigen Nutzerentwicklung über eine Extrapolation der gefundenen Schätzgleichungen abgeleitet. Die letzte Anwendung dieser Vorgehensweise für den Dienst BTX auf der Basis der tatsächlichen

Entwicklung bis 1988 ist von Fantapié Altobelli (1991) und Berndt/Fantapié Altobelli (1991) veröffentlicht worden. Mit der Neukonzeptionierung des Dienstes, seiner Umbenennung in Datex-J und der Reorganisation des Marketing-Instrumentariums zum 1. Januar 1993 erscheint eine erneute Bestandsaufnahme der Nutzerentwicklung für eine Schätzung eines Diffusionsmodells und der daraus resultierenden Prognosen geboten.

Zudem ist in den letzten Jahren eine intensive Diskussion über die adäquate Spezifikation der zu verwendenden Diffusionsmodelle geführt worden. Während Einigkeit über das Ziel dieser Modelle bestand (nicht nur ein entsprechend hoher Anteil der erklärten Varianz ist wichtig, sondern vor allem eine gute Prognose), gingen die Ansichten bezüglich der Modellierungsansätze und der zu berücksichtigenden Variablen auseinander. So argumentiert Weiber (1993), daß die klassischen Diffusionsmodelle vor dem Hintergrund der Chaostheorie neu überdacht werden sollten und macht seine Kritik an einem Beispiel exemplarisch deutlich. Schmalen/Binninger (1994) weisen in ihrer Replik jedoch daraufhin, daß insbesondere die klassischen Modelle oft nur falsch interpretiert bzw. angewandt werden und daraus eine Kritik an der formalen Struktur der Modelle abgeleitet wird, die aber den verhaltenswissenschaftlichen Hintergrund der Modelle unberücksichtigt läßt.

Gegenstand dieses Beitrags wird dementsprechend zunächst eine deskriptive Analyse der tatsächlichen Entwicklung sein, deren Ziel die Identifikation möglicher Variablen für die folgende Modellierung des Diffusionsprozesses ist. Im Rahmen der sich anschließenden kurzen theoretischen Erläuterung der verschiedenen Modellansätze und der jeweils getroffenen Annahmen werden plausible Grundmodelle für die Untersuchung ausgewählt. Die für den Dienst BTX/Datex-J spezifizierten Modelle werden dann mit ihren Ergebnissen im Überblick dargestellt und inhaltlich miteinander verglichen. Aus den Ergebnissen werden im letzten Abschnitt Schlußfolgerungen gezogen.

2 Deskriptive Datenanalyse/-beschreibung

Die zu modellierende Entwicklung des Zugangs von Nutzern in einer Periode zeigt für den Dienst BTX/Datex-J nach 12 Jahren noch nicht den diffusionstheoretisch erwarteten Verlauf eines erfolgreichen Produkts. Der Bestand an Nutzern weist zwar im Zeitraum bis 1992 im Ansatz den vermuteten S-förmigen Verlauf auf. Wie man der Abbildung 1 entnehmen kann, zeigt der Zugang je Periode bis zum zweiten Halbjahr 1992 entsprechend einen in der Höhe zunächst zu-, dann leicht abnehmenden Charakter. Ab dem ersten Halbjahr 1993 erfolgt jedoch eine extreme Zunahme des Zugangs, die in der zweiten Hälfte des Jahres 1994 zurückgeht. Dieser Effekt ist nach unseren Recherchen hauptsächlich auf die Einschaltung der Marketing-Aktivitäten des 1x1-Verlags zurückzuführen, welcher u.a. mit neuen Distributionskanälen (z.B. Direktversand von Anschlußpaketen), neuer Mediaselektion (PC-Professional, etc.) und neuem Preissystem (keine Anschlußgebühr) den Privatnutzermarkt erreichte. Über den gesamten Zeitraum betrachtet, zeigt die Entwicklung des Bestands nun keinen Sättigungsverlauf mehr.

Abbildung 1: Zugangs- und Bestandsentwicklung der Nutzer des Dienstes BTX/Datex-J

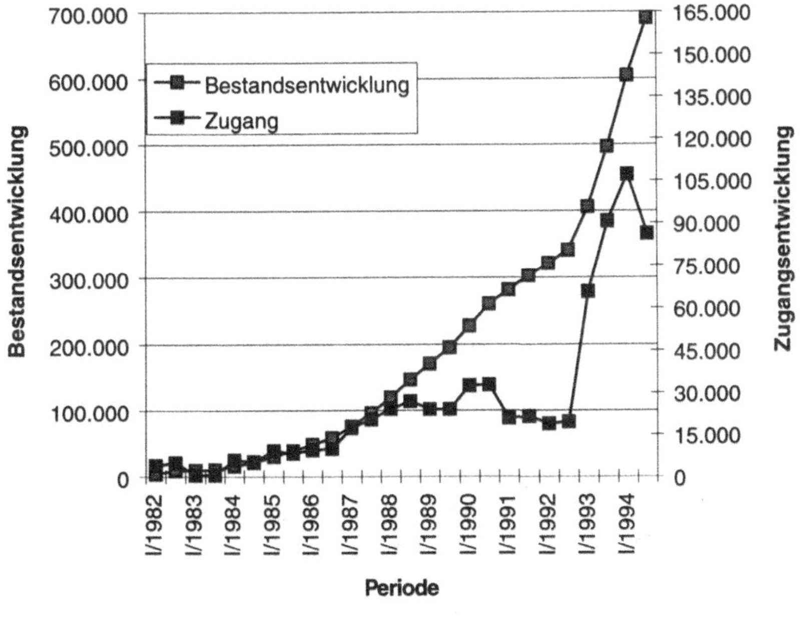

Als erklärende Variablen für den Diffusionsverlauf des Nutzerzugangs werden Ausprägungen des verwendeten Marketing-Mix herangezogen. Zunächst sei der Verlauf der Werbeaufwendungen betrachtet. Entsprechend der Abbildung 2 steigen die Werbeaufwendungen je Periode mit Ausnahme des Jahres 1984 durchgängig an und erreichen schließlich ein Niveau von ca. 350% des Ausgangswertes. Damit der andauernden Wirkung der Werbung Rechnung getragen werden kann, wurde eine spezielle Variable der Werbung gebildet. Dabei wurde der Carry-Over-Effekt der bisherigen kumulierten Werbeaufwendungen als Operationalisierung für den geschaffenen Goodwill-Stock analog der Meta-Analyse von Assmus/Farley/Lehmann (1984) in der Höhe von 0,47 festgelegt. Zu diesem Wert werden jeweils die Werbeaufwendungen der laufenden Periode addiert. Der Darstellung der relativen Veränderungen der jeweiligen Werbeaufwendungsvariablen kann die glättende Wirkung der Carry-Over-Berücksichtigung bei der Bildung der speziellen Goodwill-Stock-Variablen entnommen werden. Im Verlauf der Untersuchung hat sich jedoch ergeben, daß diese Variable im Rahmen verschiedener Modellspezifikationen keinen wesentlichen Erklärungsbeitrag leisten kann.

Abbildung 2: Entwicklung ausgewählter Operationalisierungen der Variablen Werbeaufwand

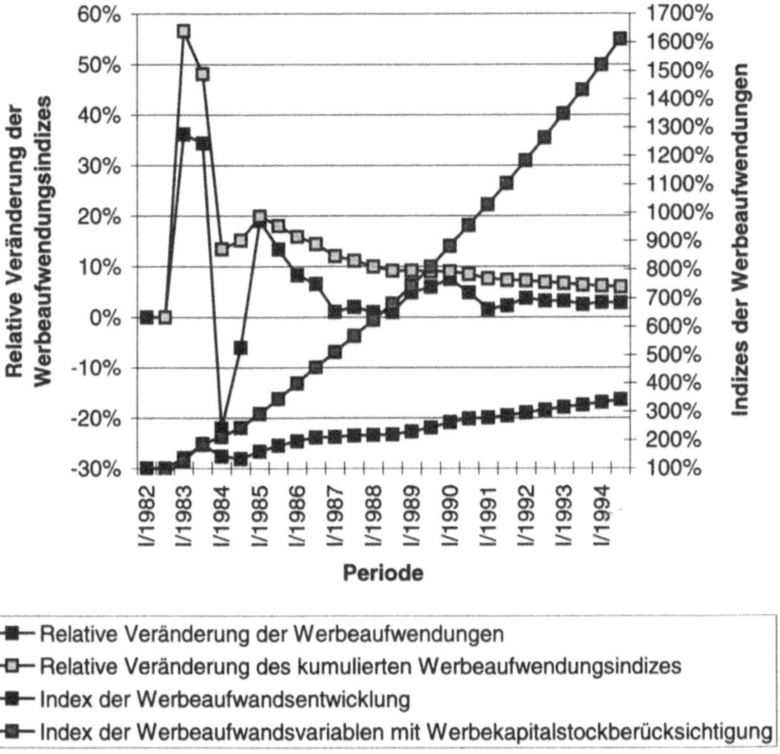

Die zweite klassische Marketing-Variable, die in der Diffusionsliteratur besondere Beachtung gefunden hat, ist der Preis. Im Rahmen dieser Untersuchung

werden die Nutzungskosten wegen ihrer Konstanz über den gesamten Zeitraum vernachlässigt. Statt dessen werden die Rüstkosten als Operationalisierung des Preises herangezogen. Eine direkte Übernahme der nominalen Preise bzw. Rüstkosten des Fernsehers oder des PCs als Endgerät führt meist zu Verzerrungen der Koeffizienten [Bhargava/Bhargava/Jain (1991)] und ist daher nicht anzuraten. Hier wurden die Kosten über die Größe 'Bruttoinlandsprodukt (BIP) je Haushalt' über die Perioden vergleichbar gemacht. Dadurch enstehen Variablen, die den Preis für einen über den gesamten Zeitraum für alle Nutzer ungefähr identischen Dienst als Ausgabenanteil am realen Haushaltseinkommen wiedergeben. Die Abbildungen 3 und 4 zeigen die Verläufe der BIP- und 'BIP/-Haushalt'-Variablen sowie die Rüstkostenverläufe der Endgeräte nach Normalisierung durch die 'BIP/Haushalt'-Variable. Da die Kostenverläufe hoch kollinear sind, werden sie für die Schätzung der Diffusionsmodelle aggregiert, wobei dem PC als Endgerät mit einem Gewicht von 0,7:0,3 gegenüber dem Fernseher eine vor allem in der letzten Zeit stärkere Bedeutung zugemessen wird.[1] Der Abbildung ist eine stetige theoretische Preisverfallsfunktion beigefügt worden, die den tatsächlichen Verfall bestmöglich abbildet. Die Abbildung 5 zeigt die relativen Veränderungen der gebildeten Preisindizes. Es sind deutlich die von dem erwarteten, monoton fallenden Preisverlauf abweichenden Zeitpunkte zu erkennen. Herauszuheben ist der durch die Wiedervereinigung ausgelöste Preisanstieg im Jahre 1991, der auf die Abnahme des BIP pro Haushalt zurückzuführen ist. Ebenso fällt der enorme Preisverfall seit dem ersten Halbjahr 1993 auf, der auf die Marketing-Aktivitäten des 1x1-Verlags zurückzuführen ist. Ferner ist festzuhalten, daß die stetige theoretische Preisverfallsfunktion den tatsächlichen Verlauf der Preise, d.h. der Rüstkostenentwicklung, erst unter-, dann überschätzt.

---

1 Das Multitel wird an dieser Stelle wegen geringer Bedeutung vernachlässigt.

Abbildung 3: Entwicklung der Operationalisierungen der Variablen BIP

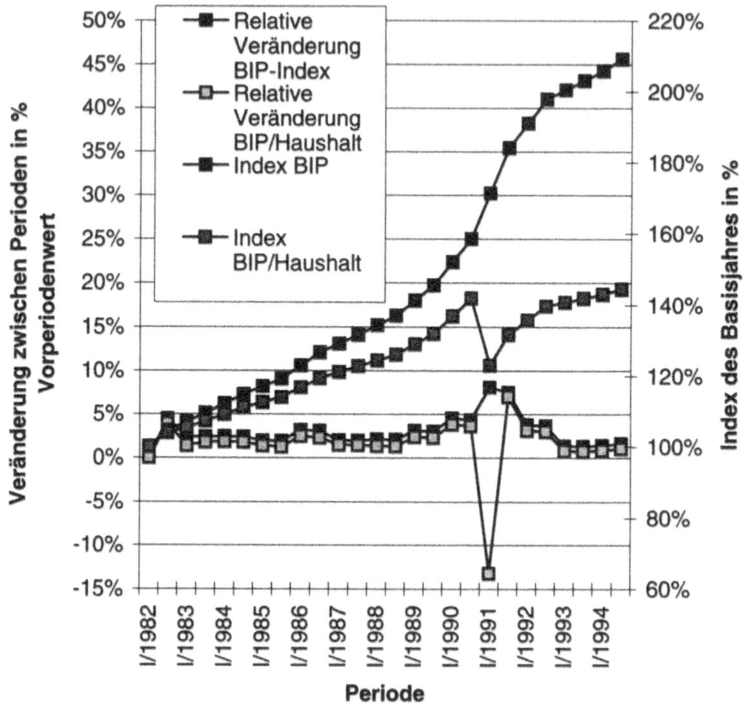

Abbildung 4: Entwicklung ausgewählter Operationalisierungen der Variablen Preis (I)

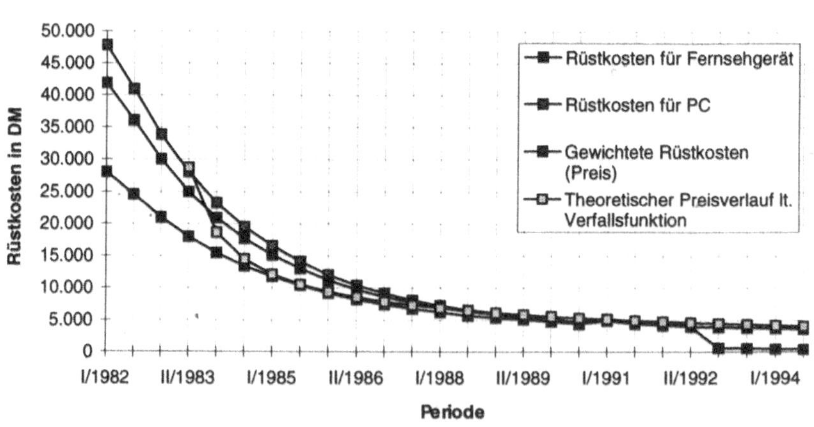

Abbildung 5: Entwicklung ausgewählter Operationalisierungen der Variablen Preis (II)

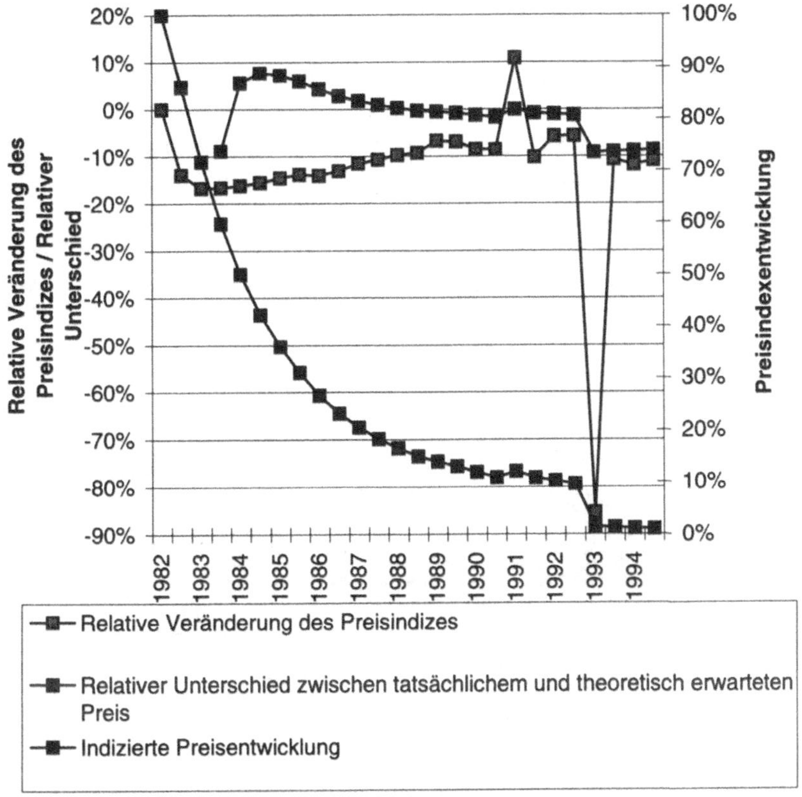

Dem Instrument der Produktpolitik ist die Entwicklung der Variablen 'Anzahl der Anbieter von über BTX/Datex-J angebotenen Dienstleistungen' und 'Anzahl der im System angebotenen Seiten' zuzuordnen. In der Abbildung 6 ist ersichtlich, daß beide Indizes bis 1985 ansteigen und ab 1986 deutlich absinken. Dieser Effekt könnte auf die durch überhöhte Nutzerprognosen erfolgte Erwartungsbildung auf der Anbieterseite zurückzuführen sein. Die im Vergleich zu den Prognosen unbefriedigende Entwicklung der tatsächlichen Nutzerzugänge könnte zu einer allgemeinen Revision der BTX-Pläne der anbietenden Unternehmen geführt haben, woraufhin die Zahl der Anbieter und der angebotenen Seiten zurückgingen. Ob dieser Effekt als Kritische-Masse-Phänomen im eigentlichen Sinne betrachtet werden kann, sei an dieser Stelle offen gelassen, weil sich Anbieter und Nutzer nicht auf derselben Systemebene befinden. Für eine erste

Operationalisierung des Netzguteffektes der Kritischen Masse entsprechend den Vorschlägen von Weiber (1992) könnten die Variablen jedoch vermutlich herangezogen werden. Im weiteren Verlauf nach 1986 steigt zwar die Anzahl der im System angebotenen Seiten langsam wieder an, jedoch sinkt die Anzahl der Anbieter kontinuierlich weiter. Erst im letzten Halbjahr 1994 steigen beide Indizes wieder leicht an. Die gebildete Kennzahl 'Angebotene Seiten je Anbieter' weist bis 1986 eine analoge Entwicklung auf. Sie läßt durch ihren Anstieg im weiteren Verlauf den Schluß zu, daß die im leichten Erholungstrend der angebotenen Seiten geschaffenen Angebote durch erfolgreiche, im System verbliebene Anbieter kreiert worden sind.

Abbildung 6: Entwicklung ausgewählter Operationalisierungen der produktpolitischen Variablen

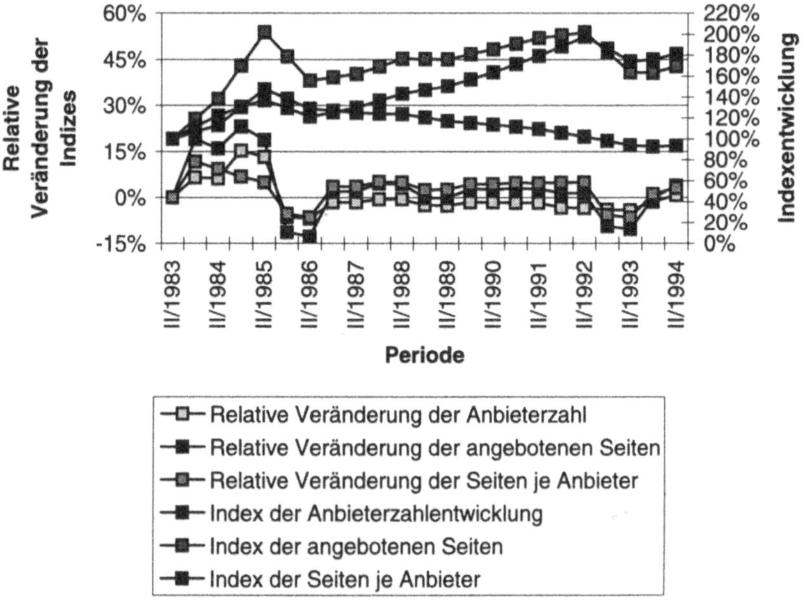

Aus den oben dargestellten Verläufen des Zugangs und der Variablen der Preispolitik wird die äußerst starke Wirkung der Neukonzeptionierung des Dienstes und seines Marketingkonzepts (s. 1x1-Verlag oben) zu Beginn 1993 deutlich. Um davon diejenigen Effekte, die nicht durch den Preis erklärbar sind, erfassen zu können, soll eine Dummy-Variable 'Marktbearbeitung' eingeführt werden, die für den Zeitraum nach 1992 von dem Wert '0' auf '1' gesetzt wird.

Des weiteren soll in der deskriptiven Analyse des Dienstes BTX/Datex-J eine Betrachtung der Nutzungsintensität erfolgen. Die indexierte Variable 'Anrufe je Teilnehmer und Monat' zeigt einen interessanten Verlauf (Abbildung 7). Sie stagniert bis 1985, um im Anschluß an den folgenden Anstieg ab 1987 auf einem Niveau von ca. 130% zu verharren. Von 1989 bis 1992 erhöht sich die Nutzung auf 150% des Ausgangswertes und fällt mit dem starken Nutzeranstieg ab 1993 bis 1994 auf 115% zurück. Letzteres könnte dem sogenannten Low-User-Effekt zugeschrieben werden, d.h. es wurden über den ursprünglichen Nutzerstamm hinaus nur Nutzer erreicht, die unterproportionale Systemnutzungsfrequenzen haben. Die Heavy-User, für deren Zwecke das System einen hohen Nutzen aufweist, treten dem System normalerweise wegen des Nutzens bereits sehr viel früher bei und waren somit schon gewonnen.

Abbildung 7: Entwicklung der Operationalisierungen der Nutzungsintenistiät

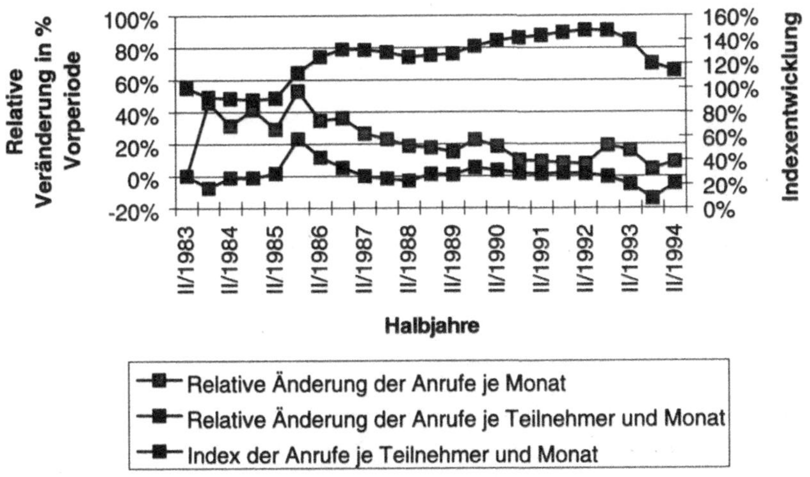

Für die Diffusionsmodellierung ist oft die Vorgabe eines Marktpotentials in einer plausiblen Größenordnung entscheidend, wenn der Bestandsverlauf noch keine Anzeichen der Sättigung zeigt. Bei dem semiprofessionellen Charakter des Dienstes kommen als potentielle Adopter sowohl Unternehmen als auch Haushalte in Betracht. Hier wird angenommen, daß zunächst 80% der Unternehmen und 20% der Haushalte potentielle Adopter darstellen. Daraus ergibt sich die in der Abbildung 8 dargestellte Entwicklung. Der Sprung im Jahre 1991 ist auf die Wiedervereinigung zurückzuführen.

Abbildung 8: Entwicklung des vorgegebenen und des endogen geschätzten Marktpotentials

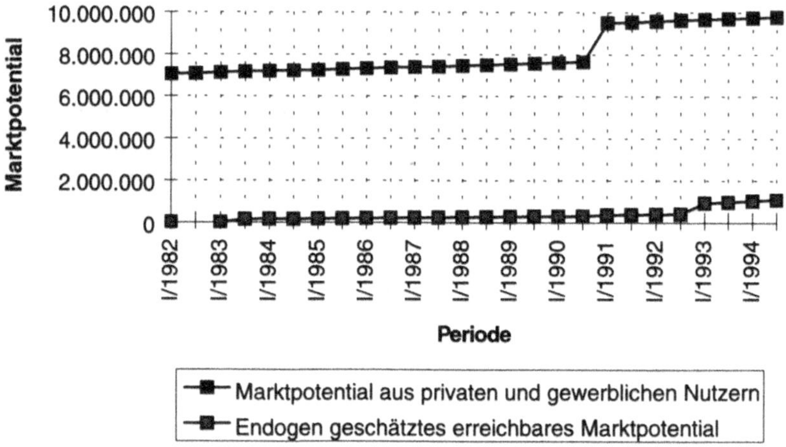

Insgesamt werden damit hier die in Abbildung 9 dargestellten Variablen verwendet:

Abbildung 9: Übersicht der verwendeten Variablen

Produktpolitik	Preispolitik	Kommunikationspolitik	Distributionspolitik
1. Anzahl der Anbieter 2. Anzahl der angebotenen Seiten	1. Umrüstungskosten für das Fernsehgerät 2. Umrüstungskosten für den PC (3. Grundgebühr)* (4. Verbindungspreis)* (5. Nutzungsentgelte)*	1. Werbebudget der Telekom (2. Werbebudget der Anbieter)* (3. Werbebudget der Service Provider (1x1-Verlag))*	1. Aktivität des 1x1-Verlags (Dummy-Variable (0/1) der Marktbearbeitung)

( )* Datenreihe nicht oder nur unvollständig verfügbar.

Zur Unterstützung einer inhaltlich orientierten Variablenauswahl für die Erklärung des Zugangs je Periode wurde eine einfache statistische Analyse aller oben erläuterten Variablen vorgeschaltet. Sie hatte zum Ziel, hoch signifikant untereinander korrelierende erklärende Variablen einerseits und hoch signifikant die abhängige Variable erklärende Variablen andererseits anzuzeigen. Im ersten Fall kann eine Multikollinearität durch Beschränkung auf eine der Variablen bzw. durch Bildung eines Aggregats vermieden werden. Im letzteren Fall kann im Vorfeld der statistischen Modellrechnungen eine Auswahl unter den verschiedenen gebildeten Größen einer Variablen (z.B. absoluter Wert, Vorperiodendifferenz, relative Veränderung, Konstrukte mit Lag-Einfluß) nach Maßgabe des Signifikanzniveaus erfolgen. Als Ergebnis der entsprechenden Voruntersuchungen läßt sich festhalten, daß

1. Werbeaufwandsvariablen mit oder ohne Carry-Over auf den Goodwill-Stock den Zugang etwa gleich gut erklären (mit erwartungsgemäß positivem Vorzeichen),

2. die Preisvariable der Periode den Zugang hoch signifikant erklärt (mit erwartungsgemäß negativem Vorzeichen),

3. die Anzahl von Anbietern der jeweiligen Periode zwar einen hoch signifikanten Erklärungsbeitrag aufweist (jedoch mit nicht plausiblem negativen Vorzeichen),

4. die mit Lag versehene relative Veränderung der Anzahl angebotener Seiten als alleinige Variable einen signifikanten Einfluß auf den Zugang ausübt (jedoch gleichfalls mit nicht plausiblem negativen Vorzeichen).

Als insgesamt problematisch können sich im Rahmen der statistischen Analyse die zum Teil hohen signifikanten Korrelationen zwischen den einzelnen Variablen erweisen. Sie sind auf gleichgerichtete Entwicklungstrends der Variablen zurückzuführen und erschweren damit eine hohe Trennschärfe der Einflußgewichte innerhalb der statistischen Berechnungen.

3 Theorie

Rogers (1983, S.5ff.) hat die Diffusion einer Innovation als den Prozeß definiert, der die Verbreitung einer Innovation zwischen den Mitgliedern eines sozialen Systems über bestimmte Kommunikationskanäle im Laufe der Zeit beschreibt. Das Ziel eines Diffusionsmodells besteht darin, die Verbreitung einer Innovation innerhalb des definierten sozialen Systems, der potentiellen Adopterpopulation, über die Zeit zu beschreiben und deren zukünftigen Verlauf zu prognostizieren [Mahajan/Muller/Bass (1990)].

Dabei sind nach Rogers (1983) für die Diffusion einer Innovation folgende Aspekte relevant:

1. Der relative Vorteil des Produkts (konstant gegenüber Substituten),
2. Kompatibilität (mit Vorstellungen/Normen des Nutzers),
3. Komplexität (leichtes Verständnis/leichte Nutzung des Dienstes möglich),
4. Erprobbarkeit (gute Testmöglichkeit für Nutzer vor Adoption),
5. Kommunizierbarkeit (Vorteile leicht ersichtlich/kommunizierbar).

Ferner sind die Entwicklungen der technischen, wirtschaftlichen, politisch/rechtlichen und der sozialen Umwelt bei der Analyse bzw. Prognose von Diffusionsverläufen zu berücksichtigen. Sie interagieren mit den tendenziellen Veränderungen der Adopterpopulation und deren Charakteristika. Wenn diesem Schema darüber hinaus die Möglichkeit verschiedener Kommunikationsmöglichkeiten (Word-of-mouth, Werbung über Medien) beigeordnet wird, so wirkt die Abgrenzung und Beschränkung auf relevante Einflußgrößen innerhalb dieser komplexen Interaktionen im Rahmen eines Diffusionsmodells zunächst sehr abstrakt.

Dennoch sind mit Hilfe verschiedener simpler Diffusionsmodelle viele erfolgreiche Beschreibungs- und Prognoseaussagen erarbeitet und publiziert worden. Das bekannteste Modell geht auf den Ansatz von Bass (1969) zurück, der eine semilogistische Funktion folgenden Typs mit S-förmigem Bestandsverlauf unterstellt, die inhaltlich interpretiert werden kann:

$$z_t = a*(c*M_t - N_{t-1}) + b*\frac{N_{t-1}}{c*M_t}*(c*M_t - N_{t-1}) \tag{1}$$

mit: z_t Zugang an Nutzern in der t-ten Periode,
N_{t-1} Bestand an Nutzern in der Vorperiode,
M_t Marktpotential in der t-ten Periode,
a Innovationskoeffizient (Kaufwahrscheinlichkeit durch externen Einfluß),

b Imitationskoeffizient (Kaufwahrscheinlichkeit durch internen Einfluß),
c Ausschöpfungskoeffizient des Marktpotentials.

Der Zugang ergibt sich demnach aus einem bestimmten Anteil von Innovatoren und Imitatoren, letztere gewichtet mit dem Marktsättigungsgrad, jeweils am Restmarktpotential der Periode. Bass (1969) beschreibt die Innovatoren dabei als Meinungsführer bezüglich der betrachteten Produktklasse, die das Produkt wegen seiner Eigenschaften kaufen und sich nur durch extern an die Adopterpopulation herangetragene Kommunikation (Informative Werbung) über neue Produkte informieren. Die Imitatoren werden hingegen nur durch die interne Kommunikation innerhalb der potentiellen Adopterpopulation über das neue Produkt informiert. Der Sättigungsgrad stellt dabei eine Operationalisierung dieses internen Imitationsdrucks dar. Das erreichbare Marktpotential der Periode ergibt sich aus der Multiplikation eines Ausschöpfungskoeffizienten mit dem sich über die Zeit verändernden Marktpotential.

Bass (1969) vernachlässigt in seinem Modell den Einfluß einer sich ändernden Umwelt (technische/wirtschaftliche Umwelt, Marktform, andere Produkte/Dienste, etc.) ebenso wie den komplexen Adoptionsprozeß innerhalb der potentiellen Adopterpopulation. Neben einem konstanten Marktpotential über die Zeit unterstellt er bezüglich des Marketing-Mix, daß dessen Einfluß entweder ebenfalls konstant über die Zeit ist oder sich bereits in den Parametern widerspiegelt [Vgl. Mahajan/Peterson (1979)]. Letztere Annahme geht davon aus, daß sich innerhalb einer jeweiligen Produktklasse die Instrumente des Marketing-Mix in der Regel über die Zeit quasi naturgesetzlich entwickeln (Abnahme des relativen Preises, Zunahme der Werbeaufwendungen und des Distributionsgrads, Verbesserung der Produkteigenschaften).

In der neuesten Publikation von Bass/Krishnan/Jain (1994) wird dieser Gedanke aufgegriffen und davon ausgegangen, daß nur die relativen Veränderungen des Marketing-Mix über die Zeit einen Einfluß auf die Diffusionsgeschwindigkeit ausüben:

$$z_t = \left(a + b * \frac{N_{t-1}}{c * M_t} \right) * \left(c * M_t - N_{t-1} \right) * \left(1 + f \left(\begin{matrix} \textit{Relative Veränderung der} \\ \textit{Marketing-Mix-Instrumente} \end{matrix} \right) \right) \quad (2)$$

Dieses sogenannte 'Generalized Bass-Model' (GBM) entspricht im wesentlichen dem obigen Bass-Modell (BM). Neu hinzugefügt wurde der multiplikativ verknüpfte Term der Marketing-Variablen. Dabei werden die Variablen als relative Veränderung zum Vorperiodenwert spezifiziert und mit einem Koeffizienten gewichtet zum Wert 1 hinzuaddiert. Je nach Größe und Bedeutung der relativen

Variablenänderung vermindert (Marketing-Term < 1) bzw. erhöht (Marketing-Term > 1) sich der Diffusionszugang der Periode. Steigt die spezifizierte Werbeaufwandsvariable über die Perioden in gleichen Anteilen oder verfällt der Preis mit einem konstanten Satz zur Vorperiode, so repräsentiert (1 + *) eine Konstante, die lediglich einen Einfluß auf die Marktpotentialausschöpfung c besitzt. Die Koeffizienten der Marketing-Mix-Veränderungs-Variablen stellen Elastizitäten dar, weil ein prozentualer Anteil der relativen Veränderung der Variable auf die abhängige Größe wirkt.

Das GBM konkurriert in der Berücksichtigung des Einflusses der Marketing - Mix-Instrumente mit alternativen Ansätzen. Ein anderer Spezifikationsvorschlag besteht darin, den gesamten Marketing-Mix in jeweilig indexierter Variablenform multiplikativ, exponentiell gewichtet mit einer Instrumentenelastizität, dem Bass-Modell anzufügen. Bei diesem Modell wird die Betonung auf die Bedeutung des Niveaus der Instrumentenausprägung gelegt:

$$z_t = (a + b*\frac{N_{t-1}}{c*M_t}) * (c*M_t - N_{t-1}) * (\frac{P_t}{P_0})^{Elastizität} *.... \tag{3}$$

mit: Variablen analog zu oben; sowie P_t Preis (Rüstkosten) der Periode.

Weiterhin wurde in der Literatur vorgeschlagen, die Koeffizienten der Innovation bzw. Imitation von der jeweiligen Instrumentenentwicklung in geeigneter Form abhängig zu machen [Vgl. Dockner/Jorgensen (1988)]. Dies entspricht der Annahme, daß die jeweilig spezifizierte Variable direkt auf die Diffusionsgeschwindigkeit wirkt:

$$z_t = (a + b*\frac{N_{t-1}}{c*M_t}) * (c*M_t - N_{t-1}) \tag{4}$$

$$a = a_0 + a_1 * (\frac{W_t}{W_0})^{Elastizität} * (\frac{P_t}{P_0})^{Elastizität} * (\frac{A_t}{A_0})^{Elastizität} * (\frac{S_t}{S_0})^{Elastizität} \tag{5}$$

$$b = b_0 + b_1 * (\frac{W_t}{W_0})^{Elastizität} * (\frac{P_t}{P_0})^{Elastizität} * (\frac{A_t}{A_0})^{Elastizität} * (\frac{S_t}{S_0})^{Elastizität} \tag{6}$$

mit: Variablen analog zu oben,
A_t Anbieterzahl in der t-ten Periode, S_t Angebotene Seiten in der t-ten Periode,
a_0 autonomer Innovationskoeffizient, a_1 Skalierungsparameter,
b_0 autonomer Imitationskoeffizient, b_1 Skalierungsparameter.

Ein anderer, stärker differenzierter Vorschlag sieht vor, die Marketing-Instrumente entsprechend ihrer hauptsächlichen Wirkung in das Diffusionsmodell zu implementieren. Dabei wird in der Regel davon ausgegangen, daß die produkt- und preispolitischen Instrumente auf die Höhe des erreichbaren Marktpotentials wirken, während die Instrumente der Kommunikations- und Distributionspolitik eher die Diffusionsgeschwindigkeit beeinflussen. Abbildung 10 zeigt die Wirkungsweisen im Überblick.

Hierbei wird davon ausgegangen, daß zum erreichbaren Marktpotential nur solche Wirtschaftssubjekte zählen, für die ein Produkt bei gegebenen Produkteigenschaften interessant ist und der Preis keine obere Toleranzschwelle überschreitet. Plausibel wird dies, wenn man bedenkt, daß man bei einem sehr hohen Preis ein hohes Marktpotential niemals wird ausschöpfen können, auch wenn man maximale Kommunikations- und Distributionsanstrengungen unternimmt [Jain/Rao (1990)]. Die Berücksichtigung der Preispolitik erfolgt bei endogener Modellierung des erreichbaren Marktpotentials funktional in logistischer oder multiplikativer Form, in die die oben erläuterte Marktpotentialvariable als Obergrenze bzw. als Ausgangsgröße eingeht. An dieser Stelle sei bereits erwähnt, daß die Modellschätzungen mit logistischer Marktpotentialsfunktion nur unbefriedigende Ergebnisse erzielten und in dieser Studie deshalb nicht näher erläutert werden.

Abbildung 10: Unterstellte Wirkungsweisen der Marketing-Mix-Instrumente auf die Diffusion

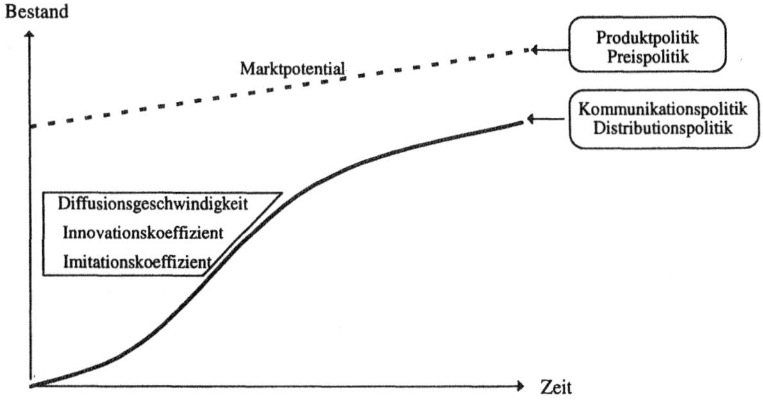

Ein Diffusionsmodell mit endogener, multiplikativer Marktpotentialsfunktion hat die folgende Form:

$$DynM_t = M_t * c * (\frac{P_t}{P_0})^{P-Elastizität} \quad (7)$$

$$z_t = (a + b * \frac{N_{t-1}}{DynM_t}) * (DynM_t - N_{t-1}) * (1 + d * Wv_t + e * MBearb_t) \quad (8)$$

mit: Variablen analog zu oben;

$DynM_t$	Endogenes, preisabhängiges Marktpotential der t-ten Periode,
c	Skalierungskoeffizient der Marktpotentialsfunktion,
P-Elastizität	Preiselastizität des Marktpotentials,
d	Koeffizient der relativen Werbeaufwandsänderung,
Wv_t	Relative Veränderung der Werbung zur Vorperiode in der t-ten Periode,
e	Koeffizient der Marktbearbeitungsvariablen,
MBearbt	Dummy-Variable der Marktbearbeitung der t-ten Periode.

Je nach Annahme über die Wirkungsweise des jeweiligen Marketing-Instruments ergibt sich somit ein breites Spektrum einer möglichen Einbeziehung in das Diffusionsmodell. Im Wechselspiel mit statistischen Modellberechnungen ergibt sich daraus gleichfalls die Möglichkeit, subjektive Hypothesen über die tatsächliche Wirkungsweise des Marketing-Instruments mit Hilfe quantitativer Methoden zu testen. Die statistische Analyse im weiteren Verlauf dieser Untersuchung ist somit als notwendige und sinnvolle Ergänzung zur subjektiven Einschätzung der bisherigen und zukünftigen Entwicklung des Zugangs zum Dienst zu sehen.

4 Modellrechnungen

In diesem Abschnitt wird zunächst ein Überblick über die untersuchten Modellvarianten gegeben. Dem folgt die Darstellung der Beurteilungskriterien für die Schätzergebnisse der einzelnen Modelle und die aus der Diffusionsliteratur abzuleitenden Hypothesen über Vorzeichen und Ausprägung der Parameter der berücksichtigten erklärenden Variablen. Anschließend werden die Ergebnisse der Diffusionsmodellschätzungen analog der Reihenfolge der Vorstellung der Modelle im theoretischen Teil dieses Beitrags erläutert.

Bisher sind in den vorangestellten Kapiteln theoretische Grundlagen der Untersuchung und die bisherige Datenentwicklung sowie die daraus abgeleiteteten Variablen erläutert worden. Sämtliche Marketing-Mix-Variablen wurden als Niveauvariablen (Indiziert auf die Periode t=0) oder als deren relative Veränderung zur Vorperiode in den Modellvarianten berücksichtigt.

Alle geschätzten Diffusionsmodelle werden nach einheitlichen Kriterien beurteilt, obgleich sie sich bezüglich des Ansatzes der Modellierung sowie der Implementation der unterschiedlichen Operationalisierungen der Marketing-Mix-Variablen unterscheiden. Die Güte des Modells ergibt sich aus der Höhe des statistischen Fits (korrigiertes R^2) und der Signifikanz der Parameter. Die Parameter sollten darüber hinaus im Vorzeichen und in der Größenordnung des ermittelten Wertes plausibel sein, d.h. in ihrer Ausprägung ungefähr den der Literatur zu entnehmenden Erfahrungswerten entsprechen.

Unabhängig von der gewählten Modellspezifikation lassen sich plausible Hypothesen über die Wirkungsrichtung und z.T. auch die Höhe des jeweiligen Variableneinflusses aufstellen. So ist gemäß der Meta-Analyse von Sultan/Farley/Lehmann (1990) für den Koeffizienten der Innovation (a) eine Größenordnung von $0 < a < 0,04$ und für den der Imitation (b) ein Wert von $0,1 < b < 0,4$ zu erwarten. Die Höhe der Koeffizienten hängt reziprok von der Höhe des spezifizierten Marktpotentials ab. Auch die Wahl der Periodenlänge muß hier berücksichtigt werden. Bei einer Untersuchung auf Basis von Halbjahresdaten wie hier müssen die erwarteten Koeffizienten mit etwa der Hälfte der normalen Werte angesetzt werden. Bei der Einbeziehung des Preises bzw. der Rüstkosten in die Diffusionsmodelle wird eine negative Preiselastizität bzw. ein mit fallendem Preis beschleunigter Diffusionsverlauf erwartet. Die Elastizität sollte in der für Telekommunikationsdienste angenommenen Größenordnung von ca. (-0,1) - (-0,9) liegen [Neumann (1984)]. Die Werbeaufwandsvariablen sollten in jedem Falle einen positiven Einfluß aufweisen, wobei der Wertebereich für die kurzfristige Elastizität um 0,22, für die langfristige Wirkung um 0,47 als plausibel gelten kann [Assmus/Farley/Lehmann (1984)]. Eine positive Wirkung wird gleichfalls für die Koeffizienten bzw. Elastizitäten der Seitenanzahl- und Anbieteranzahl-Variablen unterstellt, weil der Dienst BTX/Datex-J durch neue Anbieter bzw. ein neues Angebot dem Nutzer positive Anreize offerieren kann. Aufgrund der relativ erfolgreichen Neukonzeptionierung des Dienstes bzw. des Marketing-Mix ab 1993 wird ein positiver Einfluß der 'Marktbearbeitungs'-Dummy-Variablen vermutet.

Die Schätzung des einfachen Bass-Modells [vgl. Formel (1)] mit Hilfe einer nichtlinearen Kleinste-Quadrate-Regression[2] ergab:

Abbildung 11: Schätzergebnisse des einfachen Bass-Modells

	Koeffizientenwert	Signifikanzniveau
Innovationskoeffizient a	3,02E-10	n.s.
Imitationskoeffizient b	0,15	5%
Ausschöpfungskoeffizient des Marktpotentials c	408.144	n.s.
Korrigiertes R^2	73,77%	

Das Schätzergebnis des Bass-Modells ist nicht zufriedenstellend, weil mit Ausnahme des Imitationskoeffizienten keine signifikanten, im plausiblen Wertebereich liegenden Parameterwerte resultierten. Auch der Fit des einfachen Modells ist mit 74% nicht gut. Das mangelhafte Ergebnis ist aus statistischer Sicht auf die hohe Korrelation der Parameter a und c zurückzuführen. Ein guter Fit mit plausiblen Parameterwerten ist wegen des Strukturbruchs im Jahre 1993, der durch keine erklärende Variable als Information in das Schätzmodell eingeflossen ist, auch nicht zu erwarten gewesen.

Daher sollte angenommen werden, daß die Ergebnisse des GBM [vgl. (2)] aufgrund der Berücksichtigung der Information über die starke Veränderung seit 1993 über die Marketing-Mix-Variablen wesentlich besser sind. An dieser Stelle sollen repräsentativ für alle GBM-Modelle mit exogen vorgegebenem Marktpotential nur zwei Schätzergebnisse dargestellt werden, da die anderen Schätzgleichungen allesamt nicht signifikante und i.d.R. inplausible Koeffizientenwerte bei mäßigem Fit aufwiesen.

---

2 Alle Rechnungen wurden mit der 'Nonlinear-Least-Squares-Regression (NLR)' des Statistik-Software-Pakets SPSS 4.0 durchgeführt. Die Routine ist im Advanced Statistics Manual (1992) beschrieben.

Abbildung 12: Schätzergebnisse ausgewählter GBM-Modelle

	1. Modell	2. Modell
Korrigiertes R^2	95,17%	92,58%
1. Innovationskoeffizient a	-0,006*	-0,004
2. Imitationskoeffizient b	0,284**	0,369**
3. Ausschöpfungskoeffizient des Marktpotentials c	0,082**	0,137**
<u>Marketing-Mix-Koeffizienten:</u>		
1. Relative Preisveränderung	0,613	0,221
2. Relative Werbeveränderung	5,144	1,718
3. Marktbearbeitung	1,140	-
4. Relative Seitenanzahlveränderung	-3,478	-7,834**
5. Relative Anbieterzahlveränderung	20,365**	21,187**

* signifikant auf 5%-Niveau ** signifikant auf 1%-Niveau

Beide Modelle zeigen aufgrund der verbesserten Information durch die Marketing-Mix-Variablen einen wesentlich besseren, sehr guten Fit (Abbildung 12). Zwar sind die Innovationskoeffizienten in beiden Fällen negativ und damit nicht plausibel, aber die Imitationskoeffizienten weisen ein zu erwartendes Niveau bei richtigem Vorzeichen auf. Der Ausschöpfungskoeffizient des Marktpotentials ist signifikant sowie bezüglich des Vorzeichens und der Parameterausprägung plausibel. Die teilweise hohe Korrelation der Marketing-Instrument-Variablen untereinander sowie der ihrer Koeffizienten mit den Innovations- und Imitationskoeffizienten erklären die nicht signifikanten, in Höhe und Vorzeichen nicht zu erwartenden Koeffizientenausprägungen im Marketing-Mix-Term des Modells. Da jede Variante dieses Modells, d.h. unterschiedliche Kombinationen der relativen Veränderungen der jeweiligen Marketing-Mix-Instrumente, zu nicht befriedigenden Ergebnissen führte, muß das GBM für den Dienst BTX/Datex-J als nicht hilfreich eingeschätzt werden.

Alternativ ist im theoretischen Teil eine multiplikative Verknüpfung der Marketing-Mix-Niveau-Variablen vorgeschlagen worden [vgl. (3)]. Die Ergebnisse aller durchgeführten Modellschätzungen sind ähnlich unbefriedigend wie die der

GBM-Modelle. Deshalb werden auch hier nur zwei Modelle stellvertretend für alle gerechneten vorgestellt:

Abbildung 13: Schätzergebnisse ausgewählter Modelle mit multiplikativer Instrumentenverknüpfung

	1. Modell	2. Modell
Korrigiertes R^2	98,92%	92,56%
1. Innovationskoeffizient a	3,27E-07	0,0043
2. Imitationskoeffizient b	-0,004	0,0009
3. Ausschöpfungskoeffizient des Marktpotentials c	97,097	0,1792
Marketing-Mix-Elastizitäten:		
1. Preisniveau	-3,919**	-0,864
2. Werbeaufwandsniveau	0,120	-
3. Marktbearbeitung	0,002	0,501
4. Seitenanzahlniveau	-3,936**	-
5. Anbieterzahlniveau	8,375**	-

* signifikant auf 5%-Niveau ** signifikant auf 1%-Niveau

Beide Schätzungen liefern nicht plausible Innovations- und Imitationskoeffizienten, weil diese Koeffizienten mit den Elastizitätsparametern der Marketing-Mix-Niveau-Variablen meist hoch korrelieren. Die Elastizitäten der Marketing-Instrumente sind im ersten Modell z.T. bei falschem Vorzeichen im Betrag höher als zu erwarten. Allein die Werbeelastizität liegt in Vorzeichen und Betrag im erwarteten Rahmen. Sie ist jedoch nicht signifikant. Trotz dem jeweilig guten Fit der Modelle wird der multiplikative Ansatz an dieser Stelle nicht weiter verfolgt.

Die statistischen Ergebnisse zum Bass-Modell mit differenziertem Marketing-Mix-Einfluß auf die Koeffizienten der Innovatoren und Imitatoren sind ebenfalls schlecht [vgl. (4), (5), (6)]. Trotz eines allgemein guten Fits, der wie bei den obigen Modellen statistisch auf die hohe Anzahl der Parameter zurückzuführen ist, liegen die z.T. signifikanten Parameterwerte in Höhe und Vorzeichen meist außerhalb des plausiblen Bereichs (Abbildung 14). Das erste Modell zeigt die

Problematik der hohen Korrelation der Koeffizienten bei zweifacher Spezifikation einer Variablen innerhalb eines Modells deutlich auf. Doch auch bei entsprechender Aufteilung der Variablen nach Innovations- und Imitationsbeeinflussung läßt sich kein befriedigendes Ergebnis erzielen, wie das zweite Modell zeigt. Dieser Ansatz wird daher in der weiteren Untersuchung auch nicht fortgeführt.

Abbildung 14: Schätzergebnisse ausgewählter Modelle mit differenzierter Marketing-Mix-Wirkung

	1. Modell		2. Modell	
Korrigiertes R^2	98,80%		93,83%	
1. Innovationskoeffizient a	0,00003		0,374	
2. Imitationskoeffizient b	14,7447**		0,071	
3. Ausschöpfungskoeffizient des Marktpotentials c	0,0765**		0,132**	
Marketing-Mix-Elastizitäten:	Innovation	Imitation	Innovation	Imitation
1. Preisniveau	-6,616E-07	-0,00009	-1,308E-06	-
2. Werbeaufwandsniveau	0,0026	-0,9096	-0,023	-
3. Marktbearbeitung	-17988	1,0739**	-	3,756

* signifikant auf 5%-Niveau ** signifikant auf 1%-Niveau

Da die bisherigen Modellansätze zu keinen befriedigenden Ergebnissen führten, werden im folgenden die Modelle mit endogen implementierten Marktpotential untersucht. Dabei ist das Marktpotential in multiplikativer Form alleinig oder in einer Kombination von den Niveauvariablen Preis, Anbieteranzahl und Seitenanzahl abhängig gemacht worden. Die relativen Änderungen der Werbeaufwandsvariablen und der Marktbearbeitung wurden wie im GBM behandelt.

Bei der Spezifikation des endogenen Marktpotentials über die multiplikative Funktion konnten sehr gute Ergebnisse erzielt werden. Der Fit lag durchweg in einem sehr guten Bereich. Die Koeffizienten sind im Rahmen der verschiedenen Modellansätze unterschiedlich signifikant bei meist richtigem Vorzeichen und z.T. erwarteter Höhe. Das beste Modell dieser Studie ist in Abbildung 15 angegeben [vgl. (7), (8)]:

Abbildung 15: Schätzergebnis des besten Modells mit endogen modelliertem Marktpotential

Korrigiertes R^2	95,01%
1. Innovationskoeffizient a 2. Imitationskoeffizient b	0,0096 0,3581**
Marktpotentialsfunktion: 1. Skalierungsparameter c 2. Preiselastizität des Marktpotentials	 0,1564** - 0,4109**
Marketing-Mix-Koeffizienten: 1. Werbeaufwandsveränderung d 2. Marktbearbeitung e	 0,1643 2,49E-07

* signifikant auf 5%-Niveau ** signifikant auf 1%-Niveau

Der Fit des Modells ist mit 95% sehr hoch. Die Koeffizienten liegen allesamt in Höhe und Vorzeichen in dem oben beschriebenen plausiblen Wertebereich. Der Koeffizient der Innovation ist zwar nicht signifikant, liegt jedoch mit etwa 0,02 (≈ 0,0096 x 2 Halbjahre) auf einem für Jahreswerte zu erwartenden Niveau. Die Ausprägung des Koeffizienten der Imitation mit 0,72 (≈ 0,3581 x 2 Halbjahre) ist hoch signifikant, jedoch im Wert an der oberen Toleranzschwelle. Der hohe Imitationskoeffizient kann zum Teil auf das niedrige Niveau des geschätzten endogenen Marktpotentials zurückgeführt werden, welches aus Abbildung 8 ersichtlich ist. Das geringe Niveau des geschätzten Marktpotentials steht im Gegensatz zu den von Berndt/Fantapié Altobelli (1991) zusammengestellten hohen Bestandsprognosen aus den Jahren 1983-1987. Wird unter Berücksichtigung eines gewissen Schätzfehlers davon ausgegangen, daß sich das erreichbare Marktpotential in 1993/94 auf einem Niveau von ca. 1,5 Mio. potentiellen Nutzern bewegt, so entspräche dies einem Ausschöpfungsgrad von ca. 17% des vorgegebenen Marktpotentials. Diese Größe ist trotz der Schwächen der obigen Modelle in diesen oft signifikant ermittelt worden. Die in der Marktpotentialsfunktion ermittelte Preiselastizität des Marktpotentials ist wie auch der Skalierungsparameter hoch signifikant. Die Preiselastizität liegt mit einem Wert von ca. -0,4 in einem für Telekommunikationsdienste oft gefundenen Wertebereich. Sie entspricht in der Größenordnung gleichfalls den in hier nicht dargestellten Modellen bzw. in geschätzten Preisreaktionsfunktionen signifikant ermitelten Werten von (-0,4) - (-0,6). Der Koeffizient der relativen Werbeaufwandsveränderung bzw. die Werbeelastizität ist mit dem Wert von 0,16 plausibel und entspricht im Niveau dem in der Meta-Analyse von Assmus/Farley/Lehmann (1984) angegebenen Durchschnittswert von 0,22. Die Marktbearbeitungsvariable ist im Gegensatz zu vielen zuvor dargestellten Modellen als allgemeine Operationalisierung der Neukonzeptionierung des Dienstes nicht mehr signifikant und zu vernachlässigen. Die Zugangseffekte nach 1992 lassen sich in diesem Modell über Preis und Werbeaufwand erklären. Abbildung zeigt reale und geschätzte Verläufe des Zugangs und des Bestands:

Abbildung 16: Reale und geschätzte Verläufe der Zugangs- und Bestandsentwicklung an Nutzern

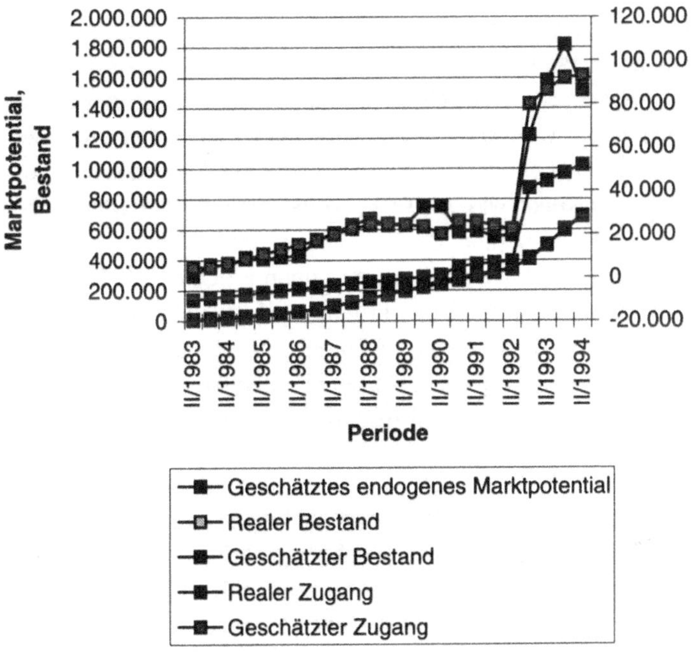

5 Schlußfolgerung und Zusammenfassung

Aus den vielfältigen Versuchen, die Entwicklung des Nutzerzugangs des Dienstes BTX/Datex-J mit Hilfe von Diffusionsmodellen statistisch zu schätzen, haben sich wertvolle methodische Erkenntnisse und inhaltliche Ergebnisse ergeben.

Als erstes methodisches Ergebnis ist festzustellen, daß eine Vielzahl der geschätzten Modelle keine plausiblen und signifikanten Parameterwerte liefert. Die oft geringe Signifikanz vieler Parameter der Modelle ist statistisch auf die hohe Korrelation der Variablen zurückzuführen. Obgleich auch die nicht plausiblen Niveaus der Parameter z.T. der hohen Kollinearität zugeschrieben werden können, ist insgesamt die Instabilität vieler Modellschätzungen aus statistischer Sicht zusätzlich durch die geringe Anzahl von Freiheitsgraden zu begründen. Als weitere Gründe für die Schätzprobleme sind der Strukturbruch in 1993/94 sowie die noch nicht feststellbare Sättigungstendenz der Bestandsentwicklung anzuführen.

Soll dennoch eine Beurteilung der verschiedenen Modellierungsansätze erfolgen, so ist zunächst die Verwendung des einfachen Bass-Modells ohne Vorgabe eines gut durchdachten Marktpotentials zurückzuweisen. Auch die erzielten Resultate des verallgemeinerten Bass-Modells (GBM) mit exogener Vorgabe des Marktpotentials lassen eine generelle Überlegenheit dieses Ansatzes nicht erkennen. Der Ansatz, das Bass-Modell multiplikativ mit exponentiell mit Elastizitäten gewichteten Niveauvariablen zu verknüpfen, führte bei exogener Vorgabe des Marktpotentials ebenfalls zu unbefriedigenden Ergebnissen. Dieser ist damit ebenso wenig hilfreich wie das Bass-Modell mit differenzierter Instrumentenwirkung auf die Koeffizienten der Innovation und Imitation. Statt dessen konnten ermutigende Ergebnisse mit einem hohen Fit durch ein Diffusionsmodell erzielt werden, bei dem der Preis in einem multiplikativen Modell das erreichbare Marktpotential determiniert, während die Variable des Werbeaufwands als relative Veränderungen zur Vorperiode und die der Marktbearbeitung gemäß dem 'Generalized-Bass-Model' (GBM) berücksichtigt worden sind.

Für den Dienst BTX/Datex-J läßt sich daher vermuten, daß auf inhaltlicher Ebene eher der Schluß auf eine das Marktpotential beeinflussende Preispolitik zulässig ist. Für die Produktpolitik kann diesbezüglich keine Aussage getroffen werden, da die zur Verfügung stehenden Operationalisierungen erstens hoch kollinear zueinander sind und zweitens in diesen Modellen zu keinen relevanten Erklärungsbeiträgen führen. Sie können für den Dienst BTX/Datex-J daher auch nicht als Indikatoren für einen Kritische-Masse-Effekt herangezogen werden. Dennoch ist zu vermuten, daß mit adäquaten Variablen ein solcher Effekt analog den Vorschlägen Weibers (1992) durchaus abzubilden wäre. Deutlich erkennbar ist offenbar eine durch überhöhte Erwartungen induzierte Enttäuschung und eine dadurch ausgelöste Revision der Angebotspläne vieler Anbieter nach 1985. Die Werbepolitik wirkt offenbar gemäß dem zuletzt vorgestellten Modell eher auf die Diffusionsgeschwindigkeit. Die in der Marktbearbeitungs-

Dummy-Variablen u.a. reflektierte Distributionspolitik hat meist dann einen signifikanten Einfluß auf die Diffusion, wenn die Preispolitik nicht an das Marktpotential geknüpft wird. Eine klare Aussage ist deshalb nur dahingehend abzuleiten, daß die Marketing-Aktivitäten des 1x1-Verlags und die erfolgte Neukonzeptionierung des Dienstes eine starke Wirkung hatten.

Bezüglich des Wirkungsniveaus der Marketing-Mix-Instrumente kann festgehalten werden, daß sich die Preiselastizität des Zugangs an Nutzern in den Jahren 1993/94 in der Größenordnung von ca. -0,5 bewegt. Die Werbeelastizität ist mit einem Wert von ca. 0,16 oder geringer anzunehmen, weil in der berücksichtigten Werbevariablen die Aufwendungen der Anbieter (z.B. Homebanking) und der Mittler (z.B. 1x1-Verlag, Escom) nicht enthalten sind.

Über die Höhe der Koeffizienten der Innovation und der Imitation sowie die Entwicklung des Zugangs an Nutzern kann die Aussage getroffen werden, daß bis 1992 die innovative Komponente den Zugang bestimmt hat. Diese Aussage wird durch den seit 1993 auftretenden Low-User-Effekt im Nutzungsindikator 'Anrufe je Teilnehmer und Monat' gestützt, wie er bei erhöhtem Zugangsanteil von eher imitierenden Nutzern in der Regel auftritt. Die Höhe des derzeit erreichbaren Marktpotentials läßt sich statistisch nicht eindeutig bestimmen, obgleich eine tendenzielle Aussage über das Niveau möglich scheint. In vielen Modellen stellte sich ein Ausschöpfungsgrad von ca. 17% ein, so daß das erreichbare Marktpotential in den Jahren 1993/94 bei ungefähr 1,5 Mio. potentiellen Nutzern gelegen haben müßte.

Aus der Zusammenführung der methodischen und inhaltlichen Ergebnisse lassen sich für den zukünftigen Marketing-Mix-Instrumenteneinsatz Empfehlungen ableiten. Das Marktpotential scheint durch den Einsatz der Preispolitik jetzt besser erschlossen zu sein. Jedoch ist im Rahmen der hier gewählten Operationalisierung des Preises durch die Rüstkosten nur ein geringes Aktionspotential für die Zukunft verblieben. Deshalb wird für die zukünftigen Entwicklungschancen des Dienstes der Produktpolitik ein größeres Gewicht beizumessen sein. Dabei müssen verstärkt konkurrierende Dienste berücksichtigt werden, insbesondere die über Kabel in anzubietenden Systeme (z.B. 'Video on demand') oder Netzwerke wie z.B. CompuServe. Der Dienst BTX/Datex-J befindet sich unter Wettbewerbsbetrachtungen in einer schlechten Ausgangsposition, weil er zunächst über das Fernsehgerät als Endgerät konzipiert worden ist. Damals resultierte hieraus eine gute Ausgangsposition durch die hohe Endgeräteverfügbarkeit in den Haushalten und der damit verbundenen guten Möglichkeit des Aufbaus einer installierten Basis, die die Entwicklung von Konkurrenzdiensten gehemmt hätte. Die Chance ist wegen eines mäßigen Starts und der rasanten Entwicklung im PC-Sektor nicht genutzt worden. Aus letzterem resultieren jetzt ungünstige Produkteigenschaften des Dienstes, wie z.B. die sehr geringe Daten-Übertragungsrate, die beschränkten Mittel der Bilddarstellung und die auf den fast nur nationalen Bereich beschränkte Nutzung. Die konkurrierenden Angebote sind in dieser Hinsicht zwar für den Nutzer etwas teurer, jedoch wesentlich besser. Deshalb ist zu vermuten, daß der Dienst einer schwierigen Zukunft entgegensieht. Dennoch ist der Dienst BTX/Datex-J nicht ohne Zukunftschancen, denn er bietet als wesentlichen Vorteil die Inkassomöglichkeit, die Konkurrenzangeboten in dieser Art noch fehlt. Mit dem nun verstärkt auftretenden Zugang von eher imitierenden Nutzern sollte die Schaffung von mehr Low-User-Angeboten wie z.B. das Homebanking neben technischen Neuerungen im Zentrum der produktpolitischen Maßnahmen stehen. Eine entsprechende Ausrichtung der werbepolitischen Instrumente sollte diese Entwicklungen begleiten.

Literaturverzeichnis

Assmus, G.; Farley, J.U.; Lehmann, D.R., How Advertising Affects Sales: Meta-Analysis of Econometric Results, in: Journal of Marketing Research, Vol. 21, 1984, S. 65-74

Bass, F.M., A New Product Growth Model for Consumer Durables, in: Management Science, Vol. 15, 1969, S. 215-227

Bass, F.M.; Krishnan T.V. und Jain, D.C., Why the Bass-Model Fits Without Decision Variables, in: Marketing Science, Vol. 13, 1994, S. 203-223

Berndt, R.; Fantapié Altobelli, C., Warum Bildschirmtext in der Bundesrepublik Deutschland scheiterte - Eine diffusionstheoretische Analyse einer verfehlten Marketing-Politik, in: Zeitschrift für betriebswirtschaftliche Forschung, 43. Jg., 1991, S. 955-970

Bhargava, S.C.; Bhargava, R.K.; Jain, A., Requirement of Dimensional Consistency in Model Equations: Diffusion Models Incorporating Price and their Applications, in: Technological Forecasting and Social Change, Vol. 41, 1991, S. 177-188

Dockner, E.; Jorgensen, S., Optimal Advertising Policies for Diffusion Models of New Products Innovations in Monopolistic Situations, in: Management Science, Vol. 34, 1988, S. 119-130

Fantapié Altobelli, C., Die Diffusion neuer Kommunikationstechniken in der Bundesrepublik Deutschland: Erklärung, Prognose und marketingpolitische Implikationen, Heidelberg 1990

Hecheltjen, P., Bildschirmtext-Prognosen, Berlin 1985

Jain, D.C.; Rao, R.C., Effect of Price on the Demand for Durables: Modeling, Estimation and Findings, in: Journal of Business and Economic Statistics, Vol. 8, 1990, S. 163-170

Mahajan, V.; Peterson, R.A., First-Purchase Diffusion Models of New Product Acceptance, in: Technological Forecasting and Social Change, Vol. 15, 1979, S. 127-146

Mahajan, V.; Muller, E.; Bass, F.M., New Product Models in Marketing: A Review and Directions for Research, in: Journal of Marketing, Vol. 54, 1990, S. 1-26

Neumann, K.-H., Gebührenpolitik im Telekommunikationsbereich, Baden-Baden 1984

Rogers, E.M., Diffusion of Innovations, 3rd ed., New York 1983

Schmalen, H.; Binninger, F.-M., Ist die klassische Diffusionsmodellierung wirklich am Ende?, in: Marketing ZFP, 16. Jg., 1994, S. 5-11

Sultan, F.; Farley, J.U.; Lehmann, D.R., A Meta-Analysis of Applications of Diffusion Models, in: Journal of Marketing Research, Vol. 27, 1990, S. 70-77

Weiber, R., Diffusion von Telekommunikation: Problem der kritischen Masse, Wiesbaden 1992

Weiber, R., Chaos: Das Ende der klassischen Diffusionsmodellierung?, in: Marketing ZFP, 15. Jg., 1993, S. 35-46

9

Leitbilder, Strukturprobleme und Langzeitdynamik von Teletex. Die gescheiterte Diffusion eines Telematik-Dienstes aus der Sicht der historischen Technikgeneseforschung

Hans Dieter Hellige

1 Einleitung

Die Diffusionsforschung hat in der Vergangenheit auf der Basis langer Zeitreihen für verschiedene Produktkategorien typische Diffusionsmuster herausgearbeitet und mathematisch modelliert. Als Idealtypus dient dabei seit langem das von F. M. Bass 1967 zuerst für Investitions- und Konsumgüter entwickelte Diffusionsmodell in Form einer logistischen S-Funktion, das in der Folgezeit für Güter mit speziellen Netz- und Systemeffekten modifiziert wurde (vgl. die Beiträge von Rogers, Schoder, und Weiber in diesem Band). Zur Erklärung von Übereinstimmungen oder Abweichungen werden dann meist *quantitative* Einflußgrößen wie Preise, Investitions- und Werbeaufwand sowie die Höhe der anfänglichen Subventionierung herangezogen. Die Redundanz oder Gegenläufigkeit dieser Datenreihen verhindert aber sehr oft eine klare Aussage über den ausschlaggebenden Faktor in dem jeweiligen Diffusionsverlauf (vgl. dazu den Beitrag von Albers/Peters). Zusätzlich berücksichtigte *qualitative* Einflußgrößen erstrecken sich überwiegend auf Wettbewerb und Monopolisierungsgrad sowie auf Marketingkonzepte und Maßnahmen zur Erzeugung von Erwartungshaltungen, die ein schnelles Erreichen "Kritischer Massen" fördern sollen (Allan 1988, S. 261 ff.).

Doch weder mit quantitativen Einflußgrößen noch mit Marketing-Argumenten läßt sich das zentrale Problem von Adoptions- und Diffusionsprozessen lösen, nämlich die Bestimmung des insgesamt erreichbaren Marktpotentials einer neuen Technik bzw. eines Telekommunikationsdienstes. Denn dazu sind vor allem *qualitative* Anwendungspotentiale sowie komparative Nutzungsvor- und -nachteile gegenüber konkurrierenden oder komplementären Technik- und Diensteangeboten abzuschätzen. Da dieses jedoch sehr stark vom Gestaltungskonzept und konkreten Zuschnitt der technischen oder soziotechnischen Lösung abhängt, es sich mithin um ein eminent qualitatives Problem rekursiver Hersteller-Kunden-Beziehungen handelt, versagen hier die quantitativ-ökonomischen wie die marktpsychologischen Argumentationen der traditionellen Diffusionsforschung. Im folgenden rücken daher Fragen der *Gestaltung* eines Telekommunikationsdienstes in das Zentrum. Neuere Ansätze der Technikgeschichte, der Technikgeneseforschung und der Konstruktionslehre sollen dabei helfen, tiefere Einblicke in das komplexe Ursachen- und Faktorengeflecht von Diffusionsprozessen zu erhalten.

Als Untersuchungsgegenstand wird bewußt ein gescheiterter Telekommunikationsdienst gewählt, da bei ihm die Entwicklung abgeschlossen ist und sich im Nachhinein anhand von amtlichem Material und Fachzeitschriften sowie durch Interviews mit herausragenden Entwicklern und Promotoren dieser Technik die Gründe für die Genese und den vorzeitigen Niedergang leichter ermitteln lassen. Trotz einiger vielversprechender Ansätze (vgl. bes. Braun 1992; Mainzer 1984; Carey, Moss 1985; Egido 1988; Angiolillo 1993; Schneider 1989) beschäftigen sich die historische wie die soziologische Technikforschung und vor allem Hersteller und Dienstbetreiber m. E. zu wenig mit "Failure stories" von Techniken und zu viel mit "Success stories". Dabei wären Lernprozesse aus nicht erfolgreichen Techniken und Diensten zur Vermeidung neuer Flops besonders wichtig.

2 Die Probleme der Diffusionsforschung in der Telekommunikation aus technikhistorischer Perspektive

Beim Übergang vom mathematisch modellierten Diffusionsmodell zur empirischen Analyse wird sehr schnell die ganze Vielfalt historischer und aktueller

Ausbreitungsprozesse sichtbar. Gegenüber der Regelmäßigkeit der Modellvorstellung unterscheiden sich die realen Diffusionsverläufe in mehrfacher Hinsicht, dies zeigt ein Vergleich von Kurven verschiedener Telekommunikationsdienste in Deutschland. In Abbildung 1 und 2 werden die zu unterschiedlichen Zeitpunkten einsetzenden Anschlußbewegungen jeweils auf das Jahr 1, 2, 3 bis 30 nach der Einführung *synchronisiert*, u. z. unterteilt nach Diensten mit mehr als 100.000 und mit weniger als 100.000 Anschlüssen. Durch eine solche synchrone Darstellung wird zum einen die unterschiedliche *Gesamtzyklusdauer* besser erkennbar. Während beim Telefon auch nach 115 Jahren noch kein Ende des Wachstums abzusehen ist, kommt der Telex-Dienst nach rd. 60 Jahren in seine Schlußphase, Datex-L nach 30, Eurosignal nach 20, Teletex und das C-Netz bereits nach 8 und TEMEX sogar schon nach 3 Jahren. Zum anderen differieren die Dienste deutlich in der *Dauer der Anlaufphase*. Vor allem die neuen Mobilfunktechniken (D-Netze, Cityruf, Chekker) sind mit einem innerhalb von 5 Jahren einsetzenden Take-off ausgesprochene Schnellstarter. Eine mittlere Startgeschwindigkeit mit 5-10 Jahren weisen das C-Netz, Datex-P und Telefax auf, während besonders die älteren Dienste Telefon, Telex und Datex-L erst nach ca. 15 bzw. sogar 20 Jahren den eigentlichen Wachstumsschub erlangen. Btx besitzt mit 7 und 14 Jahren sogar zwei Take-off-Zeitpunkte, ebenso Electronic Mail nach 13/14 und nach 20 Jahren und übrigens auch das Telefon (nach 20 und 70 Jahren). Faßt man die unterschiedlichen Faksimiletechniken zu einer einzigen zusammen, so kann man gar von vier Wachstumsphasen sprechen: ein schnell zum Erliegen gekommener Start als allgemeiner Telegraphierdienst um die Mitte des vorigen Jahrhunderts, eine zweite durch deutsche Erfindungen ausgelöste Diffusion als spezieller Bildschreiber von 1910-40, eine dritte Phase als Büro-inhouse-Kommunikationsdienst ab 1965 in den USA und der eigentliche, von Japan ausgehende Take-off als Massendienst ab 1980. Die von Carey und Moss (1985, S. 146 f.) bei der Analyse von Adoptionsprozessen in der Unterhaltungselektronik (Radio, Tonband, TV, Kabelfernsehen, Videorecorder) festgestellte Variation der Diffusionsmuster ist in der Telekommunikation also noch viel ausgeprägter.

Abbildung 1: Diffusion von Telekommunikationsdiensten im Dt. Reich und in der BRD; Anschlüsse in Tsd. von der Diensteinführung ab, Stand 31.12.1994

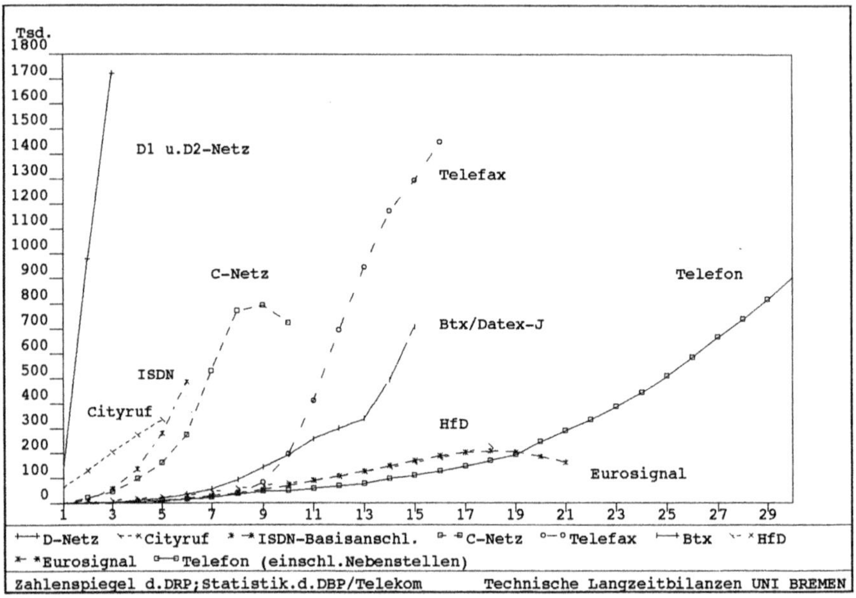

Abbildung 2: Diffusion von Telekommunikationsdiensten im Dt. Reich und in der BRD; Anschlüsse in Tsd. von der Diensteinführung ab, Stand 31.12.1994

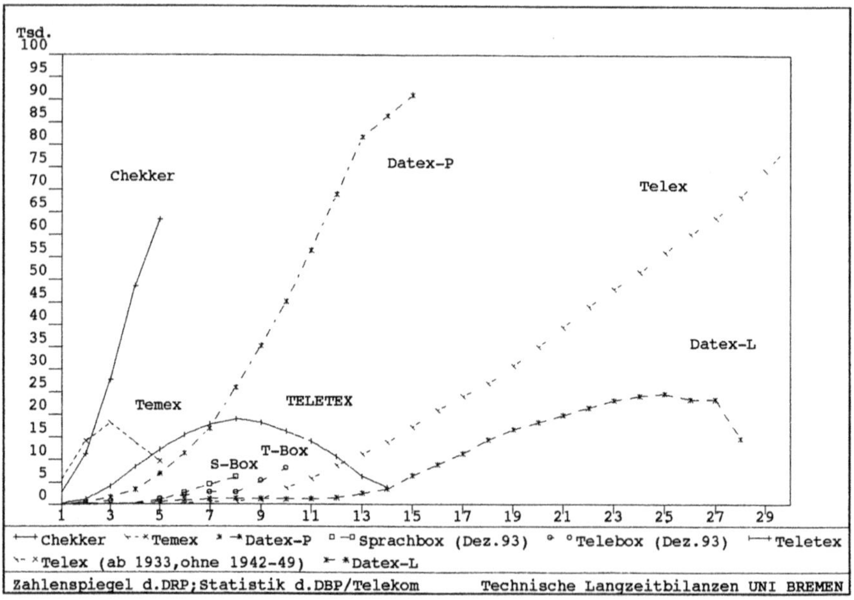

Die Unregelmäßigkeiten beruhen zu einem erheblichen Teil auf Wechselwirkungen zwischen den verschiedenen Techniken. So hat seit Beginn des Jahrhunderts das Telefon, nachdem es zunächst die Ausbreitung der Telegraphie gefördert hatte, dämpfend auf deren Entwicklung gewirkt. In gleicher Weise hat Datex-P das Datex-L-Wachstum gebremst, die D-Netze die B2 und C-Netze und Cityruf den Eurosignal-Dienst. Auf der anderen Seite profitieren die im ersten Anlauf gescheiterten Techniken Videotelefon, Videoconferencing und Voicemail (Sprachbox) nun von der ISDN- bzw. Mobilfunk-Ausbreitung. Ob jeweils die substitutive oder die komplementäre Wirkung dominiert, ist dabei schwer vorherzusehen. Ebenso schwierig ist die Prognose, ob sich ein Dienst als Massen- oder Spezialdienst durchsetzen wird. So gelang trotz aufwendigster Markterkundung weder dem Picturephone noch der Zweiwegkabelkommunikation die Ablösung der traditionellen Massendienste Telefon und Verteilfernsehen, während die zunächst eher als Nischentechniken eingestuften Mobilfunk- und Faxdienste zu erfolgreichen Mainstream-Techniken avancierten.

Besonders auffällig weichen Erwartungen, Prognosen und tatsächliche Diffusion in der elektronischen Textkommunikation voneinander ab. In den 70er Jahren rechnete der führende Carrier AT&T in den USA fest damit, daß die Textkommunikation ein Teildienst des Videotelefons würde, während die Time-Sharing-Service-Anbieter an eine baldige Ausdehnung der Computerkommunikation auf Geschäftswelt und Privathaushalte glaubten. In Westdeutschland dagegen schien vor allem dem neu konzipierten Dienst "Bürofernschreiben" oder Teletex der Löwenanteil der elektronischen Briefe zuzufallen, er sollte auf lange Sicht Telex und einen großen Teil der Briefpost substituieren. Telefax wurde dagegen damals überwiegend als ein Spezialmedium der Bildkommunikation angesehen und ihm bestenfalls eine Entwicklung in der Größenordnung von Teletex zugebilligt. Die in Abbildung 3 und 4 zusammengestellten Prognosen der Jahre 1978-1986 für Teletex und Telefax spiegeln diese unterschiedlichen Erwartungen wieder. Der in beiden Fällen so diametral entgegengesetzte Verlauf von prognostizierten und tatsächlichen Diffusionskurven läßt sich weder mit unterschiedlichen statistischen Modellen, mit Werbeaufwand oder Subventionierung noch mit falschen Einführungs- und Regulierungsstrategien erklären. Der systematische Charakter der Fehlprognosen läßt vielmehr die Frage aufkommen, ob hier nicht eine generelle Fehleinschätzung von Benutzerbedürfnissen oder eine Fehlkonzeption bzw. Fehlgestaltung der betreffenden Dienste vorliegt. Im folgenden soll deshalb anhand von Teletex untersucht werden, welche *qualitativen* Ursachen das vorzeitige Ende dieses Hoffnungsträgers der Telekommunikation bewirkt haben. Dabei wird keine am historischen Ablauf orientierte Darstellung gewählt (siehe dazu Hellige 1994b), sondern ein Analyseinstrumentarium herangezogen, das im Rahmen eines Projektes zur Geschichte der Computerkommunikation aus einer Verknüpfung von Methoden und Ergebnissen der Technikgeschichte, der Technikgeneseforschung und Konstruktionslehre entwickelt wurde (vgl. Hellige 1993). Dazu gehören vor allem:

- die historisch-hermeneutische Analyse von Leitbildern und Problemlösungshorizonten
- die systemische Analyse der Problemstrukturen von Techniken sowie
- deren zeitliche Dynamisierung in einer systemhistorischen Langzeitbetrachtung von Technologie-Lebenszyklen.

Abbildung 3: Teletex-Entwicklung in der BRD; Prognosen im Vergleich zu den Anschlüssen am 31.12.

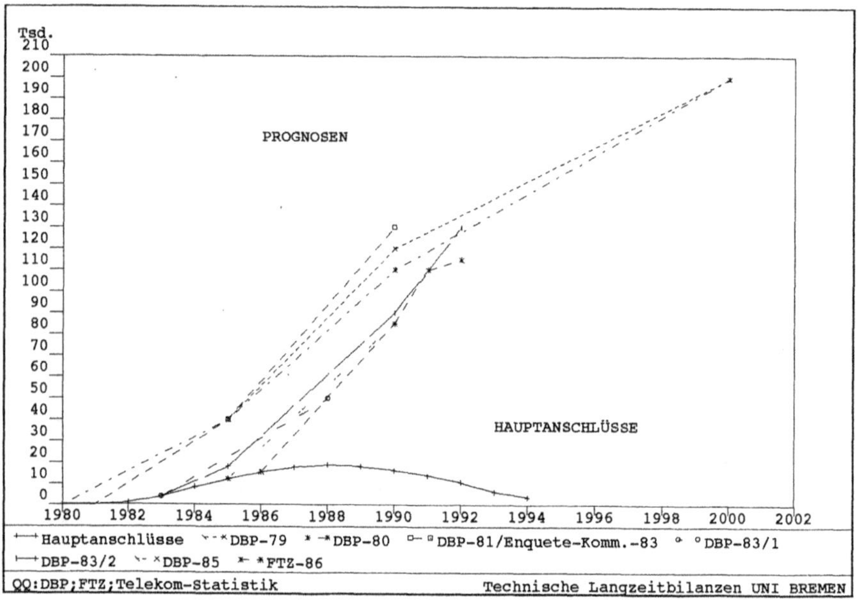

Abbildung 4: Telefax-Entwicklung in der BRD; Telefax-Prognosen im Vergleich mit den Anschlüssen am 31.12.

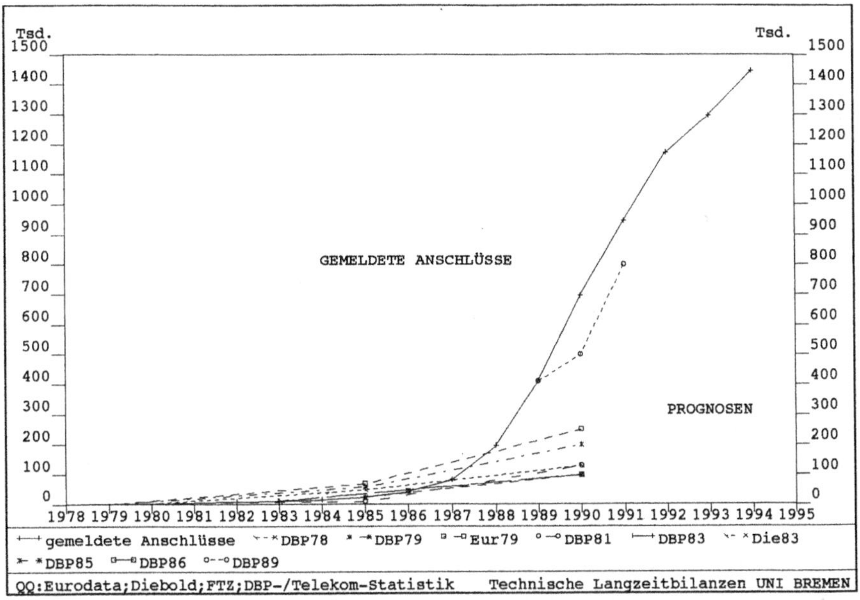

3 Ergebnisse der Leitbildanalyse für die Erklärung der Genese und des Scheiterns von Teletex

Die historische Analyse von Leitbildern, Übertragungs- bzw. Prägungsprozessen und Problemlösungshorizonten wendet hermeneutisch-verstehende Methoden auf technische Genese- und Gestaltungsprozesse an. Sie untersucht die *impliziten* Vorverständnisse, Vorprägungen, spezielle Handlungsperspektiven und die sozialen und professionellen Werthorizonte von Entwicklern und Konstrukteuren, aber auch deren *explizite*, d. h. artikulierte und propagierte Technikleitbilder. Unter *Leitbildern* werden hier identifizierbare, komplexe Zielvorstellungen oder herausgehobene Problemlösungs- und Anwendungsmuster verstanden, deren prägnante Aussageform, Gestaltcharakter oder Bildhaftigkeit entwicklungs- oder konstruktionsleitend wirken *können*. Die Leitbildanalyse erschließt von der Technikforschung bislang vernachlässigte kognitive und soziokulturelle Aspekte von Inventions- und Innovationsprozessen. Sie liefert jedoch selbst keinen Beitrag zur Bewertung und Antizipation von System- bzw. Problemstrukturen und von Entwicklungsdynamiken der hervorgebrachten technischen Gebilde. Die hermeneutische Betrachtungsweise wird daher im Unterschied zu der die neuere Techniksoziologie stark prägenden Luhmannschen Überbetonung von Verstehensakten als eine Ergänzung der systemhistorischen Strukturforschung angesehen und nicht als deren Ersatz (vgl. Dierkes, Hoffmann und Marz 1992, Hellige 1994d).

Teletex ist nicht das Resultat eines schon bestehenden, "feldgenerierenden" Leitbildes (Marz und Dierkes 1992, S. 11 ff.). Zwar gehen die technischen Vorläufer des "elektronischen Briefes" von Schreibmaschine zu Schreibmaschine bereits auf die Vernetzung von Fernschreibern mit Hollerithmaschinen in der Vorkriegszeit und erste Kombinationen von elektrischen Schreibmaschinen mit Lochstreifengeräten bzw. Magnetspeichern Mitte der 50er Jahre zurück. Doch entstanden hieraus keine artikulierten Leitbilder, die Einfluß auf die konkrete Teletex-Entwicklung genommen hätten. In der Frühzeit ging es meist um den Zugang zu in Rechnern gespeicherten Informationen, um die *Automatisierung* des Büros über einen "integrierten Informationsfluß" zwischen Datenverarbeitungs-Maschinen, nicht aber um ein Endgeräte-orientiertes Kommunikationsmedium (Levin 19, S. 48 ff.).

Erste Teletex-artige Konzepte erschienen erst im Zuge der Time-Sharing-Entwicklung Mitte der 60er Jahre. So schlug Joseph Licklider 1965 das Upgrading der Flexowriter-Technik zu kommunikationsfähigen Schreibmaschinen vor und 1967 entwickelte der Packet Switching-Pionier Paul Baran von der Rand Corporation die Vision kommunizierender Schreib- und Textautomaten mit Korrekturmöglichkeiten, Wörterbüchern und Terminkalendern im Heimbereich, ohne daß hieraus jedoch ein öffentlich diskutiertes Leitbild hervorgegangen wäre (Licklider 1965, S. 98 f.; Baran 1970, S. 82 f.). Das trifft übrigens auch für das gleichzeitig im MIT-MAC-Projekt geschaffene erste Electronic Mail-System zu. Eher beiläufig entstanden, wird es zunächst nicht Leitbild-prägend für eine elektronische Textkommunikation, auch nicht als es 1970 durch Lawrence G. Roberts' Installierung im ARPANET eine größere Verbreitung fand. Die Konzepte elektronischer Textkommunikation von Benutzer zu Benutzer standen ganz im Schatten der großräumigen Informationssammlung und -versorgung über Time Sharing-Zentralen. Diese waren der 'Information-Highway' der 60er und frühen 70er Jahre, die ganz den Leitbildmarkt beherrschten (vgl. hierzu Hellige 1994c).

Die eigentliche Teletex-Genese beginnt so in der ersten Hälfte der 70er Jahre ohne erkennbare Kontinuität zu diesen frühen Entwicklungen als Beiprodukt der Speicherschreibmaschinen- und Telex-Entwicklung. Erstere kamen zusammen mit den aufwendigeren Textautomaten um 1970 in den USA auf den Markt, u.z.

als *dedizierte* Endgeräte. Die Loskopplung der Textverarbeitung von der Datenverarbeitung war seinerzeit durchaus angebracht, da die unterschiedlichen Anforderungen beider Bereiche noch nicht von einem einzigen technischen System abgedeckt werden konnten (Lippold, Tiemeyer). Die Trennung ermöglichte erstmals die Schaffung spezifischer Textverarbeitungs-Funktionen und damit eine auch für Schreibkräfte halbwegs akzeptable Benutzerfreundlichkeit. Nachteilig waren indessen die hohen Kosten der Spezialsysteme und die nun meist sehr umständliche Anbindung an die EDV. Zur Erleichterung des Rechnerzugangs und des innerbetrieblichen Informationsaustausches erhielten die "word processors" bald "interfaces". Diese oft seriengemäß eingebauten Kommunikationsschnittstellen wurden indessen nur zu ca. 5 % wirklich genutzt, da die Dateiformate nicht standardisiert waren und der Ausbau der Kommunikationsfunktion zu teuer wurde (2.000 $ je Schnittstelle, vgl. Caswell 1988, S. 37 f.). Die fehlende Standardisierung war hierbei das entscheidende Hindernis für die Entstehung eines allgemein verbreiteten Dienstes in den USA, obwohl dort Ende 1972 bereits 150.000 bis 175.000 und Ende 1975 ca. 250.000 Speicherschreibmaschinen installiert waren. (KtK-Bericht 1976, Anlagenbd. 1, S. 83 f. In der BRD betrug danach die installierte Basis damals etwa 30.000 Stück.)

Die "communicating word processors" teilten so das Schicksal von Telefax und Electronic Mail: Auch bei diesen waren zwar mit dem Trockenkopierverfahren bzw. mit den Mail-Softwareprogrammen in Time-Sharing-Systemen in den USA die Voraussetzungen für eine elektronische Textkommunikation geschaffen worden, doch scheiterte das Überschreiten betrieblicher Grenzen und das Entstehen "Kritischer Massen" dort an einer Vielzahl inkompatibler Systeme, die sich alle bei sehr ähnlicher Funktionalität durch eine "variety of ideosyncratic ways" in der Detailgestaltung gegeneinander abschirmten (Redell und White 1983, S. 55). Das Leitbild einer durchgängigen "Elektronischen Korrespondenz" auf der Grundlage eines öffentlichen, vermittelten Telekommunikationsdienstes entstand daher nicht in den USA, sondern bei den europäischen PTT's, speziell in Westdeutschland. Hier trat wie schon Anfang der 30er Jahre beim Fernschreiber vor allem die Firma Siemens, der weltweit führende Telexgeräte-Hersteller, als Vorreiter der nationalen und internationalen Standardisierung in Erscheinung. Teletex wurde hier 1974/75 als ein langfristiges Nachfolgeprodukt für den Fernschreiber konzipiert, das zugleich den Einstieg in den Markt für elektronische Textsysteme erleichtern sollte.

Die Leitbildanalyse des Entwicklerkonzepts bei Siemens ergibt, daß die Wiederholung des Telex-Erfolges auf der Basis der neuen Bauelemente-, Informations- und Kommunikationstechniken der entscheidende Ausgangspunkt der

Teletex-Entwicklung war. Für den "Erfinder" Karlheinz Rupp war die erste Frage: Wie würde der so breit akzeptierte Fernschreiber aussehen, wenn er 1974 neu erfunden würde? Die ersten Gestaltungsmerkmale wurden so auch aus einer Mängelliste des Telexdienstes abgeleitet, nämlich: schnellere Übertragungsgeschwindigkeit, voller Büroschreibmaschinen-Zeichensatz, dezentrale Aufstellung eines leisen Gerätes am Arbeitsplatz, ungestörter Lokalbetrieb und Hinzufügung von Textbearbeitungs- und Archivierungsfunktionen (Interview Rupp). Das Leitbild des ursprünglichen Problemlösungsansatzes läßt sich auf die Kurzformel "Supertelex" bzw. "Advanced Telex" bringen. Dies zeigt auch der Entwurf für die Tastatur mit den für den Fernschreiber charakteristischen Sondertasten "Klingel" und "Wer-da?" (Helmrich und Rupp 1976, S. 219 f.).

Erst nach der Formulierung und Festlegung des Entwicklerkonzeptes, teilweise auch erst im Laufe der nächsten Entwicklungsphase im Rahmen der KtK-Kommission, kristallisierten sich die *Anwendungsleitbilder* für das geplante Ferntextmedium heraus. Die primäre Leitvorstellung war hier ein einfacher, nutzungskompatibler Bürofernschreibdienst für Schreibsekretariate, insbesondere für das zentrale Schreibbüro. Dieser sollte die vorhandenen Schreibqualifikationen voll nutzen und die Probleme der Funktionsvielfalt und mangelnden Kompatibilität der "communicating word processors" und der frühen PC's vermeiden. Aus der gewollten Kontinuität zur traditionellen Schreibtechnik und der Frontstellung gegen die ergonomisch unterentwickelten DV-Textsysteme prägte Karlheinz Rupp damals den durchgängigen Design-Grundsatz für Teletex: "Schreiben wie auf Papier".

Zusätzlich wurde aber bald das Leitziel der Büroautomation aufgegriffen, die vollelektronische Weiterleitung des Textes von Bearbeiter zu Bearbeiter ohne Medienbruch. Hier war ein dezentraler Einsatz beim Sachbearbeiter vorgesehen. Später kam noch die Idee von Teletex als Abfragestation für allgemein zugängliche Informationsbanken und Dokumentationszentren hinzu sowie vor allem Teletex als Motor für die Telearbeit . Es standen sich also das Leitbild der elektronischen Fließarbeit und das der "beschriebenen Seite" als Grundlage der Bürokommunikation unverbunden gegenüber (Rüggeberg 1983, S. 267). Die bloße Addition dieser Anwendungsleitbilder ohne Berücksichtigung der unterschiedlichen Anforderungen der jeweiligen Nutzungsschwerpunkte an das Dienste-, Geräte- und Bedienkonzept erwies sich im Nachhinein als großer Fehler. Denn Hersteller, Dienstebetreiber und Promotoren der Teletextechnik vertrauten so auf ein großes Anwendungspotential und übersahen die Schwächen der Technik für die verschiedenen Nutzerpopulationen.

Diese Tendenz zum unkritischen Glauben an die große Zukunft wurde Ende der 70er und Anfang der 80er Jahre noch durch die Leitbildexpansion verstärkt, die im Rahmen der Einführung und Vermarktung des Teletexdienstes eintrat. Häufiger genannte Leitbilder waren dabei der "elektronische Briefverkehr", der "schnellste Postbote aller Zeiten", das "papierlose Büro" und das "schnelle Zusammenwachsen von Text-, Daten- und Nachrichtentechnik". Derartige, für den Innovationszeitpunkt typische Verallgemeinerungen begünstigten eine Fehlbewertung des technischen Potentials, des erzielbaren Anwendungsspektrums und eine Überschätzung von Ausmaß und Geschwindigkeit der Teletex-Diffusion (vgl. die Schilderung ähnlicher Leitbildexpansionen in: Hellige 1992, S. 379 ff.; 1994a, S. 57 ff.; 1994c).

Leitbilder spielen zwar eine zentrale Rolle bei der Erkundung von Anwendungsmöglichkeiten, sie müssen daher auch immer etwas über das Ziel und den Entstehungshorizont einer Technik hinausschießen. Doch um nicht Leitbild*fixierungen* und der autosuggestiven Wirkung von überzogenen Leitbildern zu erliegen, sind Konsistenzprüfungen und realistische Vergleiche von Leitbildansprüchen und technisch-ökonomischen Gestaltungsmerkmalen erforderlich. Das gilt nicht zuletzt auch für die derzeitige Leitbildexplosion um den "Information-Superhighway", bei der viele Wandermythen früherer Jahrzehnte wie Telearbeit, Teleshopping, Telemedizin und die "Elektronische Zeitung" wieder belebt und zu einem technizistischen Gesamtszenario kumuliert werden, ohne den Ursachen der früheren Fehlprognosen nachzugehen. Die Leitbild-Entwicklung als hermeneutischer Vorgang und die Leitbild-Analyse als hermeneutische Methode bedarf deshalb jeweils einer kritischen Überprüfung durch eine systemische Betrachtung der objektiven Problemstrukturen und Engpaßfaktoren technischer bzw. soziotechnischer Systeme und Artefakte.

4 Resultate einer systemischen Bewertung der Problemstruktur der Teletextechnik

Die Problemstruktur einer Telekommunikations- bzw. Telematiktechnik läßt sich idealtypisch als ein Geflecht strategischer Gestaltungsmerkmale beschreiben, die sich teils wechselseitig bedingen und verstärken, aber auch teilweise widersprechen und die daher im hohen Maße mit Designkonflikten verbunden sind. Derartige zentrale Designfestlegungen sind die Leistungsdimensionierung, das Funktionalitätsspektrum und die Funktionsspezialisierung, die Standardisierung und das Skalenniveau, die Prozeß- bzw. Systemkontrolle und die Bedientechnik sowie last-not-least die System- und Netzarchitektur (zum "Problemstrukturplan" vgl. Hellige 1993, S. 212 ff. und Hellige 1995). So führt z.B. ein breites Funktionsspektrum zu verschärften Standardisierungsschwierigkeiten, zu höherem Interworking-Aufwand und größerer Komplexität der Benutzungsoberfläche und Bedientechnik. Eine stärkere Funktionsspezialisierung und nutzerspezifische Anpassung zieht meist Kompatibilitäts- und Skalierungsprobleme nach sich. Die Leistungsdimensionierung der Übertragungsstrecken und Vermittlungsknoten steht in enger Wechselbeziehung zur Netzarchitektur, d.h. zur Netztopologie und Verbindungscharakteristik, sowie zu den Nutzungsschwerpunkten. Eine strikte Durchstandardisierung eines Dienstes von der Übertragungscharakteristik über die technischen Sitzungsprotokolle und Darstellungsformen bis zur Einbindung in die Anwendung fördert u. U. die Ausnutzung von Skaleneffekten, erschwert aber die fortlaufende technische Weiterentwicklung und die Bildung neuer Systemkonfigurationen. Da im Unterschied zu früheren Phasen der Telekommunikations-Entwicklung in der Gegenwart für eine Aufgabe in der Regel unterschiedliche Wirkprinzipien und Gestaltungskonzepte zur Verfügung stehen, unterliegen die Gestaltungsmerkmale meist der Konkurrenz zu anderen Problemlösungsansätzen und ihren jeweiligen komparativen Nutzungsvor- und -nachteilen.

Die Problemstruktur von Teletex war besonders von dem fortschrittlich-konservativen Gestaltungskonzept bestimmt. Der *Problemlösungsansatz* selbst zeichnete sich durch eine starke Kontinuität zu bestehenden Telekommunikations- und Bürotechniken aus. Die geringe 'Sprunghöhe' gewährleistete dabei, daß die Lösung nicht von vornherein kritische Unsicherheits- oder Risikofaktoren bei den Leistungsparametern aufwies. Die *Übertragungsleistung* in den frühen Entwicklerkonzepten wurde im Hinblick auf eine möglichst preiswerte Endgerätetechnik betont konservativ dimensioniert. Siemens und SEL hielten bis zum Abschluß der KtK-Verhandlungen an 200 bzw. 300 Baud fest, um mit direkt druckenden Verfahren eine damals kostspielige Zwischenspeicherung und teure Nadel- oder Tintenstrahldrucker zu vermeiden. Die Büromaschinenhersteller im Verbund mit der Bundespost setzten dann in der KtK 2.400 Bit/s durch. Auch diese Leistung orientierte sich an der Obergrenze der momentanen Codecs-Kosten und weniger an den bei der Diensteinführung und beginnenden Marktausbreitung zu erwartenden Preis-Leistungsrelationen. Die auf eine schnelle Diffusion berechnete konservative *Leistungsdimensionierung* erwies sich jedoch bei der wie gewöhnlich viel langsameren Anschlußbewegung als bald zu niedrig, zumal die nächste Leistungsstufe von 64 Kbit/s im ISDN-Teletex lange auf sich warten ließ (Juli 1993 statt 1984). Die Netzanbindung an das Datex-L in Westdeutschland und in den meisten anderen Ländern legte im

Unterschied zum Datex-P die Übertragung zudem auf nur *eine* Geschwindigkeit fest.

Die Spezifizierung des *Funktionalitätsspektrums* von Teletex erfolgte im engen Bezug zu der traditionellen Fernschreib- und Schreibmaschinentechnik und war als ein die DV-Hersteller ausgrenzender Kompromiß zwischen Telekommunikations- und Büromaschinenindustrie konzipiert. Die *gerätetechnische Funktionalität* wurde bewußt zugunsten einer leichten Bedienung begrenzt, um die Abhängigkeit der Schreibkräfte von Handbüchern zu vermeiden. Das Teletex-Konzept übertrug das Ideal des sorgfältig geschriebenen Schreibmaschinentextes, der korrekt übertragen und originalgetreu ausgedruckt wird, in die Welt der elektronischen Textkommunikation. Die Folge war eine hohe Akzeptanz bei Schreibkräften, die die Philosophie einer einfachen Schreibtechnik mit Speicher- und Versendungsmöglichkeiten und die bequeme Formularbearbeitung so sehr schätzten, daß sie, wie es Entwickler und Promotoren mehrfach schilderten, die Teletexmaschinen nur selten freiwillig gegen einen PC eintauschten.

Durch die Auslegung auf eine einfache Texterfassung und -übertragung sowie den Verzicht auf den direkten Dialogverkehr, eine Folge der Speicher-zu-Speicher-Versendung, entstand ein Textkommunikationsdienst, der sich deutlich von der Datenverarbeitung abgrenzte. In der BRD verstärkte man diese Abschottung noch durch eine gewollte Inkompatibilität zu Datex-P und eine Sperrung des Zugangs der übrigen Nutzer des Datex-L-Netzes zu Teletex. Die Folge dieser Trennung von Textkommunikation und EDV war eine weitere "Dedizierung am Arbeitsplatz", die zwar unterschiedliche Gerätetypen, aber zunächst keine integrierten Bürokommunikations-Lösungen gestattete, sondern nur den Maschinenpark relativ teurer Spezialgeräte in den Abteilungen vermehrte (Schramm 1979, S. 495 f.). Die vor allem aus dem Bracheninteresse der Teletex-Entwickler und -Betreiber in der Fernmelde- und Büromaschinenindustrie und in der Bundespost erfolgte Spezialisierung der anwendungsbezogenen Funktionalität auf ein "Bürofernschreiben" verspielte so am Ende auch die Chancen eines dezentralen Einsatzes der neuen Technik. Gerade die Nutzung am Arbeitsplatz war aber die Voraussetzung dafür, - das hatte das Begleitforschungprojekt "Bürokommunikation" von Ralf Reichwald und Arnold Picot ergeben - daß die organisatorischen Potentiale und die schnelleren Übertragungszeiten von Teletex auch wirklich ausgeschöpft werden konnten (Reichwald 1981, 1982).

Die originalgetreue Übermittlung und Wiedergabe von Texten bewirkte auf der anderen Seite einen gegenüber Telex drastisch erhöhten *übertragungs- und drucktechnischen Aufwand.* Die Zugrundelegung des Original-Layouts und eines umfassenden Grundzeichenvorrats, der alle Varianten des lateinischen Alphabetes sowie eine Fülle von Sonderzeichen berücksichtigte (ITA-5 mit 309 Zeichen) trieb seinerzeit die Kosten für Codecs und Druckertreiber in die Höhe. Die hohen Dienstgüteanforderungen an die Übertragung machte aufwendige Fehlererkennungs- und Korrekturverfahren erforderlich, die in Verbindung mit den komplexen OSI-Protokollen die Nutzbitrate auf 40 % senkte. Zum großen Overhead kam ein hoher Papierverbrauch, eine Konsequenz der strikten Seitenorientierung. All dies, wie auch die nach Telex-Vorbild geforderte ständige Empfangsbereitschaft der Geräte, führte zu Dienstgüteanforderungen an die übertragungstechnische Funktionalität und die Textwiedergabequalität, bei denen ein Großteil der üblichen Datenendeinrichtungen passen mußte.

Auf der anderen Seite fehlten dem Teletex-Brief infolge der reinen Zeichencodierung graphische Elemente wie Firmenlogos, Skizzen und vor allem die Unterschrift, also wesentliche Bestandteile eines normalen Geschäftsbriefes. Die *Gesamtfunktionalität* war am Ende der nationalen und internationalen Standardisierung eine Mischung von Perfektion und Mangel: Dem einfachen Zuschnitt der gerätetechnischen Funktionalität und der Abgrenzung der anwendungsbezogenen Funktionalität gegenüber der EDV stand eine sehr aufwendige Bemessung der übertragungs- und drucktechnischen Dienstgüte gegenüber. Für ein innerbetriebliches Mail- und Bürokommunikationssystem war dieses Dienstprofil zu aufwendig. Hier konnte Teletex auf lange Sicht nicht mit den DV-kompatiblen E-Mail-Systemen konkurrieren. Ebensowenig mit Telefax, das durch die Übertragungsmöglichkeiten von handschriftlichen Skizzen und Entwürfen auch im innerbetrieblichen Bereich langfristig eine höhere Attraktivität besaß. Für die geplante Substitution eines Großteils der geschäftlichen Briefpost fehlten andererseits wesentliche Voraussetzungen wie Firmenlogo und Unterschrift. Schließlich war es aufgrund der im Unterschied zu Telex fehlenden direkten Dialogfähigkeit auch für die Datenbankabfrage nur schlecht geeignet. Die funktionale Gestaltung widersprach mithin in wesentlichen Punkten den propagierten Anwendungsleitbildern für den neuen Dienst. Doch nur wenige erkannten wie Herbert F. W. Schramm (1981, S. 742) diese Grenzen des "Meisterstücks in Schwarz-Rot-Gold": "Viele Prognosen wirken so, als ob Teletex die Textverarbeitung im vollen Umfang revolutionieren wird. Der Blick auf die meisten Aufgabenprofile verweist den neuen Dienst in viel engere Grenzen."

Die *Standardisierung* von Teletex war in vieler Hinsicht vorbildlich, letztlich aber doch inkonsequent. Im Unterschied zu vielen Fernmeldediensten gab es in der Teletex-Genese auf den ersten Blick keine "Organisationslücke" (vgl. Kubicek in diesem Band). Die entscheidenden Akteure der Hersteller und Dienstebetreiber schlossen sich relativ früh zu einem nationalen Entwicklungsblock zusammen. Dies wurde möglich, weil der Pionier-Entwickler von Beginn an einen Alleingang vermied und stattdessen auf einen national und international standardisierten Dienst setzte, da sich nur so der Telex-Erfolg wiederholen ließ. Die Firma Siemens brachte deshalb, nachdem sie sich im Januar 1975 das Warenzeichen Teletex gesichert hatte, im Sommer des Jahres über Dieter von Sanden und Eberhard Witte das Bürofernschreiben in die KtK-Kommission ein, die die Grundlagen für den nationalen Standard legte (hierzu ausführlicher in Hellige 1994b, S. 25-30).

Die Ausarbeitung der internationalen Standards erfolgte nahezu parallel bzw. mit nur geringer Zeitversetzung, so daß Teletex in der Geschichte der CCITT der erste Fall wurde, bei dem der Standardisierungsprozeß nicht den auseinander driftenden nationalen Normen hinterherhinkte, sondern noch vor der ersten Diensteinführung abgeschlossen wurde (vgl. hierzu u.a. Otto 1980, Rüggeberg 1983, S. 269 ff.). Doch ging der deutsche Entwicklungsblock dabei so koordiniert und forsch vor, daß er das deutsche Dienstekonzept zwar weitgehend gegen eine weitere Öffnung des Standards durchsetzte, aber dabei die Bedenken und Vorbehalte der Hersteller und Betreiber im Ausland übersah. Das betraf vor allem die DV-Industrie, die von der Koalition von Fernmelde- und Büromaschinenindustrie sehr stark aus der Dienstespezifikation rausgehalten worden war, obwohl sich speziell Jürgen Kanzow in der KtK um die Einbeziehung von IBM bemüht hatte. Das Resultat dieses Vorgehens war ein hochkompatibler dedizierter Dienstestandard von der ersten bis zur siebten Schicht, der nur in den Transportschichten voll OSI-konform war und ansonsten durch eine in das Sitzungsprotokoll eingelagerte Dokumentenschicht mannigfache Barrieren zur DV-Text- und Bürokommunikation aufwies (Frantzen und Osterburg 1981; Pattay 1993, S. 169 ff.). Das "elektronische Fließband", das Teletex schaffen sollte, war damit aber nur innerhalb der Welt des eigenen Standards möglich, ansonsten wurden neue Medienbrüche im Büro geschaffen. Erst 1992 wurde die volle OSI-Kompatibilität der oberen Schichten hergestellt, doch für die Schaffung der für integrierte Electronic-Mail-Lösungen besonders entscheidenden Übergänge zum X.400-Standard und zu Telefax war es bereits zu spät. Die Standardisierungs-Voraussetzungen für eine Vermeidung des Kaufes teurer Teletex-Endgeräte und damit für eine breite Nutzung der Teletex-Protokolle waren nämlich erst zu einem Zeitpunkt gegeben, als der Betreiber wegen des starken Rückgangs der Hauptanschlüsse bereits die Einstellung des Dienstes in seiner bisherigen Form plante (Hochreuter 1992, S. 340-343).

Die konservative Leistungsdimensionierung, die widersprüchliche Funktionalitätsgestaltung zusammen mit der halbherzigen Standardisierung engten das prinzipiell erreichbare Marktfenster stärker ein, als es sich Hersteller und Betreiber eingestehen wollten. Teletex war am Ende weder ein richtiger Inhouse-Kommunikationsdienst noch ein vollständiger Dienst für die externe geschäftliche Textkommunikation und Informationsversorgung. Dadurch aber blieben die notwendigen Skaleneffekte aus und Teletex konnte die für einen Telekommunikationsdienst erforderliche Kritische Masse nicht mehr erreichen.

5 Ergebnisse der dynamischen Langzeitanalyse des Teletex-Lebenszyklus

Die Langzeitanalyse kombiniert Ansätze der Technik- und Wirtschaftsgeschichte und der systemhistorischen Technikgeneseforschung mit "Life-cycle-engineering"-Konzepten des Technologiemangements. Sie untersucht Markteintrittskonstellationen, Ablösungsprozesse, Wechselwirkungen und Konkurrenzbeziehungen zu anderen Techniken, Konvergenzen, Imitations- und Mimikry-Vorgänge, das Innovations-Timing, Kontroversen und Systemstreite, Schließungs- und Öffnungsprozesse, Leistungssteigerungen, Funktionalitätsausweitungen und Generationsbildungen, die System- und Netzexpansion, Diffusionsengpässe und -risiken, Integrations- und Desintegrationsprozesse und natürlich besonders die damit verbundenen Skalierungs- und Selektionseffekte. Am Ende stehen der Niedergang, die Ablösung oder Erneuerung einer Technik sowie auch die Entsorgungsfragen der verwendeten Hardware und Gebrauchsmaterialien. Wie beim Teletex-Problemstrukturplan können auch zum Teletex-Lebenszyklus hier nur ein paar Beobachtungen skizziert werden.

Die *Markteintrittskonstellation* war von vornherein dadurch ungünstig, daß neben Teletex nahezu zeitgleich eine Reihe weiterer Textkommunikations- und Telematiktechniken auf dem Markt erschienen. Während die Innovationen von Telegraphie, Telefon, drahtloser Telegraphie bzw. Telephonie und Telex sich jeweils in größeren zeitlichen Abständen ereigneten, brachte der mikroelektronische Innovationsschub um 1970/71 gleich mehrere neue bzw. erneuerte Text- und Bildkommunikationstechniken hervor, so Electronic-Mail und Computer Conferencing, Videotext und Bildschirmtext, Telefax der Gruppe 2 und 3, den vollelektronischen Fernschreiber und Teletex. Wegen funktionaler Überschneidungen und ungleich verteilter komparativer Nutzungsvor- und -nachteile kam es nie zu einer ausgewogenen Arbeitsteilung zwischen diesen verschiedenen Techniken. Im Gegenteil, jede versuchte gezielt auf das Terrain der anderen vorzudringen, um die eigenen Entfaltungschancen zu verbessern. Es wurden Dienstmerkmale der anderen übernommen bzw. imitiert, ohne jedoch für eine durchgängige Kompatibilität zu sorgen. Es trat eine Situation ein, die Walter von Pattay treffend als "Paradoxon der Telekommunikation" bezeichnet hat: Die Konkurrenz inkompatibler Dienste führt zu erhöhten Kosten und zur schlechteren Entfaltung aller (Pattay 1993, S. 157 ff). Teletex war aufgrund seiner Mischung aus Perfektion und Mängeln hier besonders benachteiligt.

Als geplante Substitutionstechnik zu Telex und als Kombinationslösung von Fernschreiber und Schreibmaschine bzw. Word-Processor schien die Ausgangslage zu Beginn besonders günstig. Aufgrund seiner hohen Netz-, Dienst- und Bedienungskontinuität war Teletex eine besonders *übergangsgerechte Problemlösung*. Der angekündigte und sehr bald realisierte Netzübergang zu Telex erschloß jedem Teletex-Teilnehmer auf Anhieb national über 100.000 und weltweit über 1 Million Anschlüsse zum Zeitpunkt der Diensteinführung. Doch dieser Interworking-Bonus verpuffte, da die Herstellerseite die Priorität auf die Vermarktung des vollelektronischen Fernschreibers legte und die Preise der Teletex-Geräte nicht auf eine schnelle Diffusion hin kalkulierte. Im Gegenteil, die Hersteller wälzten ihre Investitionsaufwendungen mehr als opportun auf die Gerätepreise ab, so daß diese - im Widerspruch zu den Anwendungsleitbildern einer dezentralen Nutzung - bis in die zweite Hälfte der 80er Jahre prohibitiv hoch blieben. Man überging damit die bereits 1981 von Reichwald und Picot nach den Feldversuchen intern vorgebrachten Warnungen, daß allein ein Gerätepreis um 2000,- DM die erhoffte Teletex-Ausbreitung garantieren könne. Die Möglichkeit von "Überlappungszonen" und "gegenseitigen Substitutionswahrscheinlichkeiten" wurde zwar gelegentlich gesehen, doch unter Hinweis auf die zu erwartenden allgemeinen Nachfragesteigerungen in der Textkommunikation als wenig wahrscheinlich erachtet (Helmrich und Rupp 1980, S. 104). Das Argument eines generellen Wachstumsschubes, an dem alle konkurrierenden Techniken partizipieren würden, deckte alle Ungereimtheiten beim Innovations-Timing zu, eine bei den IuK-Techniken nicht seltene Fehleinschätzung.

Die Folge davon war, daß der Entfaltungsspielraum von Teletex durch die noch konventionelleren Techniken Telex und Telefax abgeschnürt wurde. Der Fernschreiber, der sich seinerseits der Büromaschine angenähert und zur dezentralen "flüsterleisen" Arbeitplatztechnik weiterentwickelt hatte, erlebte nun seine Spätblüte. Siemens produzierte zwischen 1976 und 1987 über 600.000 Telex-

Geräte und der Telexdienst erzielte in seiner Reifephase noch absolute Zuwächse und z.T. sogar höhere Wachstumsraten als die Technik, die ihn substituieren sollte. Als viel zu teurer Zulieferer zum Telexdienst löste Teletex diesen nicht ab, sondern wurde von dessen Niedergang noch zusätzlich getroffen (siehe Abbildung 5). Als nach dem Willen der Hersteller der Aufstieg von Teletex voll einsetzen sollte, wurde er durch die ganz auf hohe Stückzahlen, einen billigen Gerätepreis und einfachste Bedienung ausgelegte Faxtechnik am Takeoff gehindert. Telefax wurde *die* laiengerechte, quasi-analoge Ausweich- und Protesttechnik gegen die hoch inkompatible und komplizierte Daten- und Computerkommunikation und nicht das bewußt als benutzerfreundlicher Übergangs-Kompromiß entwickelte "Bürofernschreiben". Die Faxentwicklung war so falsch eingeschätzt worden, weil die technisch-ökonomische Bewertung auf die komparativen Übertragungsleistungen und -kosten fixiert blieb, weil man die Bedeutung von Medienbrüchen überschätzt und den Erstellungsaufwand für die Textvorlagen wie auch die Funktionsmängel der reinen Textkommunikationsdienste nicht berücksichtigt hatte.

Abbildung 5: Die Teilnehmer-Entwicklung von Telex, Teletex und Telefax Hauptanschlüsse in der BRD und weltweit am 31.12.

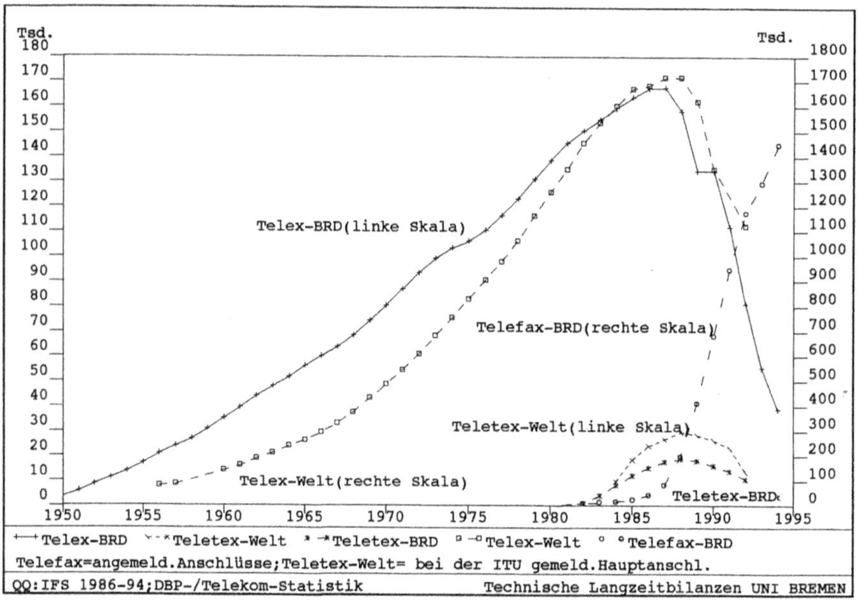

Das ohnehin begrenzte Skalenniveau von Teletex wurde dann außer durch die prohibitiven Gerätepreise noch durch eine problematische Gebührenpolitik zusätzlich eingeengt. Besonders gravierend waren dabei zwei unverständliche, mit Blick auf eine rasche ISDN-Ausbreitung durchgesetzte Gebührenanhebungen von 1985 und 1988, die den endgültigen Niedergang von Teletex einleiteten. Überhaupt war die Teletex-Entwicklung nicht mit dem ISDN-Fahrplan abgestimmt: Einerseits sollte das 64-kBit-Teletex als nächste Entwicklungsstufe einen Dienst innerhalb des ISDN bilden, andrerseits wurde er, wie auch die gesonderten Datex-Dienste, als ein Take-off-Hindernis für das neue "Universalnetz" gewertet. Von dem zuständigen Ressortleiter wurde aus diesen internen Konkurrenzgründen der Teletex-Spatz in der Hand für die ISDN-Taube auf dem Dach geopfert.

Aus der retrospektiven problemstrukturellen und dynamischen Analyse von Teletex lassen sich thesenartig die folgenden Schlüsse ziehen:

Die betont übergangsgerechte Gestaltung von Teletex hätte einer forcierten Diffusionsstrategie in der Art der Minitel-Vermarktung in Frankreich und der Telefax-Offensive in Japan bedurft und keiner Hinauszögerung, durch die die fortschrittlich-konservative Funktions- und Leistungs-Dimensionierung gleichzeitig in Konflikt mit den noch konventionelleren Techniken wie Telefax und Telex und den avancierteren Techniken wie E-Mail geraten mußte.

Doch auch eine geschicktere Markteinführung und Marktpflege hätte Teletex in der beschlossenen Gestalt bestenfalls zu einer erfolgreichen Nischentechnik und evtl. zu einem Pflichtdienst machen können. Eine größere Verbreitung wäre dagegen nur mit einem anderen Gestaltungskonzept möglich gewesen. Dieses hätte in wesentlichen Punkten vom Teletex-Standard abweichen müssen. Das Defizit bei der Leistungs-Dimensionierung hätte durch einen festen Upgrading-Fahrplan aufgefangen werden müssen, dies hätte jedoch einer Koordinierung mit der ISDN-Entwicklung bedurft. Die grundlegenden funktionellen Mängel wären nur durch eine baldige Verknüpfung von Zeichen- und Punktcodierung zu beheben gewesen, d. h. durch einen abgestimmten Fahrplan für den "Textfax"-Standard. In der Konkurrenz mit Telefax mußte Teletex unterliegen, durch eine koordinierte Entwicklung hätten beide Dienste gewinnen können. Schließlich hätte die in der Entwicklungphase noch plausible Abgrenzung des "Bürofernschreibens" von der DV-Welt mit dem ab 1981 klar absehbaren Aufstieg des PC aufgegeben werden müssen. Dies hätte eine frühere Öffnung der Dokumentenarchitektur und Protokollstruktur in Richtung voller OSI- und DV-Kompatibilität und ein rechtzeitiges Interworking mit den Message-Handling-

Diensten bedeutet. Vor allem wäre aber eine Einigung mit den DV-Herstellern auf ein *einfaches* Grundformat des Dokumentenaustauschs erforderlich gewesen, auf dem dann die komfortableren Texteditoren hätten aufsetzen können.

Die Rupp'sche Philosophie eines einfachen Universaldienstes der Textkommunikation war in ihren Implikationen, dies zeigt dieser Katalog von Gestaltungsforderungen, am Ende so weitreichend, daß ihre Realisierung spätestens zu Beginn der 80er Jahre einer Loslösung von der Telex-Schreibmaschinen-Welt, in der sie entstanden war, bedurft hätte. Doch zur Umsetzung des benutzerfreundlichen Ergonomie-Konzeptes "Schreiben wie auf Papier" hätte man viele Fachgrenzen überschreiten, manche Organisationslücken schließen und vor allem branchenfixierte Problemlösungshorizonte überwinden müssen. Wie eine solche Revision des ursprünglichen Teletex-Ansatzes hätte aussehen können, wurde bereits 1982 in einer Teletex-Marketing-Studie von Mackintosh International bündig formuliert: "A universal worldwide telecommunications standard, allowing previously incompatible computers, word processors, data terminals, facsimile and telex to talk to each other over the public telephone and data networks, could emerge from the Teletex standards <...>" (zit. in: Computer communications 5, 1982, 6, S. 315). Daß ein so umfassendes strategisches Konzept nur zwei Jahre nach der Verabschiedung des Standards und ein Jahr nach der ersten Diensteinführung kaum auf größere Resonanz stieß, ist aus der Perspektive der handelnden Akteure nur allzu verständlich, aus der Sicht der Benutzer jedoch zu bedauern.

Widersprüchliche Leitbilder, ein damit nur teilweise übereinstimmendes Gestaltungskonzept, eine aufgrund der internen Problemstruktur unzureichende Nutzungsvorteil-/Nachteil-Bilanz gegenüber konkurrierenden Problemlösungsansätzen und ein aufgrund von kurzfristigen Brancheninteressen verfehltes Innovations-Timing waren so letztlich schuld daran, daß die Vision einer kompatiblen, einfachen Textkommunikation von Schreibmaschine zu Schreibmaschine nicht realisiert wurde. Daß hierfür ein wirklicher Bedarf bestand und vielleicht noch besteht, zeigt der Umstand, daß der westdeutsche Import und Inlandsverbrauch von Schreibmaschinen erst vor wenigen Jahren durch den Import und Inlandsmarkt von PCs überrundet wurde (vgl. Abbildung 6). Zwischen 1980 und 1993 wurden in Westdeutschland, was von der PC-lastigen Marktforschung und sozialwissenschaftlichen Technikforschung weitgehend übersehen wird, über 10 Mio. Schreibmaschinen aller Art und Textautomaten produziert, über 9 Mio. exportiert und über 11 Mio. importiert. Das ergibt rein rechnerisch einen Inlandsverbrauch von 12 Mio. Stück. Nimmt man den seit Ende der 80er Jahre explodierenden Fax-Umsatz und die Zunahme der Telex-Hauptanschlüsse in der BRD zwischen 1980 und 1987 in der Größenordnung der gesamten Weltanschlußzahlen für Teletex, nämlich über 30.000, hinzu, so wird deutlich, daß der gewaltige Bedarf an einfacher Textkommunikation auf noch traditionellere Techniken ausgewichen ist. Teletex hätte, so mein Fazit, der einfache kompatible Kern der Textverarbeitung und Textkommunikation werden können, mit dem womöglich viele der bis heute bestehenden Nutzungsprobleme der PC-Welt und Computerkommunikation vermieden worden wären.

Abbildung 6: Schreibmaschinen-Export / Import und PC-Inlandsabsatz der BRD; Mechanische, elektrische und elektronische Schreibmaschinen / Textautomaten - PCs

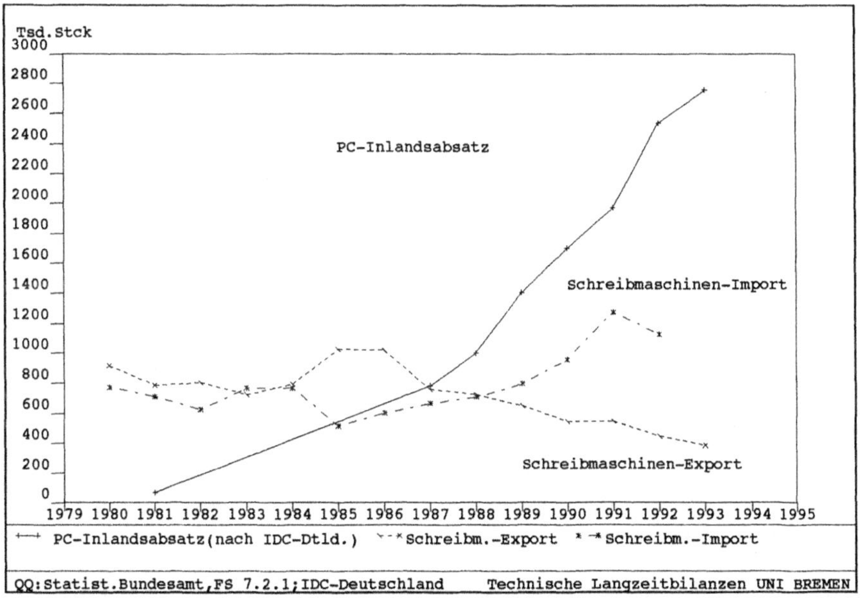

Literaturverzeichnis

Allan, David, New telecommunications services. Network externalities and critical mass, in: Telecommunications Policy, Sept. 1988, S. 257-271

Angiolillo, Joel S.; Blanchard, Harry E.; Israelski, Edmond W., Video Telephony, in: AT&T Journal, Mai/Juni 1993, S. 7-19

Baran, Paul, The Future Computer Utility, in: The Public Interest, 8/Sommer 1967, S. 75-87, wiedergedr. in: Irene Taviss, The Computer Impact, Englewood Cliffs, N.J. 1970, S. 81-92

Braun, Hans-Joachim (Hrsg.), Symposium on "Failed Innovation", Social Studies of Science 22, 1992, Introduction: S. 213-230

Carey, John; Moss, Mitchell L., The diffusion of new telecommunication technologies, in: Telecommunications Policy, Juni 1985, S. 145-158

Caswell, Stephen A., E-Mail, Boston, London 1988

Deutsche Bundespost / Telekom, Geschäftsberichte, Statistische Jahreshefte und Statistische Jahrbücher

Dierkes, Meinolf; Hoffmann, Ute; Marz, Lutz, Leitbild und Technik. Zur Entstehung und Steuerung technischer Innovationen, Berlin 1992

Egido, Carmen, Videoconferencing as a Technology to Support Group Work: A Review of its Failure, in: Proceedings of the Conference on Computer-Supported Cooperative Work, CSCW 1988, Portland 1988, S. 13-24

Frantzen, Viktor; Osterburg, Gustav-Dieter, Teletex. Erste Realisierung des Architekturmodells für offene Kommunikationssysteme, in: telcom report 4, 1981, 6, S. 461-465

Gabel, Jürgen, Teletex: Meisterstück in Schwarz-Rot-Gold, in: ÖVD/Online, 1982, H. 4, S.72-74

Hellige, Hans Dieter, Militärische Einflüsse auf Leitbilder, Lösungsmuster und Entwicklungsrichtungen der Computerkommunikation, in: Technikgeschichte, Bd. 59, 1992, Nr.4, S.371-401

Hellige, Hans Dieter, Von der programmatischen zur empirischen Technikgeneseforschung: Ein technikhistorisches Analyseinstrumentarium für die prospektive Technikbewertung, in: Technikgeschichte Bd. 60, 1993, H. 4, S. 186-223

Hellige, Hans Dieter [a], From SAGE via ARPANET to ETHERNET: Stages in Computer Communications Concepts between 1950 and 1980, in: History and Technology, Bd. 11, 1994, S. 49-75

Hellige, Hans Dieter [b], Genese und Niedergang von Teletex: Lehren aus einer gescheiterten "Revolution der Bürokommunikation", in: H. Kubicek, G.Müller, E.Raubold, A. Roßnagel (Hrsg.), Jahrbuch Telekommunikation und Gesellschaft, Bd. 2, Heidelberg 1994, S. 22-35 (dort weitere Belege)

Hellige, Hans Dieter [c], Leitbilder in der Genese von Time-Sharing-Systemen. Erklärungswert und Grenzen des Leitbildansatzes in der Computerkommunikation, in: ders. (Hrsg.), Leitbilder der Informatik- und Computer-Entwicklung. Eine Tagung der Fachgruppe "Historische Aspekte von Informatik und Gesellschaft" der GI und des Deutschen Museums, München Oktober 1993, artec-Paper Nr. 33, Dez 1994, Druck 1995

Hellige, Hans Dieter [d], Ein Zwischenresümee der Leitbilddebatte aus informatik- und computerhistorischer Sicht, ebda.

Hellige, Hans Dieter, Hierarchische Ablaufsteuerung oder kooperative Bewältigung von Problemzusammenhängen? Zur Geschichte von Modellen des Konstruktionsprozesses, erscheint in: Wilfried Müller (Hrsg.), Kooperation in der Arbeits- und Technikgestaltung, Münster, Hamburg 1995

Helmrich, Hans, Mindestausstattung und Ausbaustufen der Teletex-Station (Bürofernschreiber), in: Kaiser, Wolfgang, (Hrsg.), Elektronische Textkommunikation, Berlin, Heidelberg, New York 1978, S. 216-224

Helmrich, Hans; Rupp, Karlheinz, Bürofernschreiben- eine Kommunikationsform der Zukunft, in: ntz 29, 1976, 3, S. 218-221

Helmrich, Hans; Rupp, Karlheinz, Weltweite Dienste für die Textkommunikation, in: telcom report 3, 1980, 2, S. 101-105

Hochreuter, Dieter, ISDN-TK-System integriert Telefax-, Teletex- und PC-Komunikation, in: ntz 45, 1992, 5, S. 340-343

Kanzow, Jürgen, Die Einführung neuer Formen der Textkommunikation durch die Deutsche Bundespost, in: Kaiser, Wolfgang, (Hrsg.), Elektronische Textkommunikation, Berlin, Heidelberg, New York 1978, S. 3-7

Kommission für den Ausbau des technischen Kommunikationssystems (KtK), Anlageband 1 zum Telekommunikationsbericht, Bonn-Bad Godesberg 1976, S. 43-48, 82-84; Anlageband 4, Bonn-Bad Godesberg 1976, S. 30-35, 104-122

Levin, Howard S., Die Automation und das Büro. Die Auswirkungen der Technik unserer Zeit auf den Bürobetrieb, Frankfurt am Main 1957

Licklider, Joseph C. R., Libraries of the Future, Cambridge, Mass. 1965

Lippold, Heiko; Tiemeyer, Ernst, Kehraus im Büro, in: Computer Magazin 9/1985, S. 23-30

Lutz, Lothar, Textstationen für den Teletexdienst, in: Text- und Bildkommunikation (NTG-Fachberichte, Bd. 74), Berlin 1980, S. 20-31

Mainzer, E. A., AT&T Picturephone: The dysfunctionality of a functional structure, New York 1984

Marz, Lutz; Dierkes, Meinolf, Leitbildprägung und Leitbildgestaltung. Zum Beitrag der Technikgenese-Forschung für eine prospektive Technikfolgen-Regulierung, in: WZB-Papers, FS II 92-105, Berlin 1992

Moore, Daniel J., Teletex. A worldwide link among office systems for electronic document exchange, in: IBM Systems Journal 22, 1983, 1/2, S. 30-45

Otto, Jens, Teletex. Stand der Normung und mögliche zukünftige Entwicklungen, in: Wolfgang Kaiser (Hrsg.), Text- und Bildkommunikation (NTG-Fachberichte Bd. 74), Berlin 1980, S. 9-19, bes. S. 11

Pattay, Walter P. v., Die technologischen Ursachen für die wachsende Bedeutung internationaler Normen oder entwicklungs- und anwendungsfördernde Strukturen für Telekommunikationssysteme, Diss. Bremen 1993, S. 170 ff.

Redell, David D.; White, James E., Interconnecting Electronic Mail Systems, in: Computer Sept. 1983, S. 55-63

Reichwald, Ralf, Bürokommunikation im Teletexdienst. Teil 1: Organisationsmodelle und Wirtschaftlichkeit, in: telcom report 4 (1981) 1, S. 5-13. Teil 2: Akzeptanzchancen neuer Systeme der Textkommunikation, in: ebda. H.2, S.160-169, bes. Teil 1, S. 8 ff.

Reichwald, Ralf (Hrsg.), Neue Systeme der Bürotechnik. Beiträge zur Büroarbeitsgestaltung aus Anwendersicht, Berlin 1982

Rogers, Everett, Diffusion of Innovations, 3. Aufl. New York, London 1983

Rüggeberg, Rolf, Teletex - Ein neuer internationaler Textkommunikationsdienst der Fernmeldeverwaltungen, in: Reichwald, R. (Hrsg.) : Neue Systeme der Bürotechnik, Berlin 1982, S.157-183.

Rüggeberg, Rolf, Teletex, in: Fellbaum, K. u.a., Elektronische Textkommunikation, Berlin, Offenbach 1983, S. 259-322

Schenke, Klaus; Rüggeberg, Rolf; Otto, Jens, Teletex, ein neuer internationaler Fernmeldedienst für die Textkommunikation, in: Jahrbuch der Deutschen Bundespost, Jg. 32, 1981, S. 277-349

Schneider, Volker, Technikentwicklung zwischen Politik und Markt: Der Fall Bildschirmtext, Frankfurt a. M. 1989

Schramm, Herbert F. W., Trends bei Textsystemen: Wettstreit mit Heilsbotschaften, in: online 6, 1979, S. 495-498

Schramm, Herbert F. W., Wachsen Daten- Text- und Nachrichtentechnik wirklich zusammen?, in: online 10, 1981, S. 738-743

Siemens (Hrsg.), Internationale Fernsprech- bzw. Fernmeldestatistik 1975 -1994

Siemens (Hrsg.), Büro 1990. Studie über die Entwicklung von Organisation und Technik, München November 1976

Strehle, Hans , Kommerzielle Textkommunikation heute und morgen. Perspektiven für die Bürorationalisierung mit den Textkommunikationsdiensten Telex, Telefax und Teletex, in: data report 14, 1979, 1, S. 42-47

Wallner, Helmut, Schreiben wie auf Papier, in: telcom report 5, 1982, 6, S. 372-374

Weiber, Rolf, Diffusion von Telekommunikation. Wiesbaden 1992

10

Elektronische Märkte

Beat Schmid

1 Das Problem der Koordination

Wenn parallel ablaufende Prozesse ein gemeinsames Ziel verfolgen, d. h. arbeitsteilig arbeiten, so bedürfen sie der Koordination. Diese besteht in einem Austausch von Objekten zwischen den Prozessen. Die auszutauschenden Objekte können Informationsobjekte, Güter oder Leistungen sein. Damit ein Austausch erfolgen kann, müssen geeignete Mechanismen geschaffen werden, etwa gemeinsam zugängliche Plätze oder Synchronisationsmechanismen. Unsere hoch arbeitsteilige Wirtschaft hat im Verlaufe ihrer Evolution eine Reihe solcher Mechanismen zum Austausch von Objekten und zur Synchronisation von Prozessen entwickelt.

Das gemeinsame Ziel der Prozesse kann eine Art Gesamtwohlfahrt sein und im Sinne der Mikroökonomie durch Dezentralisation zu Zielen der einzelnen Prozesse oder wenigstens von Gruppen von Prozessen dezentralisiert werden, oder es kann "bottom up" aus Zielen der einzelnen Prozesse aggregiert werden, wie z. B. bei der Erfüllung eines Großauftrages im Baubereich. In jedem Falle ergibt sich aus der Sicht des einzelnen Prozesses die Situation, daß er einerseits eine bestimmte Zielgröße, seinen Nutzen, maximieren möchte und andererseits auf den Austausch mit anderen Prozessen angewiesen ist.

Man kann nun hinsichtlich dieses Austausches zwei extreme Fälle unterscheiden:

- Die Partnerinstanz ist bekannt. Damit ist der Austausch im Prinzip möglich und es gilt, ein geeignetes Verfahren, einen "Algorithmus" oder Plan zu entwickeln, der zu möglichst geringen Transaktionskosten und möglichst großer Zuverlässigkeit des Austausches führt.

- Die Menge der möglichen und frei wählbaren Transaktionspartner ist nicht oder nur teilweise bekannt. Hier ist ein Medium nötig, das zwischen anbietenden und nachfragenden Instanzen vermittelt.

Da im zweiten Fall die aus der Sicht eines Prozesses in Frage kommende Menge der Partnerinstanzen größer ist als im ersten Fall, darf angenommen werden, daß hinsichtlich der Ziele des betrachteten Prozesses überlegene Lösungen resultieren. Dem stehen allerdings die in diesem Falle in der Regel höheren Transaktionskosten entgegen.

Für solche Austauschbeziehungen kann ein Phasenmodell definiert werden:

- In einer ersten *Informationsphase* geht es darum, die in Betracht kommenden Partnerinstanzen zu identifizieren und sich Informationen über die Konditionen eines Austauschs zu verschaffen (Preise, Termine etc.).

- In der *Vereinbarungsphase* treten zwei Partnerinstanzen in Verhandlungen über die fragliche Transaktion ein. Im erfolgreichen Falle endet diese Phase mit einer Vereinbarung zum Austausch.

- In der *Abwicklungsphase* schließlich wird die vereinbarte Transaktion durchgeführt.

Abbildung 1: Transaktionsphasen [Langenohl, 1994]

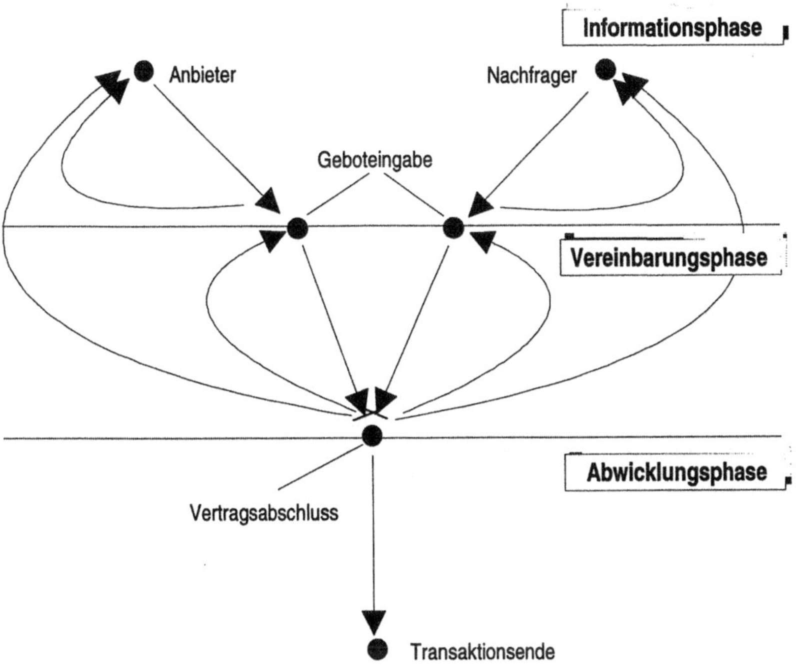

Die Organisation der Wirtschaft ist Folge einerseits des Bemühens, möglichst große Mengen von Alternativen, d.h. von Nachfragern bzw. Anbietern, zu erlangen und andererseits der zur Verfügung stehenden Transaktionsmechanismen. Man unterscheidet aus der Sicht des einzelnen Unternehmens zwischen folgenden Arten der Koordination [vgl. Williamson, 1990]:

- *Hierarchien*, d.h. über das Instrument des Plans koordinierte Prozesse,
- *Märkten*, d.h. über das Instrument des freien Tauschs koordinierte Prozesse,
- und schließlich *Netzwerken*, die eine Kombination von Hierarchien und Märkten darstellen [vgl. Klein, 1995].

Märkte sind dabei Institutionen, die es, wie der Marktplatz als Prototyp eines Marktes, Anbietern und Nachfragern erlauben, sich zu treffen. Damit dies möglich ist, müssen gemeinsame Standards etabliert werden. Diese können die Vereinbarung von Ort und Zeit, wie beim konventionellen Marktplatz, eine Standardisierung der Güter und Leistungen usw. beinhalten.

Die für das Funktionieren von Märkten notwendige Etablierung eines *gemeinsamen Datenraumes* muß jedoch nicht durch die einzelnen beteiligten Prozesse erbracht werden: Sie können auch durch einen *Mittler* geleistet werden. Die Institution der Mittler ist für die Etablierung des marktmässigen Tausches von zentraler Bedeutung. Auf sie wird weiter unten näher eingegangen.

Jedesmal wenn die Technologie neue und bessere Mittel zur Koordination von Prozessen zur Verfügung gestellt hat, hat dies zu einem Produktivitätssprung geführt. Dies war so bei der Erfindung und Einführung der Schrift, der Zeitmessung zur Synchronisation der Prozesse, bei der Einführung des Buchdrucks, beim Bau der modernen Verkehrssysteme (Schienen- und Straßennetze) und der Kommunikationssysteme. Sehr häufig haben solche Technologien zu eigentlichen Gründerzeiten geführt, die durch eine stürmische Expansion der Wirtschaftstätigkeit und eine enorme Produktivitätssteigerung gekennzeichnet waren. Es handelt sich dabei um Phänomene, die in der Physik als Einschaltvorgänge bezeichnet werden, mit einem exponentiellen Anstieg in einer ersten Phase und einer Stabilisation auf einem höheren, neuen Niveau in der zweiten Phase.

2 Multimediale Telematik

Die gegenwärtig durch die Verschmelzung der Computertechnologie mit der Telekommunikation und der digitalen Audio-/Videotechnik entstehende multimediale Telematik stellt der Wirtschaft eine neue Infrastruktur zur Verfügung, die für die Koordination der wirtschaftlichen Prozesse völlig neue Perspektiven eröffnet:

- Der Computer ermöglicht einen *interaktiven universellen Informationsträger*, der jedes definierbare Input- / Output-Verhalten simulieren kann. Die hinter der Entwicklung des Computers stehenden revolutionären Erkenntnisse sind uns im Alltag durch den Gebrauch des Taschenrechners oder des Textverarbeiters vertraut: Die Informationen (Zahlen auf dem Display des Taschenrechners, Texte am Bildschirm) befolgen die Befehle, die wir ihnen erteilen.

- Die Verschmelzung des Rechners mit der digitalisierten Telekommunikation macht nun die auf dem Computer vorhandenen Datenobjekte *ortslos*. Die Mailbox, der elektronische Briefkasten, hat seinen Siegeszug begonnen und ist damit für eine breite Gruppe von Endbenutzern Beispiel eines ortslosen Informationsobjektes: Überall, wo Zugriff auf die Telekommunikationsnetze vorhanden ist, läßt er sich benutzen: Der Benutzer kann Post entgegennehmen, aufgeben, ablegen etc. Das Internet enthält Tausende von weiteren Beispielen von interaktiven, ortslosen Informationsobjekten.

- Die Digitalisierung der Ton- und Bildträger und ihre Verschmelzung mit dem Computer im Rahmen der Multimediatechnik macht diese Informationsobjekte für den Menschen *effizienter*, indem die Maschine die menschlichen Inputmedien besser nutzt, d.h. Auge und Ohr, mehr und mehr aber auch unseren kinästhetischen Sinn anspricht. Damit werden die ortslosen Informationsobjekte hinsichtlich ihrer Wirkung und ihrer Benutzbarkeit zu hoch effizienten Objekten.

Während die Telekommunikation schon seit einigen Generationen im Einsatz und uns somit vertraut ist, ist der Computer eine junge Technologie. Er existiert seit ca. einer Generation und hat eben erst begonnen, einer neuen Generation breit vertraut zu werden. Der rasante Fortschritt dieser Technologie ist bekannt. Vergleiche mit dem Fortschritt in vertrauten Bereichen der Industrialisierung, wie etwa mit dem Autobau oder dem Flugzeugbau, wurden häufig angestellt und machen deutlich, daß das Tempo des Fortschritts bei der Computertechnologie um Größenordnungen höher ist, als bei den genannten Technologien.

Die Digitalisierung der Telekommunikation und die Einführung der Glasfasertechnik wird uns Bandbreitenzuwächse um den Faktor Tausend bescheren, wenn wir von der Leistung der heutigen Telefonleitungen ausgehen. Telefonie, Fernsehen und multimediale Computertechnologie sind dabei, zu einem einheitlichen Medium zu verschmelzen. Information-Highway oder Datenautobahnen sind das damit verbundene Schlagwort.

Die Mensch-Maschinenschnittstelle hat eine sehr junge Geschichte. Noch vor relativ kurzer Zeit (20 - 30 Jahre) wurde vornehmlich mit den Medien Lochkarte und Magnetband mit dem Computer verkehrt. Der Bildschirm mit grafischer Oberfläche ist ein Phänomen der letzten ca. 10 Jahre. Gerade eben beginnt die Einführung des multimedialen PC's. Die ersten Massenprodukte, die auch unseren kinästhetischen Sinn ansprechen, sind in der Einführung begriffen, namentlich im Spielbereich, wo sie in den Spielsalons seit einigen Jahren in immer besserer Qualität verfügbar werden, als Abfallprodukt der Simulatorentechnik.

Diese Bemerkungen sollen bewußt machen, daß wir uns im Bereich dieser neuen Infrastruktur in den ersten Anfängen befinden. Bereits in zehn Jahren dürften die Endgeräte Computer, Telefon und Fernseher zu einer Einheit verschmolzen sein und das Rechnen im Netz, d.h. das "Herunterholen" der besagten ortslosen Informationsobjekte auf das persönliche Endgerät, vertrauter Alltag sein, wie das heute bei dem elektronischen Briefkasten der Fall ist. Aber auch dann, d.h. nach diesen 10 Jahren, dürfte sich diese neue Technologie, verstanden als Infrastruktur, erst in der frühen Phase ihrer Entwicklung befinden. Wir befinden uns am Anfang einer neuen Gründerzeit. Sie ist definiert durch die Infrastruktur der multimedialen Telematik.

Aus dem Blickwinkel der Prozeßkoordination ist diese neue Infrastruktur dadurch gekennzeichnet, daß sie den Prozessen einen *gemeinsamen globalen Datenraum* zur Verfügung stellt. Die Erde wird buchstäblich umgeben von einem Äther, in dem eine immer größere Zahl von ortslosen Informationsobjekten enthalten ist, die von überall her interaktiv genutzt werden können, um den beabsichtigten Austausch vornehmen zu können.

3 Elektronische Märkte

Die Anreicherung von Marktsystemen mit Informationstechnologie ist nicht ausreichend, um aus ihnen elektronische Märkte zu machen. Die Unterstützung einiger oder aller Phasen der Markttransaktion, d.h. der Informationsphase, der Vereinbarungs- und der Abwicklungsphase mit Hilfe von Informationssystemen ist zwar eine notwendige Voraussetzung für elektronische Märkte [vgl. Schmid, 1993], sie ist aber nicht hinreichend: Die informationstechnische Unterstützung kann so erfolgen, daß die bisherigen Arbeitsabläufe im wesentlichen beibehalten werden. Damit unterscheidet sich ein solches Marktsystem von einem herkömmlichen nur in der Geschwindigkeit und evtl. bezüglich der Kosten der Transaktionen. Um einen Markt zu einem eigentlichen elektronischen Markt zu machen ist der Einsatz der oben skizzierten Telematik nötig, d.h. die Schaffung eines ubiquitären Marktplatzes, bzw. Datenraumes, in dem Angebote und Nachfragen als ortslose, interaktive Informationsobjekte global verfügbar sind. Ein elektronischer Markt wird dadurch zu einem Medium für den Tausch mit völlig neuen Eigenschaften: Es führt zu einer eigentlichen Aufhebung des Raumes.

Die Repräsentation der Angebote und Nachfragen und der damit verbundenen Informationen als ortslose interaktive Informationsobjekte, d.h. als virtuelle Maschinen führt nicht nur zu neuen Transaktionskostenstrukturen, sondern bildet auch die Grundlage für eine neuartige, maschinengestützte Abwicklung der Marktprozesse und deren Reengineering.

Elektronische Märkte liefern auch die Grundlage für die Etablierung *generischer Marktdienste*, auf IT-Basis für alle Phasen der Markttransaktionen. Repräsentationen der Angebote und Nachfragen in Datenbanken etwa ermöglichen eine umfassende und kostengünstige Suche. Elektronische Börsen und ähnliche Preisbildungsmechanismen sind im Finanzbereich inzwischen breit etabliert. Im Bereich der Abwicklung sind EDI-basierte Logistikdienste im Aufbau begriffen.

Abbildung 2: CIL Computerintegrierte Logistik

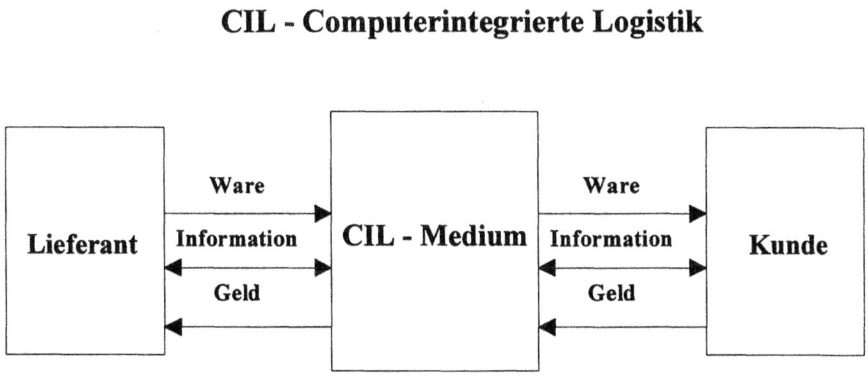

Eine computerintegrierte Logistik, die Waren- und Geldströme sowie die mit der Gütertransaktion verbundenen Informationsströme integriert, sind entworfen worden und könnten in den nächsten Jahren Realität werden. Sie würden den Tausch "Ware gegen Geld" am Ort des Lieferanten bzw. "Geld gegen Ware" am Ort des Kunden und so die Übermittlung von Gütern von jedem beliebigen Punkt der Erde zu jedem beliebigen anderen für den Benutzer auf eine ähnlich einfache Weise erlauben, wie dies heute im Bereich der Telefonie für Gespräche möglich ist, d.h. als eine Art Steckdosenlösung [vgl. Alt et al., 1993].

All diese Dienste können, müssen aber nicht zentral und einheitlich definiert oder gar erbracht werden. Sie sind durch Mittler herstellbar, die im freien Wettbewerb Lösungen entwerfen und anbieten. Die Standardisierung dieser Dienste kann nach und nach erfolgen. Dazu gehören einheitliche Schnittstellen zu den Kunden, die zu Kostensenkungen sowohl für die Kunden als auch für die Mittler führen, wie sich dies bei anderen Diensten, z.B. bei den Telefon- oder Elektrizitätsnetzen, herausgebildet hat.

An dieser Stelle ist auf ein Problem hinzuweisen, das sich im Bereich des elektronischen Handels immer wieder bemerkbar macht: Es ist das Denken in Hierarchien, das im Informationssystembereich dominant war und oft immer noch ist. Infrastrukturen für elektronische Märkte wurden zwar in der Vergangenheit sehr häufig nach dem Muster von Informationssystemen aufgebaut, also hierarchisch. Ein gutes Beispiel sind die Flugreservationssysteme. Diese Paradigma ist jedoch keinesfalls zwingend. Gerade marktliche Infrastrukturen erlauben völlig andere Organisationsweisen, wie im folgenden zu zeigen ist.

4 Infrastrukturen für elektronische Märkte

Die bisherige Entwicklung der Infrastrukturen, die zu elektronischen Märkten hinführen, ist durch die Öffnung von Firmeninformationssystemen einerseits sowie durch Firmennetzwerke und deren Verknüpfung andererseits gekennzeichnet. Firmennetzwerke sind seit Jahrzehnten aufgebaut worden und dienten zunächst dem firmeninternen Datenverkehr. Über sie wurden Lieferanten bzw. Kunden angebunden. Das hat dazu geführt, daß Firmen oft über mehrere Netzwerke mit anderen Firmen verknüpft waren, mit Netzwerken, die je unterschiedliche Protokolle verwendeten und heute noch verwenden. Um das Problem der n:m Beziehung auf kostengünstige Weise zu lösen, haben sich sogenannte Clearing Center etabliert. Sie haben die Verbindung zwischen den Netzwerken, allfällige Protokollkonversionen, etc. als Dienstleistung übernommen.

Abbildung 3: Verknüpfung von Firmennetzwerken über ein Clearing Center

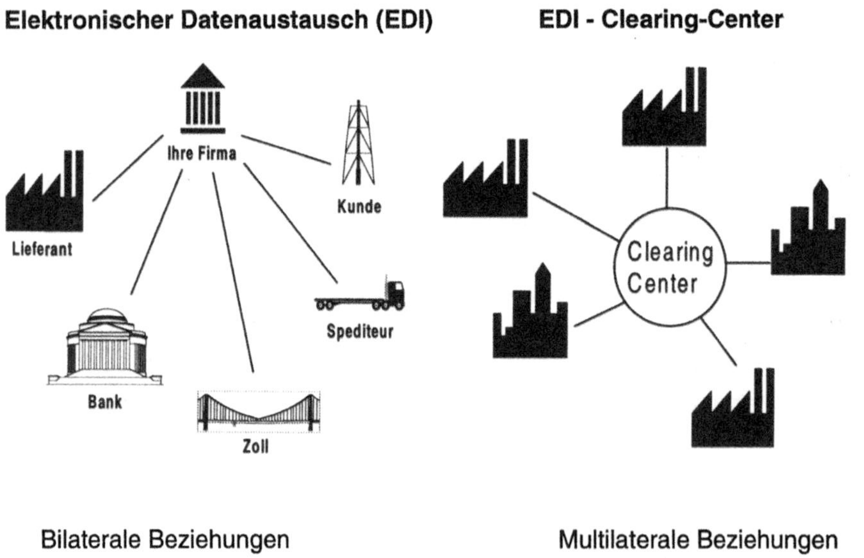

Die zunächst rein logistischen Aufgaben dienenden Clearing Centers haben jedoch nach und nach weitere Aufgaben übernommen. Da sie eine erste Form von gemeinsamen Datenräumen darstellen, haben sie nicht nur die Erreichbarkeit von Kunden oder Lieferanten vergrößert, sondern zu größerer Transparenz geführt, die ihrerseits über Preisvergleiche zu global einheitlicher werdenden Preisen, aber auch vergleichbareren, standardisierten Gütern geführt haben. Auf diese Weise haben Clearing Centers begonnen, sich in Richtung Elektronischer Märkte zu entwickeln.

Firmennetzwerke sind praktisch immer zentral geplant und weisen einen hierarchischen Aufbau auf. Sicherheit und Zuverlässigkeit werden in einem bestimmten Umfang garantiert - man denke etwa an die Netze im Bankenbereich. Sie sind in der Regel nur für einen beschränkten, klar definierten Kundenkreis gedacht. Sie gleichen hinsichtlich ihrer Struktur und Funktion in mancherlei Hinsicht den Schienennetzen. Daran ändert auch die Verbindung mehrerer solcher Netze über Clearing Centers zunächst nichts.

Neben diesen hierarchisch organisierten Netzen gibt es auch "chaotische" Netze. Das *Internet* ist ein Prototyp dieser Art von Netzwerken: Ein Netz von Netzwerken, das praktisch keine zentrale Koordination besitzt. Ähnlich wie das Straßennetz kommt es mit einer minimalen Menge von Protokollen oder Verkehrsregeln aus. Deshalb werden Netze dieses Typs aus der Sicht der hierarchischen Netze primär als defizitär betrachtet: Mangelnde Sicherheit, Offenheit für unkontrollierbare Benutzerkreise etc. All diese Vorwürfe gelten auch für das Straßennetz: Aus der Sicht des Eisenbahners sind Straßennetze unzulässige Gebilde. Trotzdem sind sie zum dominanten Verkehrsträger geworden. Nicht anders dürfte sich die Entwicklung im Netzwerkbereich in den nächsten Jahren präsentieren.

Die Koordination in den offenen, chaotischen Netzen vom Typ Internet erfolgt weniger über vereinbarte Standards, als durch marktmässig entstehende Mittlerdienste. Die Lösung über geplante Standards wäre auch zu langsam: Die Entwicklung schreitet, getrieben durch ein Heer kreativer Benutzer, rascher voran, als dies eine zentrale Koordination erlauben würde. Die Standardisierungen und Regelungen müssen notgedrungen der Entwicklung nachfolgen. Dies ist nicht als Votum gegen Standardisierungen zu verstehen. Es soll nur festgehalten werden, daß die Kreativität erlaubenden offenen Netze ein höheres Wachstum als die zentral geplanten erwarten lassen und in der Tat auch zeigen. Es handelt sich also um ein Reihenfolgeproblem: Standardisierung ja, aber in vielen Fällen erst nachdem sich gewisse Lösungen bereits durchgesetzt haben.

Die offenen Netze stellen für die Informationstechnik eine beträchtliche Herausforderung dar, sie in ihrer Eigenart zu verstehen und zu nutzen, nämlich als neues Medium, in dem nicht nur immer neue Angebote und Nachfragen entstehen, sondern sich auch mannigfache neue Mittlerdienste etablieren. Die Kundenbedürfnisse werden entscheiden, welcher Typ von Mittlerdiensten sich durchsetzen wird, z.B. wieviel Sicherheit der Kunde wünscht.

Somit haben sich zwei unterschiedliche Infrastrukturtypen herausgebildet: Die schienennetzähnlichen, hierarchisch geplanten und verwalteten, aus Firmennetzwerken hervorgegangenen Infrastrukturen, die in vielen Bereichen heute im Einsatz sind und auch zukünftig im Einsatz bleiben werden. Dazu gehört z.B. der Bankbereich, namentlich der Interbankbereich, die globalen Reservationssysteme im Tourismus und zahlreiche weitere Branchennetze. Daneben haben sich chaotische, offene Netzwerke zu etablieren begonnen, namentlich das Internet. Diese Netzwerke wenden sich primär an Endkunden. Sie sind aber gerade auch für kleine und mittlere Unternehmen als Infrastrukturen bestens geeignet. Das Wachstum dieses Netzwerktyps ist gegenwärtig enorm groß. Es ist zu erwarten, daß bis gegen Ende dieses Jahrzehnts auf der Grundlage breitbandiger Datenbahnen ein globales offenes Medium entsteht, das den freien Austausch von Gesprächen, Daten, Fernsehprogrammen usw. gestattet: Die Infrastrukturen für elektronische Märkte sind in raschem Aufbau begriffen.

5 Effekte auf die Unternehmen

Elektronische Märkte werden die Unternehmen in vielerlei Hinsicht verändern. Im folgenden soll auf vier Bereiche kurz eingegangen werden.

Zunächst wird naheliegenderweise das Geschäft der *Handelsmittler* durch das neue Medium affiziert werden. So wird beispielsweise der Ringhändler durch die elektronische Börse verdrängt. Aber auch der Börsenhändler in der Bank wird durch sie Konkurrenz erhalten, so z.B. von Anlegern, die ihre Aufgaben über das System direkt abwickeln wollen. Ein anderes Beispiel ist der Tourismusbereich, wo die Aufgaben der Verkaufsstelle, d.h. in der Regel des Reisebüros, durch elektronische Märkte verändert und teilweise verdrängt werden. Im Internet sind inzwischen zahlreiche virtuelle Verkaufsstellen für Güter der verschiedensten Art entstanden, d.h. eine neue Art von Handelsmittlern. Sie verkaufen Produkte wie Software, ohne eine einzige Verkaufsstelle im herkömmlichen Sinne zu besitzen. Ein Beispiel bildet das Internet Shopping Network.

Abbildung 4: Internet Shopping Network [ISN 94]

Das neue Marktmedium verlangt neue Mittlerdienste. Beispiele solcher Dienste sind die bereits erwähnten EDI-Clearing Center. Aber auch zahlreiche generische Marktdienste, z.B. im Logistikbereich, werden benötigt und stellen ein Feld für neu zu schaffende Dienstleistungen dar. Anbieter in elektronischen Märkten benötigen Steckdosenlösungen für generische Marktdienste.

Elektronische Märkte erlauben das *Bilden neuer Produktebündel* und *neuartiger Produktetypen.* Ein Beispiel ist der bereits erwähnte CIL-Dienst, der Waren- und Geldtransaktionen integriert. Gegenwärtig sind eine ganze Reihe neuer Produkte in Entwicklung, die dem Endkunden Gesamtlösungen anzubieten versprechen, z.B. im Bereich des Gebäudemanagements, wo ein Dienstleister das Management des gesamten Raumklimas, der Gebäudesicherheit oder dergleichen übernehmen kann. Solche Dienstleistungen umfassen sowohl die hardwaremäßige Infrastruktur und deren Wartung, als auch Dienstleistungen wie Abrechnung, Überwachung und das gesamte Management der Systeme. Die Produkte werden während ihres gesamten Lifecycles begleitet.

Solche neuen Produktebündel und Produkte verlangen oft die Zusammenarbeit über die Branchengrenzen hinweg. Dies ist über die Integration ortsloser Informationsobjekte möglich. Für den Kunden wird dadurch erheblicher Mehrnutzen generiert. Für die involvierten Firmen ist jedoch ein beträchtlicher Umdenk- und Lernprozess nötig. Dieser benötigt sehr häufig mehr Zeit als die Erstellung der technischen Basis für die Herstellung der neuen Lösungen.

Schließlich wird die Firma als *Organisationsstruktur* tiefgreifend verändert: Das bislang vertikal hochintegrierte Unternehmen transformiert sich hin zu einem netzwerkähnlichen System. Dieser Transformationsprozeß ist bei vielen Firmen gegenwärtig im Gange. Diese Entwicklung kann mit der gleichzeitig stattfindenden Transformation der bisher hierarchisch organisierten betrieblichen Informationssysteme hin zu offenen Client-Server-Architekturen verglichen werden.

Abbildung 5: Neue Organisationsstrukturen

An EM angeschlossene, via CIL-Medium kommunizierende wettbewerbsfähige Produktionseinheiten

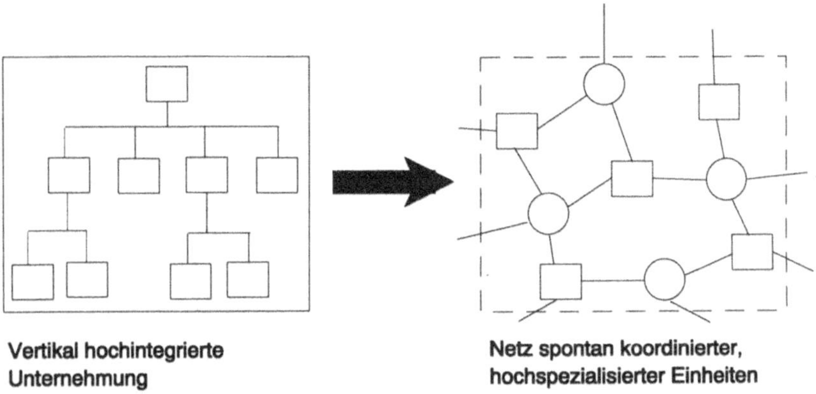

Die einzelnen Betriebs- oder Organisationseinheiten werden von dem Markt her definiert, in den sie liefern. Sie sind untereinander über Märkte verbunden, die mehr und mehr zu Elektronischen Märkten werden. Damit ist der globale Verbund von Unternehmenseinheiten programmiert.

Von den Märkten her, in welche die Unternehmenseinheiten liefern, lassen sich mindestens zwei Typen solcher Organisationseinheiten unterscheiden: Produzenten von standardisierten, commodityähnlichen Gütern bilden das eine Extrem. Sie stehen in einem globalen Preis-/Leistungswettbewerb. Am anderen Ende des Spektrums sind Organisationseinheiten zu finden, die hochspezifische Kundenbedürfnisse in der oben skizzierten integralen Art befriedigen. Diese speziellen Märkte verlangen eine detaillierte Kenntnis ihrer Spezifika und können durchaus regionalen Charakter haben. Zwischen diesen zwei Extremen befinden sich Produktionseinheiten, die Commodities *bündeln*.

Die Evolution dieser Netze wird ökonomisch betrachtet einerseits durch die niedrigeren Transaktionskosten begründet. Die klassische Erklärung der Firma [gemäß Coase 1937], über die Transaktionskosten liefert eine Erklärung für die Transformation der Firmenstruktur durch die neuen Infrastrukturen. Eine erhöhte Flexibilität ist jedoch der andere Grund. Ähnlich wie bei betrieblichen Informationssystemen ist die Transformation weg vom hierarchisch integrierten Großsystem hin zu offenen Client-Server-Umgebungen nicht allein durch die Transaktionskostenstruktur zu erklären, sondern auch durch die höhere Flexibilität und Adaptionsfähigkeit.

Die heutigen, zum Teil weltweiten Liefernetzwerke (z.B. im Tourismus oder in der Automobilindustrie) werden mehr und mehr durch "Weichen" angereichert, welche die Wahl zwischen mehreren Alternativen gestatten. Solche Drehscheiben sind die bereits erwähnten Clearing Centers. Diese Drehscheiben wandeln sich nach und nach zu elektronischen Märkten. Damit erhalten wir Organisationseinheiten, die über elektronische Märkte miteinander verbunden sind. Sie lassen sich durch Petri-Netze modellieren, indem die Produktionseinheiten die Rolle von Instanzen und die Drehscheiben, d.h. die elektronischen Märkte, die Rolle von Kanälen übernehmen.

Gegenwärtig findet die Transformation ganzer Branchen in die Richtung der skizzierten Strukturen statt. Der Tourismus kann als Beispiel dienen [vgl. Schmid, 1994].

Abbildung 6: Die institutionelle Struktur des Tourismusmarktes

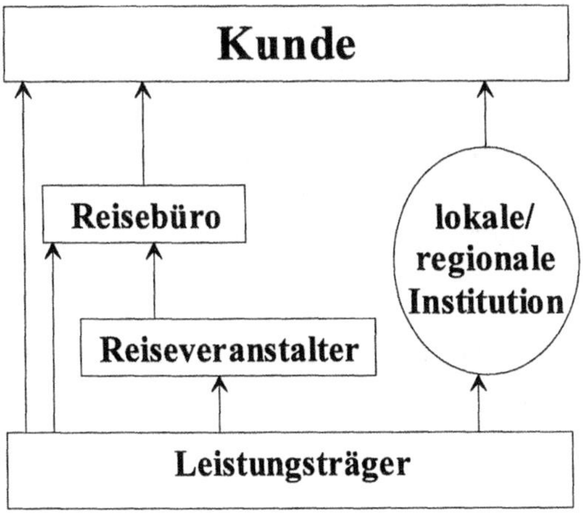

Die Tourismuswirtschaft läßt sich wie folgt gliedern:

- Produktion der *Basisleistungen* durch die touristischen Leistungsträger wie: Flug-, Bahn-, Schiffsreisen; Hotel- und Parahotelleriebetten; Mietwagen; Unterhaltungs-, Freizeit- und Sportangebote; Dienstleistungen wie Reiseversicherungen.

- Die *Endkonsumenten* dieser Leistungen: Einzelreisende, Familien, Gruppen.

- Die *Vermittler* (Intermediäre): Produzenten, die aus Basisprodukten Pakete bilden und diese direkt oder indirekt verkaufen (Reiseveranstalter); Verkaufsstellen, die Basisprodukte oder Pakete verkaufen (Reisebüros); regionale oder andere Institutionen, die spezielle Produkte vermitteln oder verkaufen (Tourismusverbände etc.).

Um einen offenen, elektronischen Tourismusmarkt zu erhalten, werden in den nächsten Jahren folgende Schritte zu realisieren sein:

- Touristische Leistungen, speziell die Basisleistungen wie Flüge, Hotelbetten etc. sind in standardisierter Form anzubieten. Die Leistungsträger stellen ihre Angebote auf Servern bereit.

- Standardisierte Basisleistungen werden auf elektronischen Märkten angeboten werden. Diese sollten auch eine börsenähnliche Preisbildung zulassen. Damit sind last-minute-Angebote marktgerecht absetzbar und der Preis ist als wichtiger Informationsträger nutzbar.

- Die auch in Zukunft wichtige Produktebündelung (z.B. der Tour Operator) wird auf der Basis dieser elektronischen Märkte erfolgen. Die Produzenten werden die Pakete wieder auf elektronischen Märkten für bestimmte Reisetypen anbieten. Diese elektronischen Märkte für bestimmte Reisetypen können nicht nur Reisen anbieten, sondern auch Nachfragen der Kunden aufnehmen, sodaß die Anbieter auf sie reagieren und geeignete Angebote herstellen können.

- Die Endkunden haben direkten Zugriff auf die elektronischen Tourismusmärkte.

Abbildung 7: Architektur des elektronischen Tourismusmarktes

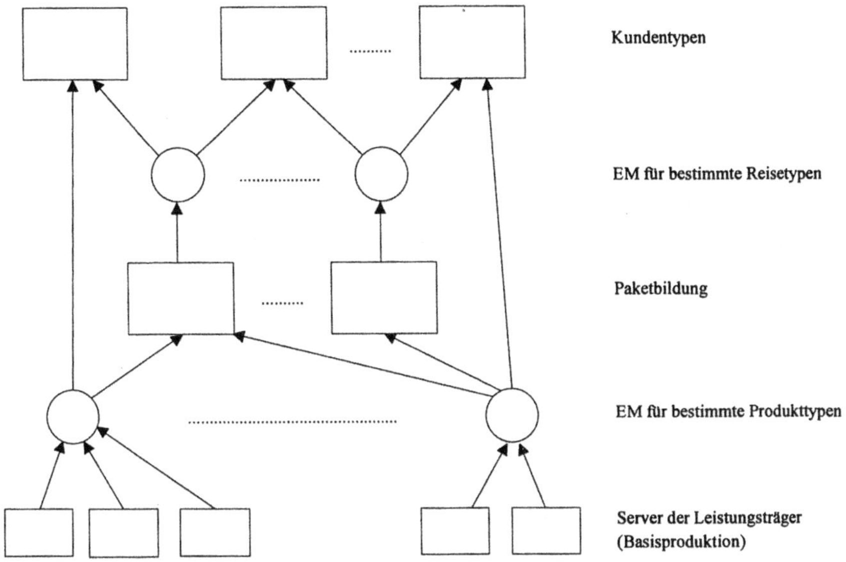

Natürlich werden die elektronischen Märkte hybride Systeme sein: Neben vollelektronischen Systemen wird es Teilmärkte geben, in denen die menschliche Beratung, Entscheidungsunterstützung etc. einen wesentlichen Anteil ausmachen wird.

Als weiteres Beispiel kann der Bankensektor dienen. In ihm hat die skizzierte Entwicklung eben erst begonnen [vgl. Schmid, 1995]. Am einen Ende werden die Basisprodukte der Bankwirtschaft hergestellt. Dazu gehören Zahlungsverkehr, Kontoverwaltung, die Erzeugung von Finanzinformation und dergleichen. Sie haben Commodity-Charakter und werden in einem globalen Wettbewerb über elektronische Märkte verfügbar gemacht werden können. Am anderen Ende des Spektrums stehen hochintegrierte Produkte, die auf ganz spezifische Kundenbedürfnisse zugeschnitten sind, z. B. auf den Privathaushalt mit seinen Bedürfnissen (Zahlungsverkehr, Kontoverwaltung, Depotverwaltung, Darlehen etc.) oder das Unternehmen mit Cash-Management, Führen der Buchhaltung, Abwicklung der Zahlungen etc. In diesem Bereich sind sehr häufig nicht nur Bankprodukte nötig, um die Bedürfnisse der Kunden zu befriedigen. Vielmehr dürften in Zukunft Produkte mehrerer Branchen zu integrieren sein. Im Zwischenbereich findet die Bündelung der Basisprodukte zu den vom Kunden benötigten Gesamtpaketen statt. Dieser Bündelungsprozess kann wieder mehrstufig erfolgen.

Die Entwicklung im Finanzmarktbereich, wo globale elektronische Märkte schon weitgehend Realität geworden sind, indem die entsprechenden Informationen und Dienste heute meist global, d.h. ortslos verfügbar sind, hat in den letzten Jahren ein Trend hin zu *derivativen Produkten* Überhand genommen. Hinter ihrer Entwicklung stehen entsprechende Kundenbedürfnisse. Der Kunde möchte künftige Finanztransaktionen und die mit ihnen verbundenen Risiken durch entsprechende Produkte absichern. Analoge Entwicklungen sind für alle elektronischen Märkte zu erwarten. Ein Entwicklungspfad ergibt sich aus der gegenwärtig stattfindenden Entwicklung hin zum Reverse-Engineering und Reverse-Marketing.

Der Endkunde, der sich für eine Problemlösung interessiert, wird sich zunächst nach geeigneten Angeboten umsehen. Interessierte Anbieter werden ihm eine Offerte für eine Gesamtlösung unterbreiten. Um für den Fall, daß der Kunde bei ihnen ordert, gerüstet zu sein, benötigen sie Optionen auf die von ihnen benötigten Teilleistungen. Die Anbieter dieser Teilleistungen haben sich ihrerseits mittels Optionen bei ihren Lieferanten ihrer Risiken zu entledigen. Gleichzeitig muß jeder Lieferant sich für den Fall absichern, daß der Verkäufer einer Option nicht liefern kann.

Werden alle Märkte diesen Weg hin zu mehr derivativen Produkten beschreiten? Vieles spricht dafür. Wenn wir als Endkunden unsere Bedürfnisse genauer analysieren, so erkennen wir leicht, daß wir viele Futures und Optionen benötigen, sowie Märkte, auf denen wir gekaufte Futures oder Optionen wiederum verkaufen können, wenn wir sie nicht benötigen. Der Aufbau entsprechender marktlicher Infrastrukturen, wie sie inzwischen im Finanzbereich etabliert sind, hätte beträchtliche Umwälzungen für die Unternehmen und deren Organisation der Leistungserstellung zur Folge.

6 Effekte auf die Volkswirtschaft

Zum Schluß soll noch kurz auf die *volkswirtschaftlichen Effekte* elektronischer Märkte eingegangen werden. Bereits die heute installierten informationstechnischen Infrastrukturen führen zu einer globalen Neuverteilung der ökonomischen Aktivitäten, speziell der Arbeit. Der Bezieher einer Leistung wird auf einer elektronischen Drehscheibe dazu neigen das günstigste Angebot einzukaufen, unabhängig davon, wo es fabriziert wird. Durch die Aufhebung des Raumes, die durch die Repräsentation von Angeboten durch ortslose Informationsobjekte bewirkt wird, wird dies möglich. Dieser Mechanismus führt dazu, daß mehr und mehr Arbeit in Billiglohnländer abfließt. Dieser Prozeß hat eben erst begonnen, da die dies ermöglichenden informationstechnischen Infrastrukturen erst einzelne Merkmale künftiger elektronischer Märkte aufweisen. Wenn diese Infrastrukturen im Sinne elektronischer Märkte einmal voll aufgebaut sein werden, werden diese Effekte eine andere Größenordnung erreichen.

Wird diese Entwicklung vor dem Hintergrund der Zusammensetzung des Arbeitsportfolios eines Industrielandes betrachtet, so ergibt sich vereinfacht folgendes Bild: Der Agrarsektor ist heute schon klein. Der Industriesektor ist in den meisten Industrieländern seit Jahren abnehmend. Durch die Automatisierung wird sich dieser Trend weiter fortsetzen und durch den Abfluß der industriellen Arbeit beschleunigt. Der Dienstleistungssektor ist in wichtigen Bereichen wie Banken und Versicherungen in eine Stagnations- oder Schrumpfungsphase eingetreten. Auch in diesem Bereich wird die Verlagerung der Arbeit aus technischer Sicht immer einfacher. Weil der überwiegende Teil des heutigen Arbeitskuchens der Industrieländer gegenwärtig in einem Schrumpfungsprozeß begriffen ist, sehen viele Beobachter längerfristig keine andere Lösung, als die verbleibende Arbeit anders zu verteilen, d.h. in die 35-, 30-, 25-Stunden/Woche überzugehen. Diese Lösung ist aber nur dann durchführbar, wenn die konkurrierenden Anbieter, namentlich die asiatischen Märkte, bereit sind, einen ähnlichen Schritt zu tun. Dafür sind jedoch vorerst keine Anzeichen vorhanden. Wenn unsere Volkswirtschaft durch das Medium elektronischer Märkte nicht in ernsthafte Probleme geraten will, dann ist vor diesem Hintergrund die Schaffung neuer Arbeitsplätze dringendes Gebot. Diese Möglichkeit offeriert sich im Aufbau der neuen Infrastruktur und der in ihr benötigten Dienste. Zusätzliche Möglichkeiten bieten Entwurf und Herstellung neuer Produkte, namentlich der eingangs erwähnten ortslosen Informationsobjekte, der Maschinen der Wirtschaft des 21. Jahrhunderts.

Literaturverzeichnis

Alt R., Cathomen I., Klein S.: CIL-Computerintegrierte Logistik. Arbeitsbericht IM2000/CCEM/21, St. Gallen, 1993.

Coase R.H., The nature of the firm, In: Economica (4), S. 386-405, 1937.

Klein S., Interorganisationssysteme und Unternehmensnetzwerke - Wechselwirkungen zwischen organisatorischer und informationstechnischer Entwicklung, Habilitationsschrift, St. Gallen, 1995 (in Vorbereitung).

Langenohl Th.: Systemarchitekturen elektronischer Märkte. Dissertation Hochschule St. Gallen, 1994.

Schmid B., Elektronische Märkte. In: Wirtschaftsinformatik, Vol 35, Nr. 5, S. 465-480, 1993.

Schmid B., Electronic markets in Tourism. In: Schertler et al. (eds.), Information and Communications Technologies in Tourism, Proc. of the Int. Conf. in Innsbruck, Austria, 1994.

Schmid B. et al, Electronic Mall: Banking und Shopping in globalen Netzen, Teubner Verlag, Stuttgart 1995.

Williamson O.E.: Die ökonomischen Institutionen des Kapitalismus: Unternehmen, Märkte, Kooperationen, Mohr, Tübingen, 1990. Titel der engl. Originalausgabe: The economic institutions of capitalism, Free Press, New York, 1985.

Internet Shopping Network, URL=http://www.internet.net:/,1994.

Autorenverzeichnis

Professor Dr. Sönke Albers, Institut für Betriebswirtschaftslehre der Christian-Albrechts-Universität zu Kiel, Lehrstuhl für Marketing, Olshausenstr. 40, 24098 Kiel

Dr. Hans Dieter Hellige, Universität Bremen, Forschungszentrum Arbeit und Technik, Bibliothekstr. 1-3, 28359 Bremen

Professor Dr. Herbert Kubicek, Universität Bremen, Fachbereich III, Bibliothekstr. 1-3, 28359 Bremen

Alwin Mahler, Wissenschaftliches Institut für Kommunikationsdienste GmbH, Rathausplatz 2-4, 53604 Bad Honnef

Kay Peters, Institut für Betriebswirtschaftslehre, Christian-Albrechts-Universität, Lehrstuhl für Marketing, Olshausenstr. 40, 24098 Kiel

Kai Reimers, Universität Bremen, FGr Telekommunikation, Bibliothekstr. 1, 28359 Bremen

Professor Dr. M. Everett M. Rogers, Department of Communication and Journalism, Communication & Journalism Bldg., Room 235 West, Albuquerque, NM 87131-1171, USA

Professor Dr. B. Schmid, Universität St. Gallen, Dufourstraße, CH-9000 St. Gallen

Susanne K. Schmidt, Max-Planck-Institut für Gesellschaftsforschung, Lothringer Str. 78, 50677 Köln

Detlef Schoder, Institut für Informatik und Gesellschaft, Abteilung Telematik, Friedrichstr. 50, 79098 Freiburg

Dr. Matthias-W. Stoetzer, Wissenschaftliches Institut für Kommunikationsdienste GmbH, Rathausplatz 2-4, 53604 Bad Honnef

Professor Rolf Weiber, Universität Trier, FB 4, Lehrstuhl für Marketing, Universitätsring 15, 54286 Trier

Dr. Raymund Werle, Max-Planck-Institut für Gesellschaftsforschung, Lothringer Str. 78, 50677 Köln

GPSR Compliance

The European Union's (EU) General Product Safety Regulation (GPSR) is a set of rules that requires consumer products to be safe and our obligations to ensure this.

If you have any concerns about our products, you can contact us on ProductSafety@springernature.com

In case Publisher is established outside the EU, the EU authorized representative is:

Springer Nature Customer Service Center GmbH
Europaplatz 3
69115 Heidelberg, Germany

Batch number: 10844675

Printed by Printforce, the Netherlands